网页设计教程

任小琦　编著

西安交通大学出版社
XI'AN JIAOTONG UNIVERSITY PRESS
·西安·

内容提要

随着 Web2.0 标准的推广，网页设计的理念发生了很大变化，普遍实现了结构与表现的分离。本书正是适应这一新环境的教材。全书分为 11 章，内容包括 HTML 网页设计、网页图像设计、CSS 页面样式设计、CSS 页面布局设计、JavaScript 脚本语言、DOM 文档对象模型和 XML 语言简介。

本书通过大量的实例，循序渐进地介绍了使用代码和 Dreamweaver 工具进行网页设计的基本理论和基本方法，着重培养学生的实践能力。本书知识为后续课程打下基础。

本书可作为高等院校本科教材，也可作为计算机相关专业和电子商务专业专科教材，同时也适合广大网页制作爱好者和相关专业人员自学。

图书在版编目(CIP)数据

网页设计教程/任小琦编著. —西安：西安交通大学出版社，2011.2

ISBN 978-7-5605-3842-6

Ⅰ.①网… Ⅱ.①任… Ⅲ.①主页制作—高等学校—教材 Ⅳ.①TP393.092

中国版本图书馆 CIP 数据核字(2011)第 015433 号

书　　名　网页设计教程
编　　著　任小琦
责任编辑　李　佳　刘雅洁

出版发行　西安交通大学出版社
（西安市兴庆南路 10 号　邮政编码 710049）
网　　址　http://www.xjtupress.com
电　　话　(029)82668357　82667874(发行中心)
(029)82668315　82669096(总编办)
传　　真　(029)82668280
印　　刷　西安交通大学印刷厂

开　　本　727mm×960mm　1/16　**印张** 22　**字数** 403 千字
版次印次　2011 年 2 月第 1 版　2011 年 2 月第 1 次印刷
书　　号　ISBN 978-7-5605-3842-6/TP·544
定　　价　33.00 元

读者购书、书店添货、如发现印装质量问题，请与本社发行中心联系、调换。
订购热线：(029)82665248　(029)82665249
投稿热线：(029)82664954
读者信箱：jdlgy@yahoo.cn

前　言

随着 Web2.0 技术的推广，网页设计的理念已经发生了很大变化。用表格布局网页的时代已经过去，现在各主流网站基本上使用 CSS 来布局。教材改革已成为必然，这有利于后续课程的学习，而且也有利于学生毕业后的就业。

本书的主要内容是网页设计与制作的基本方法。第 2 章到第 6 章介绍 HTML的基本知识和使用 Dreamweaver 工具制作网页的基本方法。其中第 3 章介绍了网页制作过程中，使用 Photoshop 处理图像的方法，第 7 章介绍了 CSS 的基本概念，第 8 章介绍使用 CSS 布局网页的基本理论和基本方法，第 9 章介绍网页中使用的脚本语言 JavaScript，第 10 章介绍文档对象模型的基本概念，第 11 章介绍 XML 的基本概念。

本书内容全面、易读。全书每章配有实例、习题和实训题，以培养学生动手能力。书中例题详尽，着重培养学生自学能力；所有例题都已通过测试，只要正确输入就能运行。大量的代码提供，培养学生正确、快速输入代码，以及调试和运行代码的能力；章节后面的实训题，供学生阅读、分析和实践，培养学生"引进、消化、吸收、创新"的能力。书中例题和章节后的实训题，既实用又有趣，学生上机实习后会增强成就感，从而提高学生学习的积极性。

本书在编写的过程中，得到了王艳丽、明巧英、杨小明、朱忠滨、张敏、任华、冯小兰、王振辉、李桂萍、王静婷、孙娅虹等信息工程学院计算机教研室全体教师的热心支持和帮助，在此表示衷心感谢。

由于编者水平有限，编写时间仓促，书中疏漏之处在所难免，欢迎广大读者、专家和同仁对本书提出宝贵意见。联系方式如下，电子邮箱：rxq450913@yahoo.com.cn。

编　者

2010 年 11 月

目 录

第1章　HTML语言基础

本章内容:

HTML 简介;

网页、网站、主页;

网页制作工具 Dreamweaver;

智能代码输入法。

本章通过对上网过程的分析,了解 Web 和 HTML 的工作原理,介绍制作网页的工具 Deamweaver,以及录入 HTML 代码的智能输入方法。

1.1　什么是 HTML

1.1.1　网页的基本概念

互联网给予人们太多的方便,网上咨询、购物、看新闻、炒股票、求医、问药、听音乐、看电影、聊天、交友、玩游戏、网上学习、讨论、联系业务。外出打工,出国留学千里、万里之外也要和家人、朋友视频聊天,互诉思念之情。当今社会上要找一个没有上过网的人比找一个文盲要难得多。

那么,我们是如何上网的呢?

这是个简单的问题。只要在浏览器地址栏里输入网址,例如上"网易"网就输入"http://www.163.com",如图1-1所示,回车确认。当我们看到如图1-2所示画面,就已经在网上了。

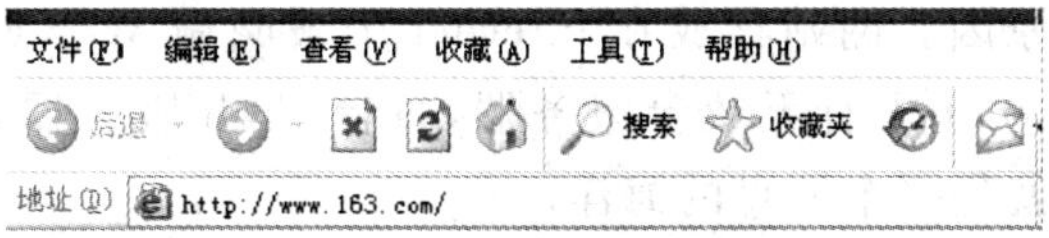

图1-1　地址栏输入网址

图 1-2　"网易"网站的主页

初看起来，上网是瞬间完成的事。其实，它要经过一个比较复杂的过程。

原来，我们所关心的信息都存放在一个个的网页上，**网页(Web Page)**是电子文档，相当于书中的一页，故称网页。相关的网页互相链接构成一个**网站(Web Site)**，网站中都有一个默认首先被访问的网页，该网页被称为**首页(Home Page)**。每个网站一般都属于某个单位、某个组织或个人，网站的内容由它的所有者决定。网站一般分为企业网站、政府网站、学校网站、个人网站等。网站是单位(组织)在虚拟的互联网世界上的存在形式。不论多么小的单位，只要有自己的网站，全世界的人都会知道，各个国家相关的人士都可能与你联系，与你交流业务。相反，不论单位有多大，如果没有自己的网站，世界上很多人可能并不知道你单位的存在。所以，网站是互联网上自己单位的存在形式，是企业的名片。这也正是所有大学生都要学习网页制作的原因。网站存放在 internet 中被叫做 Web 服务器(Web server)的计算机中，internet 中有无数台服务器，每台 Web 服务器可存放很多网站。所以，internet 简直就是一个信息的海洋。

我们上网的过程如图 1-3 所示。

浏览器和 Web 服务器之间的通信联系是按着事先约定好的规则(又称协议)

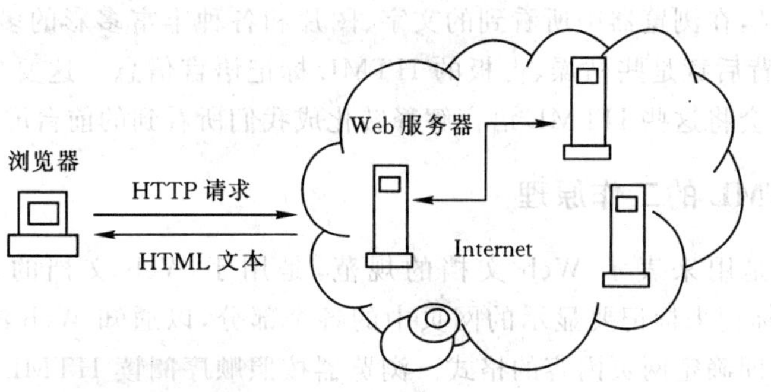

图 1-3　上网的过程

进行的，这个协议叫做 HTTP 协议。例如，当我们在地址栏中输入网址（如 http://www.163.com）时，就是向服务器发出了一个 HTTP“请求”（request），告诉服务器我们想登录“网易”的网站。本地的 Web 服务器收到这个请求后，查看本机上是否有“网易”的主页，如果没有就向 internet 中其他 Web 服务器发出请求，直到找到“网易”网站并将该网站的主页发回到本地服务器为止。本地 Web 服务器将“网易”网站的信息以超文本标记语言 HTML 的形式发送回浏览器，这时，我们就看到了图 1-2 所示的画面。

何以见得服务器发回的是 HTML 文本呢？我们可以在浏览器的菜单栏“查看”菜单下，选择“源文件”，就可以看到如图 1-4 所示的 HTML 代码。

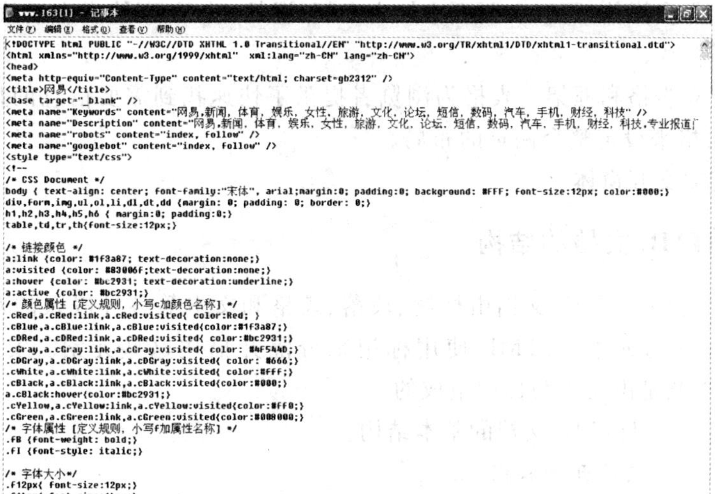

图 1-4　“网易”主页的 HTML 源代码

由此可见，在浏览器中所看到的文字、图片和各种丰富多彩的多媒体信息（见图 1－2），其背后竟是些枯燥、古板的 HTML 标记语言信息。这要多亏浏览器的功劳，浏览器会将这些 HTML 语言解释转化成我们所看到的前台屏幕信息。

1.1.2 HTML 的工作原理

HTML 是用来表示 Web 文档的规范，是用于 Web 文档的格式化语言。HTML通过标记来标记要显示的网页中的各个部分，以通知 Web 浏览器应该如何显示网页，即确定网页内容的格式。浏览器按照顺序阅读 HTML 文件，然后根据内容附近的 HTML 标记来解释和显示内容，这个过程称为语法分析。例如，如果为某段文字添加了<b></b>标记，浏览器将会以粗体字显示这段文字。

1.1.3 HTML 的作用

(1) 格式化文本，如设置标题、字号、字体、颜色；设置文本的段落、对齐方式等。

(2) 建立超链接，通过超链接检索在线的信息，也就是说可以链接到其他的网页。

(3) 创建列表，用无序列表或有参列表的形式把内容表现出来。

(4) 插入图像，使网页图文并茂，还可以设置图像的各种属性，如大小、边框、布局等。

(5) 加入多媒体，可以在网页中加入音频、视频、动画，还能设定播放的时间和次数。

(6) 建立表格和框架。表格为浏览者提供了快速找到需要信息的显示方式，还可以用表格来设定整个网页的布局。

(7) 建立交互窗体。

1.1.4 HTML 文档的结构

一个完整的 HTML 文档由标题、段落、表格和文本等各种嵌入的对象组成，这些对象统称为元素，HTML 使用标记来分隔并描述这些元素。实际上整个 HTML 文档就是由元素与标记组成的。

下面是一个 HTML 文档的基本结构。

```
<html>    文档开始标记
<head>    文档头开始的标记
  …       文档头的内容
</head>   文档头结束的标记
```

```
<body>   文档主体开始的标记
  …      文档主体的内容
</body>  文档主体结束的标记
</html>  文档结束标记
```

从上面的代码可以看出，HTML 代码分为 3 部分，其中各部分含义如下。

①<html>…</html>：告诉浏览器 HTML 文档开始和结束的位置，其中包括<head>和<body>标记。文档中所有的内容都应该在<html>标记之中，一个 HTML 文档总是以<html>开始，以</html>结束。

②<head>…</head>：HTML 文档的头部标记，在其中可以放置页面的标题以及文档信息等内容，通常将这两个标签之间的内容统称为 HTML 的头部。

③<body>…</body>：用来指明文档的主体区域，网页所要显示的内容都放在这个标记内。

1.1.4.1　HTML 的头部(head)结构

HTML 文档的头部标记为<head>和</head>。头部标记中一般包含文档标题、网页说明、CSS 样式、Javascript 代码等。

1. 标题标记<title>

<title>标记用来显示 HTML 文档的标题，以便说明网页的用途。当网页在浏览器中显示时，网页标题将在浏览器窗口的标题栏中显示。

例 1-1　以下是最简单的 HTML 代码。

HTML 代码如下：

```
<html>
  <head>
    <title>这是标题演示程序</title>
  </head>
  <body>
    请看标题栏
  </body>
</html>
```

在浏览器中显示如图 1-5 所示。

图 1-5　<title>标记的效果

2. 元信息标记<meta>

在头部标记中另外一个比较常用的标记是<meta>，它用于说明网页的有关信息(meta 的词义是“元”,表示它是关于信息的信息),这些信息并不会显示在浏览器中,只能在源代码中读到。

<meta>标记的常用属性有:name、http-equiv 和 content。其中,name 属性给出特性的名称;content 属性给出特性的值;而 http-equiv 则指定 HTTP 相应的名称。

<meta>中的信息一般为定义页面关键字、页面描述、编辑工具、作者信息、页面文字及语言、页面定时跳转、限制搜索方式及网页的过渡等。

(1) 定义页面关键字

定义页面关键字是为了向搜索引擎说明网页的关键字,以便帮助搜索引擎在人工登录时对该网页进行查找和分类,它可以提高被搜索到的概率。搜索引擎检索时会限制关键字的数量,因此关键字不要设置太多,各关键字之间用逗号隔开。

例 1-2 <meta>定义页面关键字。

HTML 代码如下:

```
<html>
  <head>
    <meta name="keywords" content="网页制作,HTML,CSS">
  </heta>
  <body>
    定义页面关键字,屏幕上看不到。
  <body>
</html>
```

(2) 定义页面描述

设置页面描述也是为了便于搜索引擎的查找,主要是为了方便机器自动搜索。页面描述用来描述网页的主题,与关键字一样,页面描述也不会在网页中显示出来。

例 1-3 <meta>定义页面描述。

HTML 代码如下:

```
<html>
  <head>
    <meta name="description" content="game,game,game">
  </head>
  <body>
    定义页面描述 description,屏幕上看不见。
  </body>
```

```
</html>
```

本例中 content 的内容为查询关键字，重复使用关键字可以提高自己在网站中的排行位置。

(3) 定义编辑工具

在<meta>中可以设置网页编辑软件的名称。如：

```
<meta name="generator" content="Deamweaver">
```

该语句说明网页编辑的软件是 Deamweaver。将该语句放在网页的头部<head> </head>标记之中，如例 1-2 所示。

(4) 定义作者信息

在<meta>中还可以定义作者的姓名及个人信息。如：

```
<meta name="author" content="大海">
```

该语句说明网页的作者是“大海”。

(5) 定义文字及语言

在网页中还可以设置语言的编码方式。这样浏览器就可以正确地选择语言，而不需要人工选取。

```
<meta http-equiv = " content-type" content = " text/html" charset =
"GB2312">
```

该语句说明本文档是文本类型 HTML 文档，使用简体汉字。

(6) 定义网页的定时跳转

浏览网页时经常会看到一些页面，在经过一段时间后，会自动转到其他网页中，这就是网页的跳转。

例 1-4 网页跳转

HTML 代码如下：

```
<html>
  <head>
    <meta http-equiv="refresh" content="5;URL=index1.html">
  </head>
  <body>
    这是网页跳转实验，5 秒钟后自动跳转到新网页 index1.html。
  </body>
</html>
```

此代码中 content 的内容就是跳转信息。本例中将网页跳转时间设置为 5 秒，跳转的地址设置为 index1.html。

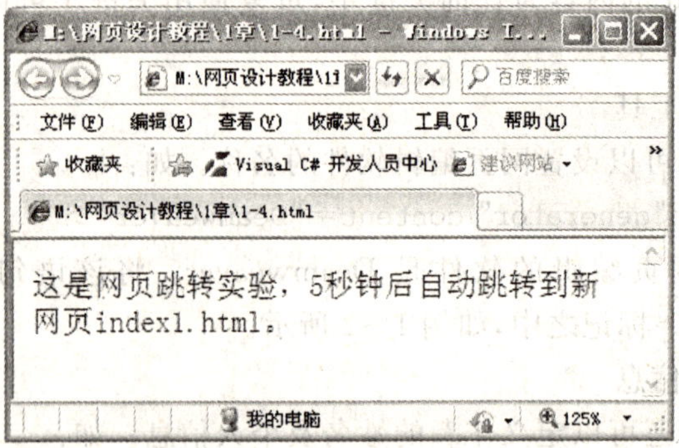

图 1-6　跳转前

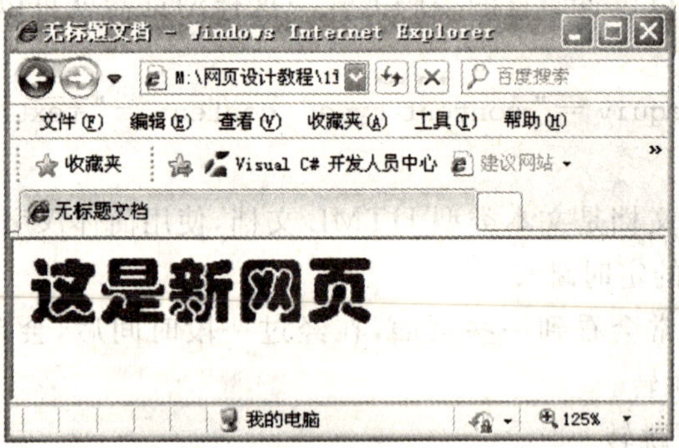

图 1-7　跳转到 index1.html 页面

(7) 定义网页的过渡效果

过渡效果是指当进入或离开网站时，页面具有不同的切换效果，添加此效果可以使网页看起来更具动感。例如：

<meta http-equiv=Page-Exit

content=revealTrans(Duration=1.0,Transition=12)>

该语句设置页面退出时(Page-Exit)具有溶解(transition=12)的效果，溶解转换持续时间为 1 秒。revealTrans()为 CSS 显示转换滤镜，它有 24 种转换效果，由 Transition 参数决定。

表 1-1　转换效果的编号

编号	转换效果	编号	转换效果
0	盒状收缩	12	随机溶解
1	盒状放射	13	垂直向内裂开
2	圆形收缩	14	垂直向外裂开
3	圆形放射	15	水平向内裂开
4	由下往上	16	水平向外裂开
5	由上往下	17	向左下方剥开
6	从左至右	18	向左上方剥开
7	从右至左	19	向右下方剥开
8	垂直百叶窗	20	向右上方剥开
9	水平百叶窗	21	随机水平细纹
10	水平格状百叶窗	22	随机垂直细纹
11	垂直格状百叶窗	23	随机效果

1.1.4.2　HTML 的主体(body)结构

HTML 的主体标记以<body>开始，以</body>结束。我们在屏幕上看到的画面都是主体标记的的内容。在主体标记中，可以设置背景、文字、超链接等涉及整个页面的信息。

1.2　网页制作的工具

网页文件是文本类型的，也就是说任何编辑文本的工具都可以编写网页，例如记事本。但是，只有在所见即所得的编辑工具中才能立即看到网页的效果，常用的所见即所得网页制作工具有 FrontPage、Dreamweaver 等。本书以 Dreamweaver 8 为编辑工具。

下面就介绍这种工具。

1.2.1　Dreamweaver 8 的界面

在开始菜单中选择 Macromedia Dreamweaver 8，如图 1-8 所示。

图 1－8　打开 Dreaamweaver 8

此时，打开 Deamweaver 8 的引导界面。在这里，允许打开原有的项目、创建新项目或者从模板范例创建文件。创建新项目又可以选择是创建静态文件 HTML、CSS、JavaScript 文件，还是动态的 ASP、JSP、PHP 文件，如图 1－9 所示。

图 1－9　Dreamweaver 引导页面

选择引导界面“创建新项目”选项中的“HTML”，创建一个新的 HTML 网页，如图 1－10 所示。

Dreamweaver 的工作界面由菜单栏、插入栏、工具栏、状态栏、文档窗口和一系列面板组成。

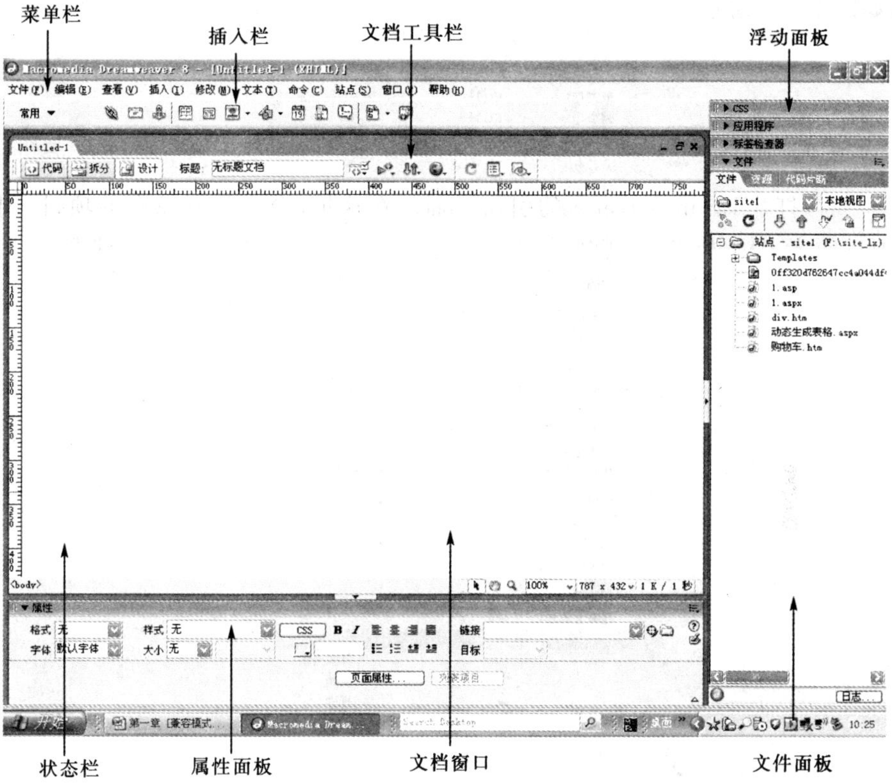

图 1 - 10　Dreamweaver 工作界面

1.2.2　菜单栏

菜单栏是设计环境中最常用的功能项，Dreamweaver 8 拥有如图 1 - 11 所示的 10 项菜单。

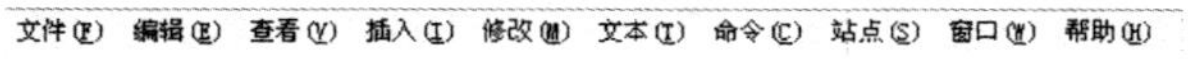

图 1 - 11　菜单栏

1.2.3　Dreamweaver 8 的工具栏

Dreamweaver 有插入工具栏、文档工具栏、标准工具栏和样式呈现工具栏。打开和关闭这些工具栏的位置在菜单栏“查看”菜单项下的“工具栏”选项。在工具栏中有四个选项，凡是前面有一个“√”即是被选中的，屏幕中就会出现相应的工具栏，如图 1－12 所示。

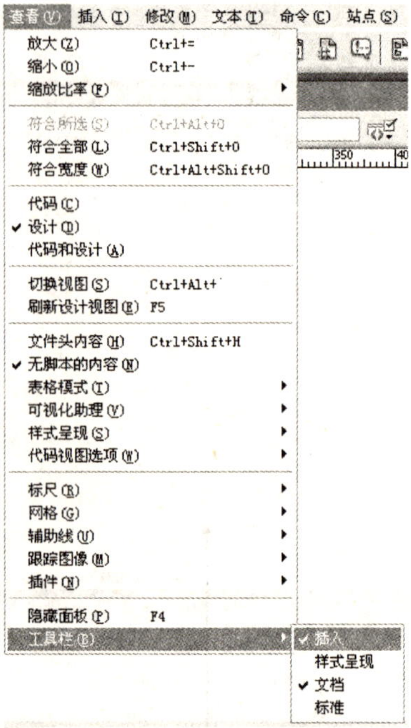

图 1－12　打开、关闭 Dreamweaver 的工具栏

1. 插入工具栏

插入栏用于插入各种常用的网页内容，如图 1－13 所示。它包括了常用、布局、表单、文本、HTML 等多方面的内容。

图 1－13　插入工具栏

插入工具栏其实是一个 2 维的工具栏。最左边按钮上有一个向下的箭头，当单击这个箭头时会弹出一个下拉菜单，如图 1－14 所示。

选择某项菜单项，就会出现相应的工具栏。这样，在不同操作时选择相应的工具栏，使用很方便，又不会更多地占用屏幕空间。

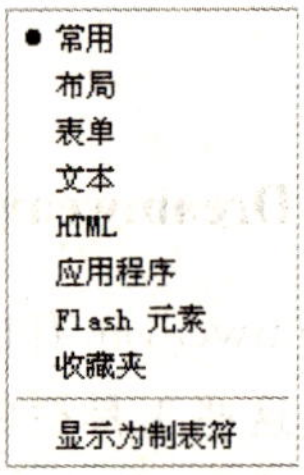

图 1－14　插入工具下拉菜单

2. 标准工具栏

标准工具栏主要是文件编辑过程中例行操作的快捷按钮。包括新建、打开、保存、打印文件按钮，以及剪切、复制、粘贴、撤销、重做按钮，如图 1－15 所示。标准工具栏默认设置为隐藏。

图 1－15　标准工具栏

3. 文档工具栏

文档工具栏主要用于进行与文档有关的操作，如图 1－16 所示。

图 1－16　文档工具栏

文档工具栏直接控制着文档窗口，可以很方便地进行代码、设计和拆分视图之间的切换，可以控制在浏览器中浏览网页效果，等等。

1.2.4　文档窗口

这是文档编辑的工作窗口。在 Dreamweaver 中编辑网页十分方便。一般来说，会用 Word 就会用 Dreamweaver。文档窗口有 3 种视图：设计视图、代码视图和拆分视图。

设计视图是制作网页的前台界面，在设计视图下的操作就和 Word 中操作一模一样，不论是输入文字、插入表格、图片都用同样的方法。所以，不学 HTML 也能制作简单网页。图 1－6 就是设计视图界面。

网页有前台界面和后台代码。当你在设计视图下随心所欲地制作网页时，Dreamweaver 会自动地在后台添加代码，这些代码与前台网页中的内容是一一对应的。所以，编辑网页，可以通过工具在设计视图下做，也可以通过在代码视图下编写 HTML 代码来完成。代码视图如图 1－17 所示。

设计视图和代码视图的切换是通过文档工具栏中的按钮完成的。文档工具栏中还有一个非常有用的按钮：拆分按钮。当单击拆分按钮时，文档窗口被分为上下两个部分，上半窗口是代码视图，下半窗口是设计视图。这就是拆分视图，如图 1－18所示。在拆分视图下，不论是在设计视图用工具制作网页，还是在代码视图写入代码制作网页，两个窗口都同步动作，前台、后台界面非常直观。这对网页编辑者来说非常方便，尤其对于初学者掌握 HTML 代码更是有利，输入代码的同时就见到效果，很容易理解代码的含义。

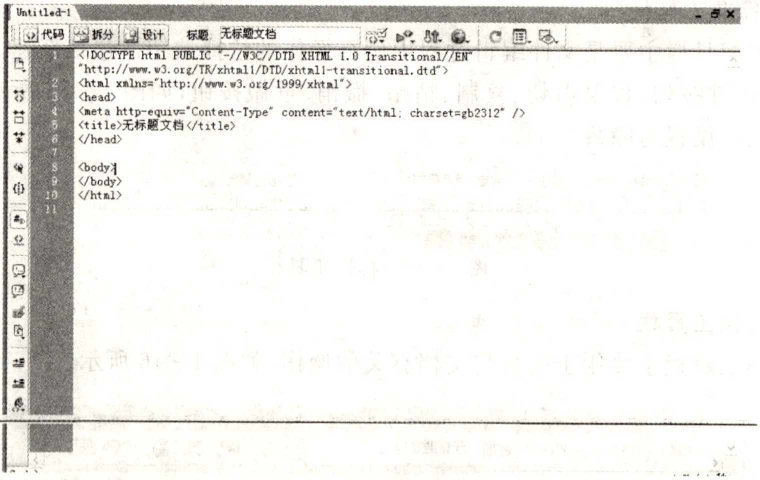

图 1-17 代码视图

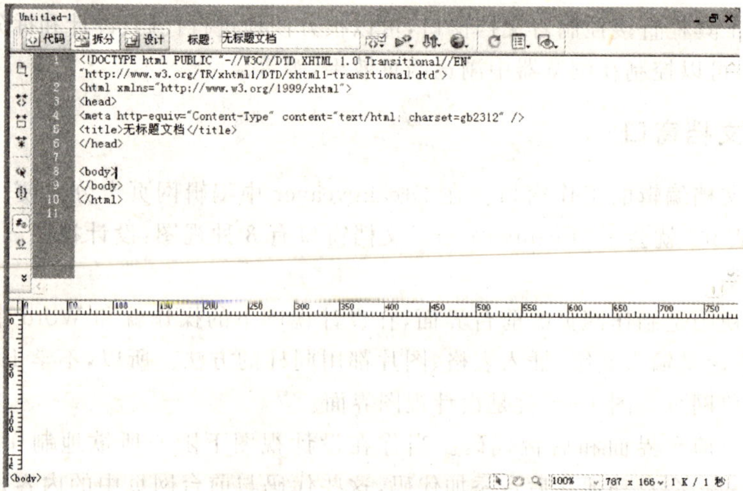

图 1-18 拆分视图

1.2.5 属性面板

属性面板是最重要的面板工具。在设计视图输入文字，例如“属性面板的作用”，然后选中这些文字。这时，属性面板中的各种数据就是该文字的各种属性值。可以通过设置属性面板中的各种属性值来改变文字的样式，就像 Word 中的做法一样，如图 1-19 所示。

应当注意，属性面板具有智能特性。即当在文档窗口中选定某个对象（文字或图片等）时，属性面板中显示的就是该对象的属性；不同类型的对象，属性面板的样式和属性项目也不同。

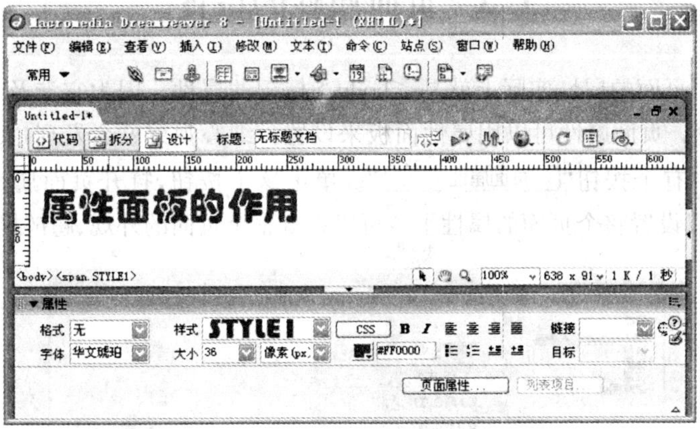

图 1-19　属性面板

1.2.6　面板组

面板组位于屏幕的右部，如图 1-20 所示。

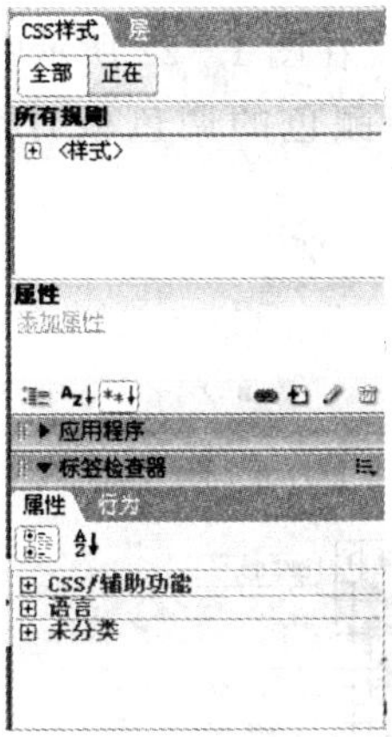

图 1-20　面板组

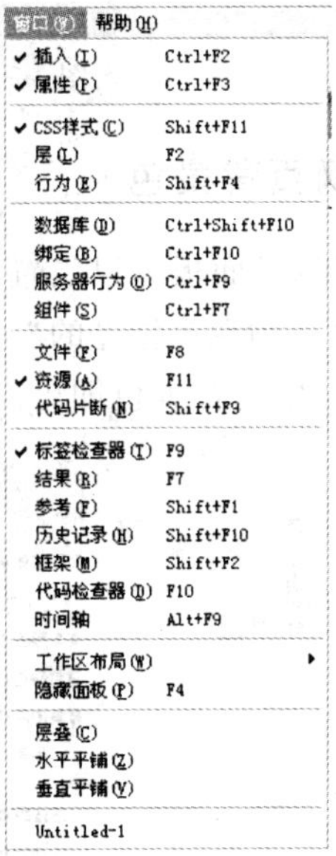

图 1-21　窗口菜单打开面板

面板实际上就是一个个的小窗口，在这些小窗口中有各种操作的设置。打开和关闭这些面板的操作就在“窗口”菜单，如图 1-21 所示。当打开某个面板时，在该面板选项前会出现“√”

1.3 页面属性的设置

网页整个页面的属性实际上就是<body>标记的属性。因为它涉及全局，所以单独拿出来讨论。页面属性可以用属性面板来设置。细心观察就会发现，文档窗口下方的属性面板中有个按钮“页面属性...”。单击这个按钮，打开页面属性面板（见图 1－22），就可以设置整个页面的属性了。可以设置整个页面的外观、超链接、标题等。

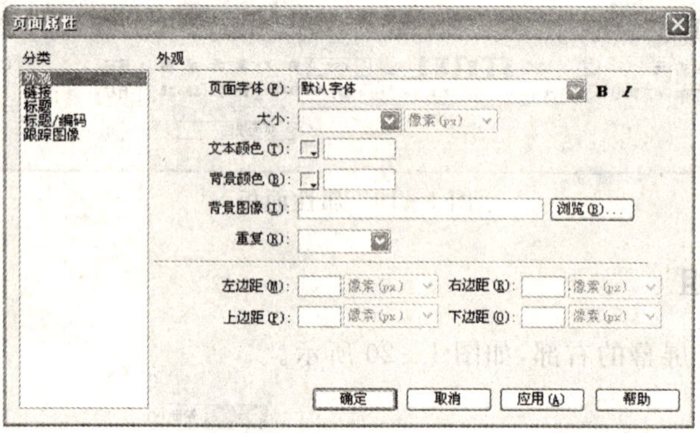

图 1－22 页面属性面板

1.3.1 定义网页背景色

利用“页面属性”面板可以设置网页的背景颜色。在图 1－22 所示的网页属性面板中，单击“背景颜色”右边的“┌”，则弹出选择颜色的调色板对话框（见图 1－23），选中所需要的背景色即可。

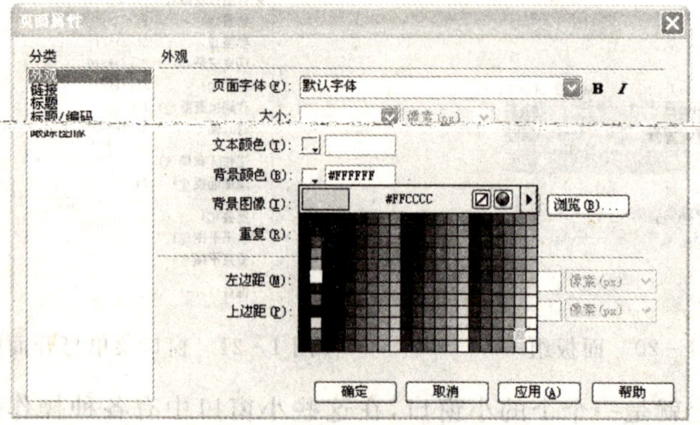

图 1－23 设置页面背景色

页面背景色实际上就是＜body＞标记设置的背景色。例如，若设置页面背景为蓝色，代码如下：

＜body bgcolor＝"＃0000FF"＞

1.3.2　设置背景图片

利用“页面属性”面板可以设置网页的背景图片。在图 1－22 所示的网页属性面板中，单击“背景图像”文本框右边的按钮“浏览(B)...”，则弹出“选择图像源文件”对话框(见图 1－24)。选择所需图像文件，按“确定”按钮即可。

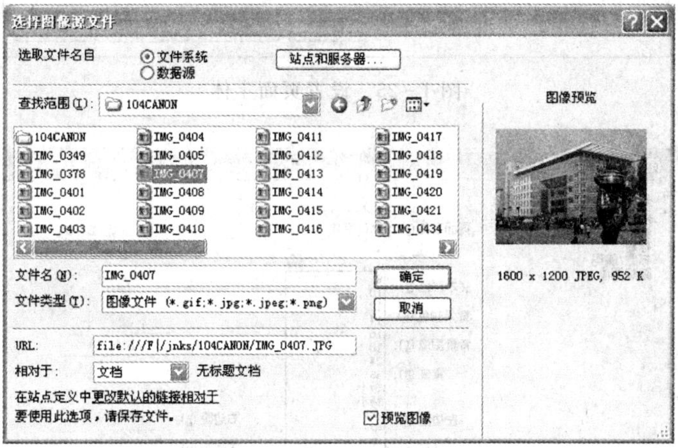

图 1－24　设置页面的背景图像

也可以在＜body＞标记中设置背景图像，具体代码如下：

＜body background＝"img_0407.jpg"＞

1.3.3　设置网页文字

如果要设置整个网页的文字字体、字号、颜色，可以用图 1－22 所示的“页面属性”对话框。

设置字体：在“页面属性”对话框中，单击“页面字体”右边的下拉列表，打开下拉列表，选择所需字体即可，如图 1－25 所示。

设置页面字号：在“页面属性”对话框中，单击“大小”右边的下拉列表，打开选择文字大小下拉列表(见图 1－26)，选择所需字号即可。

设置文字颜色：在“页面属性”对话框中，选择“文字颜色”右边的“厂”，打开调色板，选择文字的颜色。

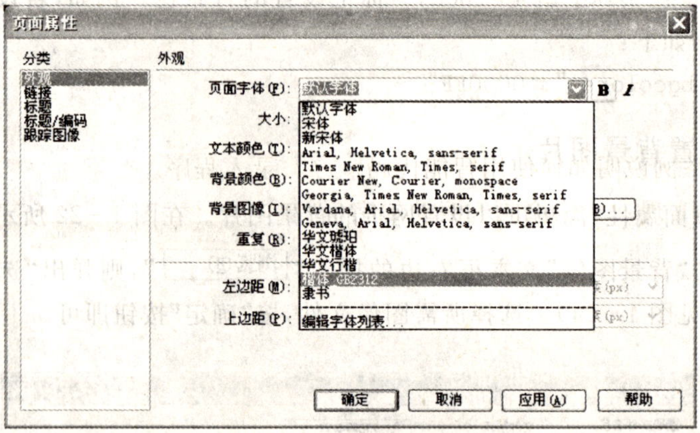

图 1-25　设置页面字体

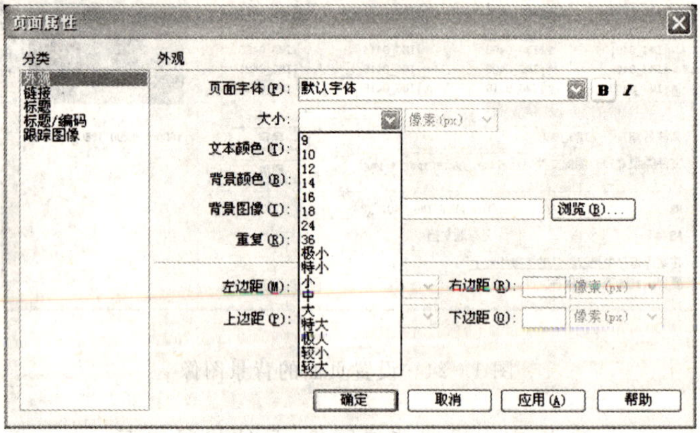

图 1-26　设置文字字号

1.3.4　设置背景音乐

设置网页的背景音乐，可以使用<bgsound>标记。HTML 代码如下：

<bgsound　src="01.梁祝.mp3"/>

1.4　智能代码输入方法

制作网页时要输入大量的 HTML 代码，这些代码有 HTML 标记、标记的属性及属性的值，它们多是英文单词或是组合拼写的英文字母，录入时很容易出错。另外，HTML 有哪些合法的标记，每个标记都各自有哪些属性和属性值，我们很难把握，如果写错了一个字符就会出错。为了解决这个问题，便于代码的输入，Dreamweaver 8 提供了智能代码输入法，用户基本上不用写代码，只需要移动光标在菜单上选择即可。而且，这种选择有针对性，待选项会智能出现。掌握智能代码输入法能够迅速、准确地录入代码，从而大大提高编程的效率，为程序员节约大量的时间。下面举例说明如何使用智能代码输入法录入程序。

例如，要实现一行徐徐向上滚动的字幕“江山如此多娇”。用智能代码输入法录入步骤如下。

(1) 输入“<”时，屏幕会自动弹出快捷菜单，如图 1-27 所示。用“↓”键在快捷菜单中选择“marquee”，回车后录入了 HTML 标记 marquee，如图 1-28。

(2) 在单词“marquee”后按空格键，系统又弹出快捷菜单请你选择该标记的属性。我们选择文字滚动方向“direction”，如图 1-28 所示。

(3) 选中“direction”属性，回车确认后录入属性 direction，同时出现图 1-29 所示画面，自动弹出快捷菜单以便选择该属性的值。

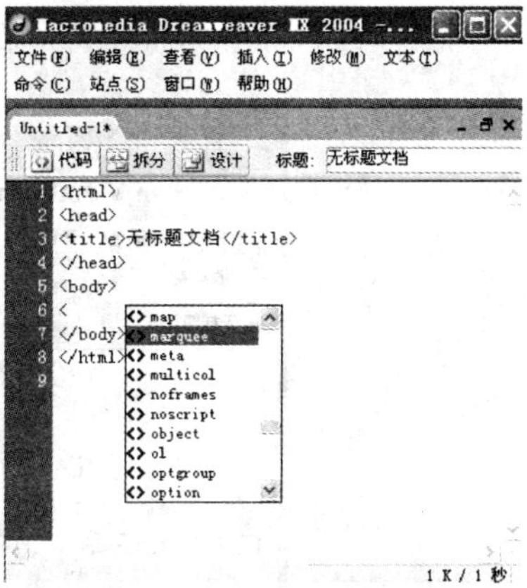

图 1-27　键入“<”弹出快捷菜单选择 HTML 标记

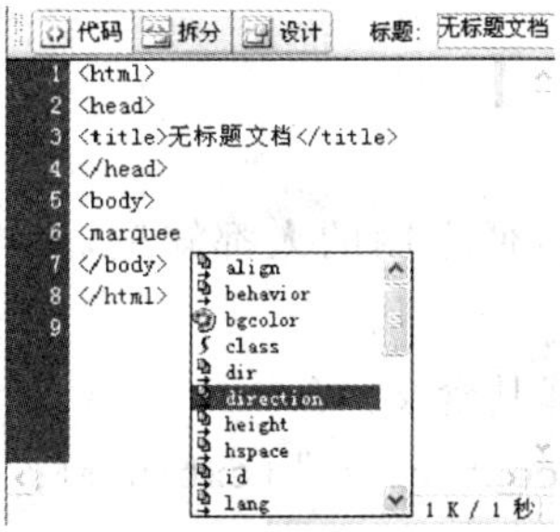

图 1-28　选择 marquee 标记的属性

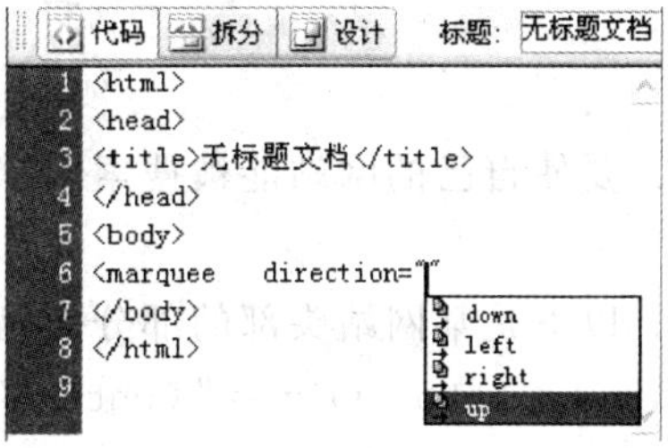

图 1-29　选择属性的值

(4) 选择向上滚动“up”，之后按“>”，则系统知道前半部分标记已输入完毕，自动添上后半部分标记“</marquee>”，如图 1-30 所示。

(5) 最后，在这一对标记中间的光标所在处，输入文字“江山如此多娇”。然后，按“F12”键运行程序，结果如图 1-31 所示。

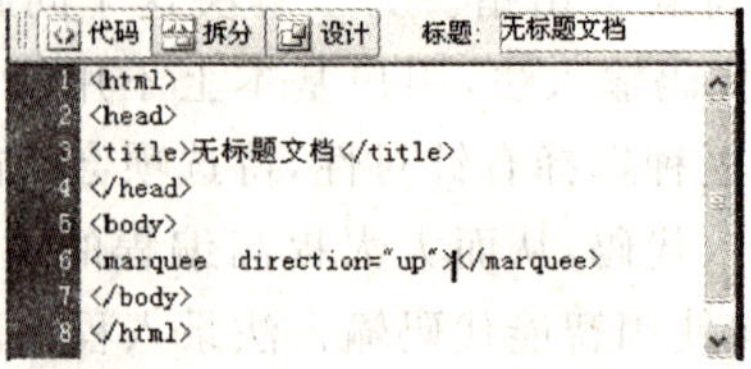

图 1-30 自动输入代码完成

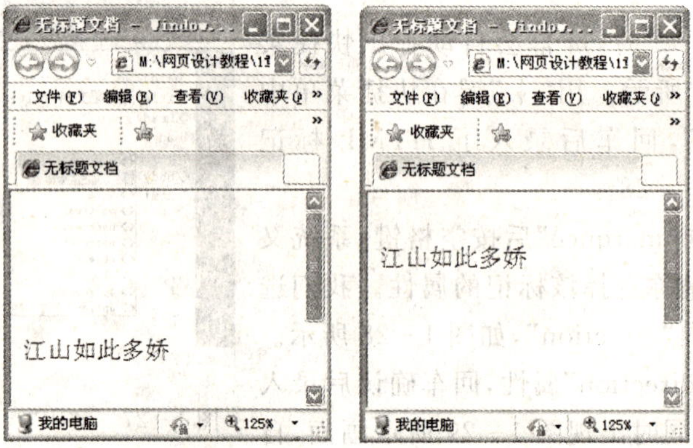

图 1-31 向上滚动的字幕

习 题 1

1. 要使自己的网站能被搜索引擎检索，以便上网的人都知道，应当采取什么措施？

2. 以下是某网站头部的部分代码，试解释其含义。

<meta http-equiv = " Content-Type " content = " text/html; charset = gb2312" />

<meta name="Keywords" content="网易，邮箱，游戏，新闻，体育，娱乐，女性，亚运，论坛，短信，数码，汽车，手机，财经，科技，相册" />

<meta name="Description" content="网易是中国领先的互联网技术公司，为用户提供免费邮箱、游戏、搜索引擎服务，开设新闻、娱乐、体育等 30 多个内容频道，及博客、视频、论坛等互动交流，网聚人的力量。" />

3. 以下是某网站 HTML 头部的部分代码，试解释其含义。

<meta http-equiv = " Content-Type " content = " text/html; charset =

```
gb2312" />
    <title>军事—中华网—中国最大的军事网站—男性最喜爱的网站!</title>
    <meta name="keywords" content="军事,武器,军事论坛,武器装备,台海,美军,伊拉克,上合演习,中俄军演,歼10,新轰,飞豹,陈水扁,武力,攻台,新驱,瓦良格,战机,枪,图库,伊朗,轰炸机,海军,陆军,空军,解放军,美军,自卫队,台湾,战略,战术,战争,军事历史,甲午,孙子兵法,战斗机,隐形,坦克,航空母舰,潜艇,核潜艇,战术导弹,弹道导弹,巡航导弹,TMD,NMD,GPS,军事新闻">
    <meta name="description" content="中华网军事频道是全国最大的军事网站,主要有以下栏目:中国军事焦点、中国军事要闻、台海形势、中国军事新闻、国际军事新闻、军事专题、军备动态、论坛每日军帖精选、网友原创、军事视频、军事图库、军事论坛。">
```

实　训　1

1. 在 Dreamweaver 中用智能代码输入法录入以下代码,并按 F12 键观察运行效果。

```
<html>
<body bgcolor="#FFFFFF" text="#000000">
<table width="176" bgcolor="#339999" align="center">
<tr>
<td height="17" align="center">
  <font color="#ffffff">友情链接</font>
</td>
</tr>
<tr style="line-height:18pt" bgcolor="#eeffee">
<td height="140">
<marquee scrollamount="1" scrolldelay="50" direction="up"
  onMouseOver="this.stop()" onMouseOut="this.start()">
    <a href="http://www.sohu.com">搜狐</a><br>
    <a href="http://www.163.com">网易</a><br>
    <a href="http://www.yahoo.com">雅虎</a><br>
</marquee>
</td>
```

```
</tr>
</table>
</body>
</html>
```

2. 利用<mate>标记实现特殊页面切换效果。

步骤一：输入代码，实现两个图片的链接切换。

页面 1

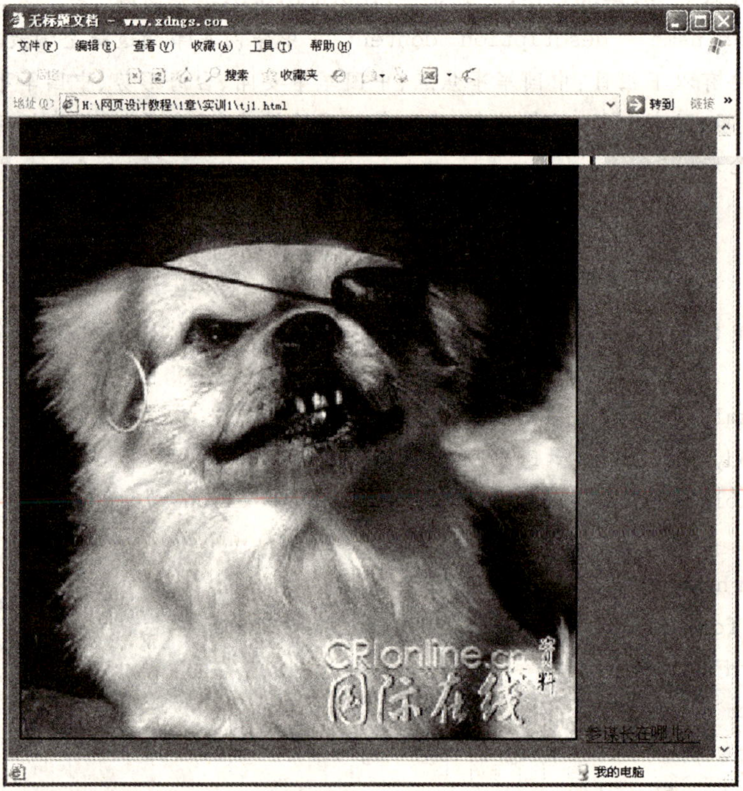

HTML 代码如下：

```
<html xmlns="http://www.w3.org/1999/xhtml">
<head>
  <meta http-equiv="Content-Type" content="text/html;charset=
gb2312"/>
  <title>无标题文档</title>
  <style type="text/css">
```

```
    body { backgrond-color:#009933;}
  </style>
</head>
<body>
  <img src="tj1.jpg" width="552" height="642"/>
  <a href=ch1-5-2.html>参谋长在哪儿? </a>
</body>
</html>
```

页面 2

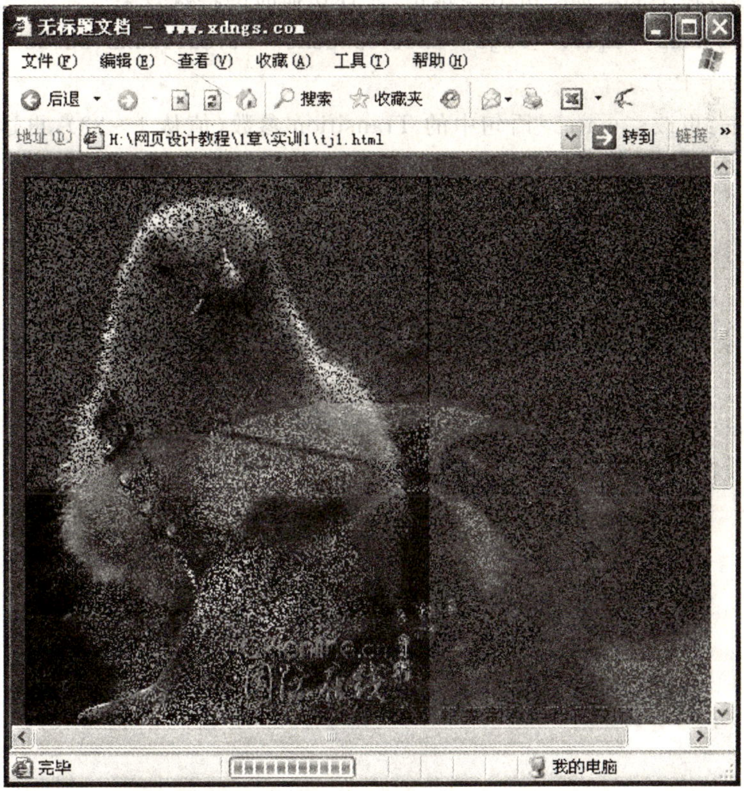

HTML 代码如下：

```
<html xmlns="http://www.w3.org/1999/xhtml">
<head>
  <meta http-equiv="Content-Type" content="text/html;charset=
gb2312"/>
```

```
    <title>无标题文档</title>
    <style type="text/css">
      body { background-color:#009933;}
    </style></head>
  <body>
    <img src="tj2.jpg" width="300" height="400"/>
    <a href="tj1.html">报告司令,我在这呢! </a>
  </body>
  </html>
```

步骤二:在头部添加＜mate＞标记,实现切换时的特殊效果。

```
<meta http-equiv=Page-Exit content=revealTrans(Duration=1.0,
Transition=12)>
```

步骤三:更改＜mate＞语句中的 Transition 参数(值从 1～23),再运行程序,查看效果。

第 2 章　文本及版面控制标记

本章内容：

文本控制标记；

列表标记；

DIV 标记。

2.1　文本字体控制标记

本节介绍 HTML 中字体标记、字符样式标记、标题标记。

2.1.1　字体标记

每个 HTML 标记都有自己的属性，不同标记的属性及属性个数不尽相同。属性放置在开始标记中，标记与属性、属性与属性间用空格隔开。每个属性都由属性名和属性值组成。

格式如下：

<标记 属性 1="属性值 1"　属性 2="属性值 2" …　属性 n="属性值 n">

<font>标记可以设置字体、字号、文字的颜色等，这些设置都是通过<font>标记的属性来实现的。<font>标记的属性有 face、size、color 等分别表示文字的字体、字号和颜色。

1. 设置文字的字体

利用<font>标记的 face 属性设置文字的字体。

语法：

<font face="字体名称">文字</font>

例 2-1　设置文字"指点江山，激昂文字，粪土当年万户侯。"字体为隶书。

HTML 代码如下：

```
<html>
<head>
```

```
  <title>设置文字字体</title>
</head>
<body>
  <font  face="隶书">指点江山,激昂文字,粪土当年万户侯。</font>
</body>
</html>
```

浏览器中显示效果如图 2-1 所示。

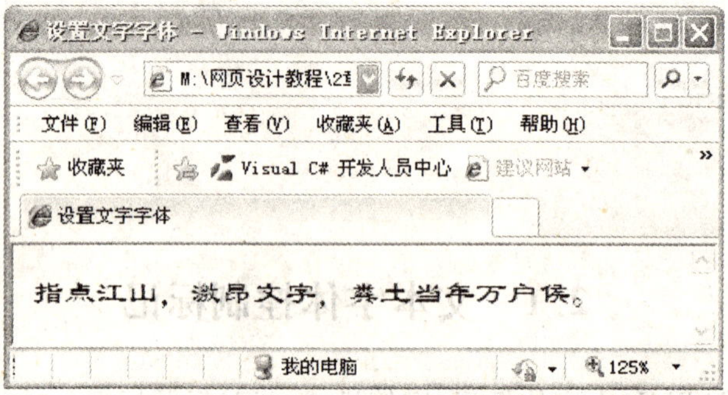

图 2-1 设置“隶书”字体

说明：

字体的选择可以通过工具来实现。以本例代码为例，具体步骤如下。

步骤一：当输入代码 font 后，按空格键弹出快捷菜单，在菜单中选择 face 并回车(或双击 face)后，出现选择字体对话框，如图 2-2 所示。

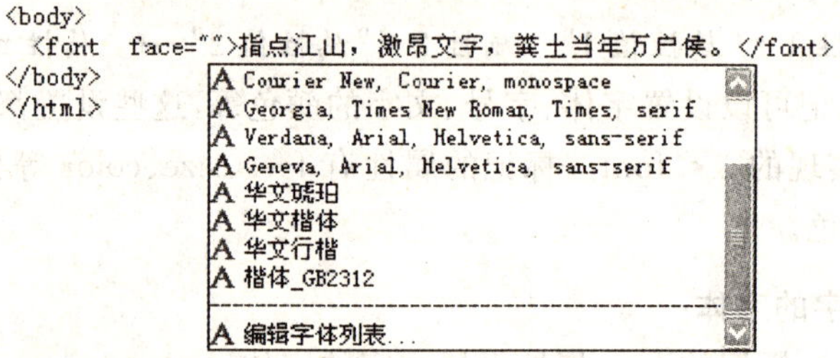

图 2-2 选择字体对话框

如果在“选择字体”对话框中并没有“隶书”字体，可以单击对话框最下方的“编辑字体列表…”选项，弹出的“编辑字体列表”对话框如图 2-3 所示。

步骤二：在“编辑字体列表”对话框中有“品”字形分布的 3 个小窗口，上方是“字体列表”窗口，该窗口里的字体会出现在图 2-2 的对话框中。下方并列排放两

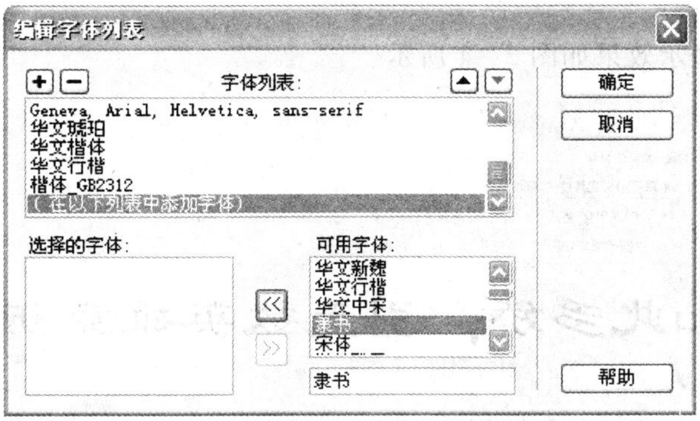

图 2-3　编辑字体列表对话框

个窗口，右边窗口里的是电脑中还可供选择的字体，左边窗口是从右边“可选字体”窗口里“选择的字体”。下边两个窗口之间有个按钮，当在右边“可用字体”窗口中选择好字体(例如“隶书”)并单击“<<”(或者双击“隶书”字体)时，会将“隶书”字体选入左边“选择字体”窗口。然后，再单击“字体列表”窗口上方的“+”按钮，可以向“字体列表”窗口再次添加其他字体。

步骤三：单击“确定”按钮，完成字体添加任务。

再回到图 2-2，这时“选择字体”对话框中已经有了“隶书”字体，双击“隶书”即可。

2. 设置文字的字号

利用<font>标记的 size 属性设置文字的字号。

语法：

```
<font size="字号">文字</font>
```

例 2-2　设置文字“江山如此多娇，引无数英雄竞折腰。”为隶书、7 号字。

HTML 代码如下：

```
<html>
<head>
  <title>设置文字字号</title>
</head>
<body>
  <font face="隶书" size="7">江山如此多娇，引无数英雄竞折腰。
</font>
</body>
```

```
</html>
```

浏览器中显示效果如图 2-4 所示。

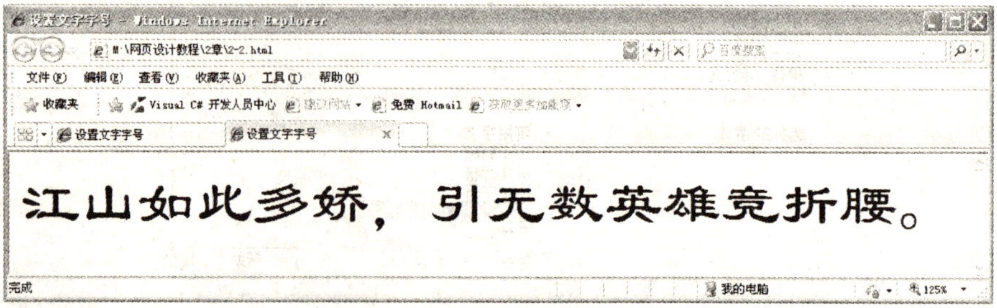

图 2-4 设置 7 号字

说明：

设置文字大小(size)时有绝对定义和相对定义两种。

绝对定义是指用数字 1～7 将文字按从小到大的顺序定义字号。相对定义是指以 3 号字为基准，对文字加以放大或缩小。放大时数字前面加“+”号，缩小时数字前面加“-”号。放大的字号位“+1～+4”，缩小的字号为“-1～-4”。

其取值范围如表 2-1 所示。

表 2-1 size 属性的取值

属性值	说 明
绝对整数	从 1 到 7 的整数，代表 1 号字到 7 号字
相对整数	从 -4 到 +4 的整数(不包括 0)，字体相对于 3 号字的放大(+)和缩小(-)的字号

3. 设置文字的颜色

利用<font>标记的 color 属性设置文字的颜色。

语法：

```
<font color="颜色代码">文字</font>
```

例 2-3 设置文字“江山如此多娇，引无数英雄竞折腰。”为隶书、7 号字、红色。

HTML 代码如下：

```
<html>
<head>
  <title>设置文字的颜色</title>
</head>
```

```
<body>
  <font face="隶书" size="7" color="#FF0000">江山如此多娇，引无数英雄竞折腰。</font>
</body>
</html>
```

浏览器中显示效果如图 2-5 所示。

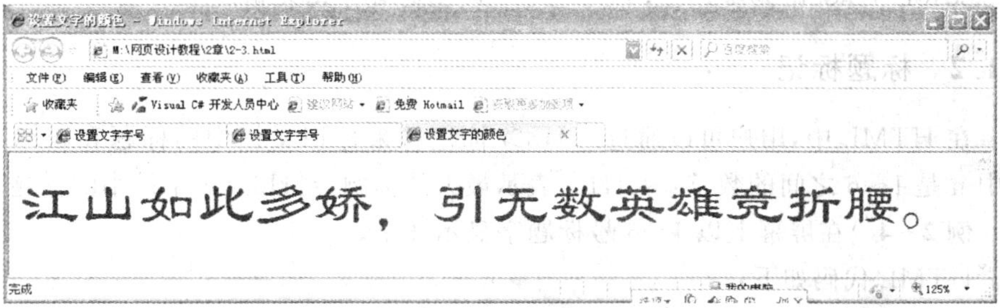

图 2-5　设置文字颜色

说明：

(1) 设置文字颜色也可以使用工具来实现。以例 2-3 代码为例，在输入代码 font 后，按空格键会弹出快捷菜单。在快捷菜单中选择“color”并回车(或双击 color)后，出现调色板，如图 2-6。移动鼠标并单击，可以直接选择所需颜色。

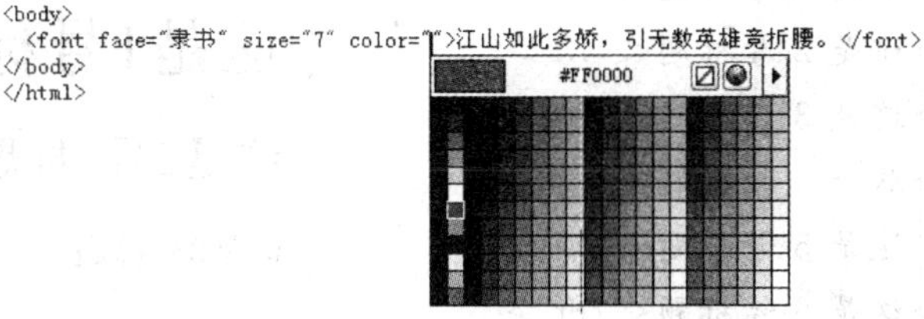

图 2-6　在调色板中选择文字颜色

(2) 网页中颜色的表示方法。在网页中一般用 RGB 模式设置颜色，RGB 是英文单词 red(红)、green(绿)、blue(蓝)的头字母组合。红、绿、蓝三基色可以调配出任何颜色。图 2-6 中 #FF0000 是用十六进制数表示的“红色”。这种表示法分别用两位十六进制数表示红、绿和蓝，所以这 3 种颜色都有 256 个色差。即红色从最不红(00H)到最红(ffH)共 256 个级别；同样，绿色和蓝色也都有 256 个不同的级别。这样，用这种 6 位十六进制调色板就可以调试出 256×256×256＝16777216(1 千 6 百多万)种不同色彩。应当注意：#000000 是黑色(红、绿、蓝色全没有)，#FFFFFF 是白色(有色光全都有)。

网页中的色彩可用颜色名称、十六进制数、十进制数和百分数的形式表示，例如以下这些不同的表示法都表示了同一种颜色——“红色”。

Color="red"	用颜色名称表示
Color="#ff0000"	十六进制表示法
Color="#f00"	十六进制简化表示法，例如"#f00"同"#ff0000"
Color="RGB(255,0,0)"	颜色的十进制表示法
Color="RGB(100%,0%,0%)"	颜色的百分比表示法

2.1.2 标题标记

在 HTML 中，用户可以通过<Hn>标记符来标识文档中的标题和副标题。其中 n 是 1～6 之间的数字：<H1>表示最大的标题，<H6>表示最小的标题。

例 2-4 在屏幕上以 1～6 号标题字显示文字。

HTML 代码如下：

```
<html>
  <head>
    <title>1～6 号标题</title>
  </head>
  <body>
    <H1>这是 1 号标题</H1>
    <H2>这是 2 号标题</H2>
    <H3>这是 3 号标题</H3>
    <H4>这是 4 号标题</H4>
    <H5>这是 5 号标题</H5>
    <H6>这是 6 号标题</H6>
  </body>
</html>
```

浏览器中显示效果如图 2-7 所示。

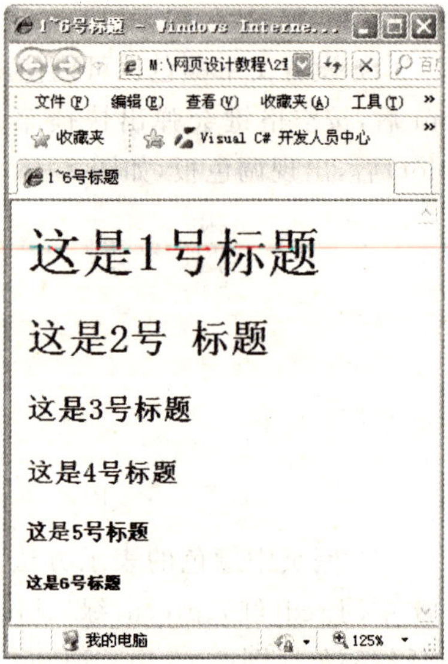

图 2-7 标题字效果

可以看出，浏览器在解释标题标记的时候，会自动改变文字的大小并将字体设为黑体，同时自动将内容设置为一个段落。

2.1.3 文字缩小、加大标记

1. 文字缩小标记

<small>标记所包含的文字在浏览时会比普通文字小一些，在一个

<small>后面嵌套了另一个<small>，则第二个<small>后面的文字要比其前面的文字更小。即如果有多个<small>标记作用于同一段文字，则该段文字的字号会逐渐缩小。

例 2-5　文字缩小标记<small>的演示。

HTML 代码如下：

```
<html>
  <head>
    <title>文字的减小</title>
  </head>
  <body>
    你看这里的<small>文字会逐渐<small>减小，效果</small>明显
吗？</small>
  </body>
</html>
```

浏览器中显示效果如图 2-8 所示。

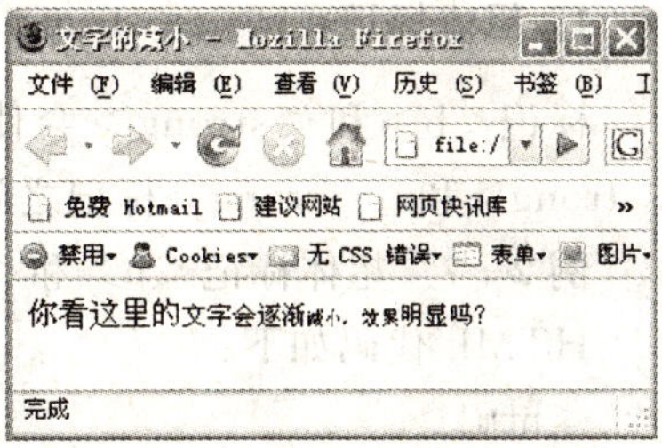

图 2-8　<small>标记的作用

2. 文字加大标记

<big>标记所包含的文字在浏览器中显示会比普通文字大一级，如果有多个<big>标记作用于同一段文字，则该段文字的字号会逐渐增大。

例 2-6　<big>标记的效果。

HTML 代码如下：

```
<html>
  <head>
    <title>文字的增大</title>
  </head>
  <body>
    你看这里的<big>文字会逐渐<big>增大，效果</big>明显吗？
</big>
  </body>
</html>
```

浏览器中显示效果如图 2-9 所示。

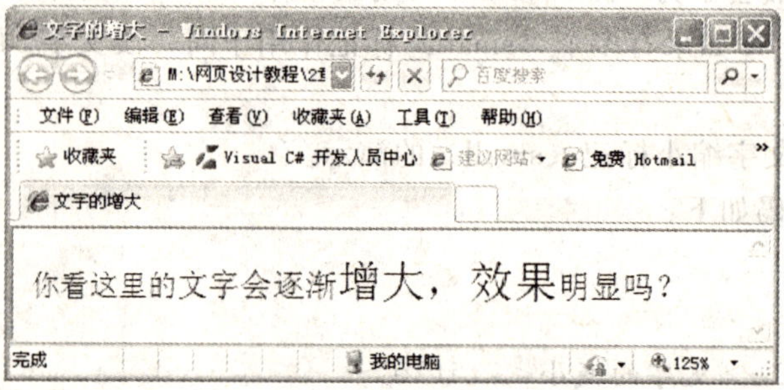

图 2-9　<big>标记的作用

2.1.4　粗体、斜体标记

1. 粗体标记<b>、<strong>

标记<b>和<strong>会使文字加粗，在<b>和</b>之间的文字或在<strong>和</strong>标记之间的文字，在浏览器中以粗体显示。

例 2-7　粗体标记<b>和<strong>的演示。

HTML 代码如下：

```
<html>
  <head>
    <title>粗体标记</title>
  </head>
  <body>
    你看这里的文字，<b>用《B》加粗，</b>也可以<strong>用《STRONG》加粗，</strong>效果明显吗？
  </body>
</html>
```

浏览器中显示效果如图 2-10 所示。

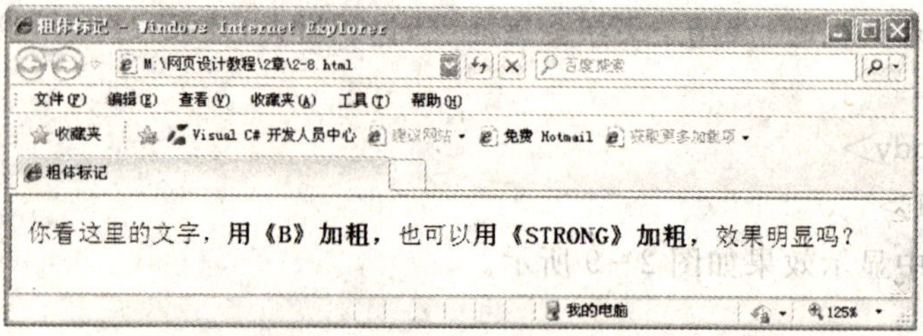

图 2-10　文字加粗标记<b>和<strong>的作用

2. 斜体标记<i>、<em>、<cite>

标记<i>、<em>和<cite>会使文字产生倾斜效果。

例 2-8　斜体标记<i>、<em>和<cite>的演示。

HTML 代码如下：

```
<html>
  <head>
    <title>斜体标记</title>
  </head>
  <body>
    你看这里的文字,<i>《i》即意大利体倾斜</i>,此处用<em>《em》标记倾斜</em>,最后用<cite>《cite》倾斜</cite>。你看有什么区别?
  </body>
</html>
```

浏览器中显示效果如图 2-11 所示。

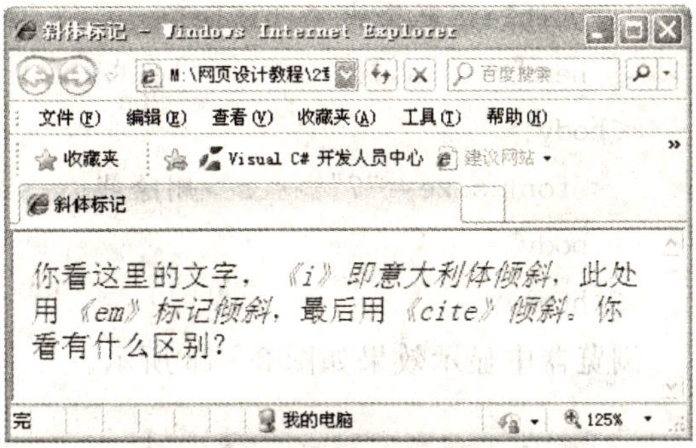

图 2-11　i、em、cite 倾斜标记

2.1.5　上标与下标标记

上标标记<sup>，下标标记<sub>。

例 2-9　<sup>上标与<sub>下标标记的演示。

HTML 代码如下：

```
<html>
<head>
  <title>上标与下标</title>
</head>
<body>
  C<sub>1</sub>=X<sup>2</sup>+Y<sup>2</sup>
</body>
</html>
```

浏览器中显示效果如图 2-12 所示。

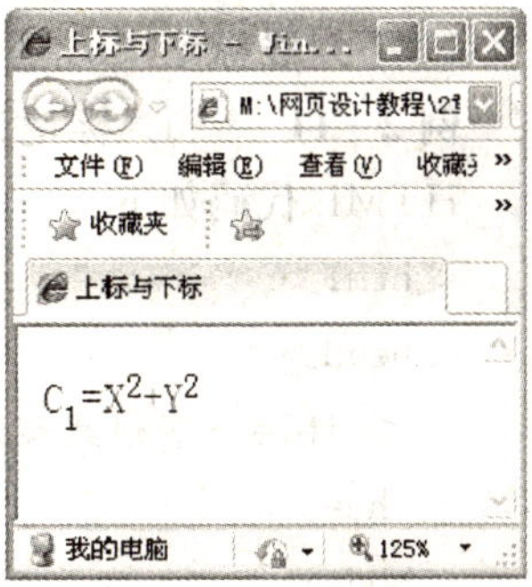

图 2-12　上标与下标标记

2.1.6 删除线与下划线标记

1. 删除线标记<s>

例 2-10 <s>标记删除线效果演示。

HTML 代码如下：

```
<html>
<head>
  <title>删除线</title>
</head>
<body>
  <font size="7"><s>删除线</s></font>
</body>
</html>
```

浏览器中显示效果如图 2-13 所示。

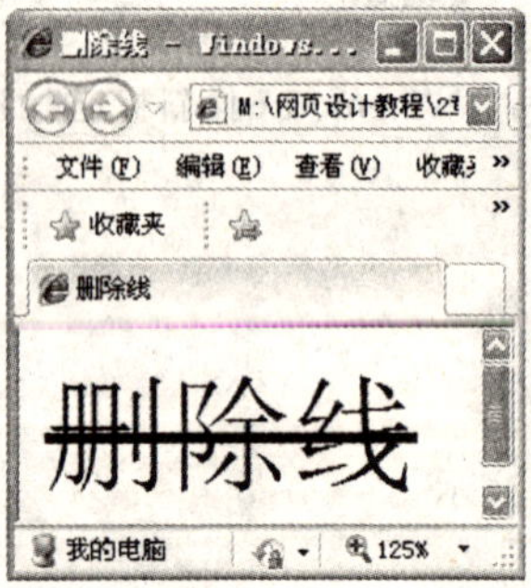

图 2-13 删除线标记<s>

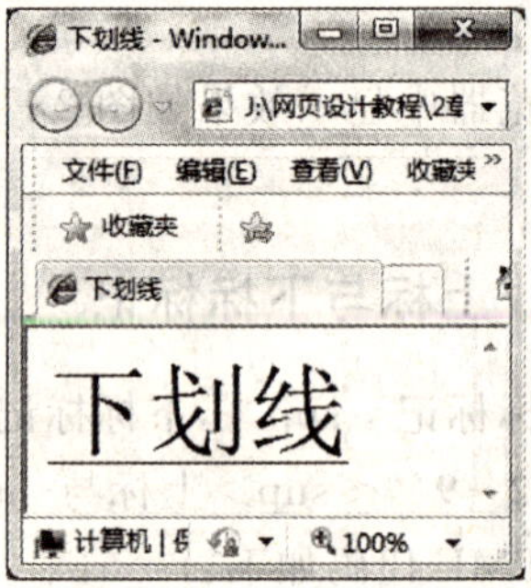

图 2-14 下划线标记<u>

2. 下划线标记<u>

例 2-11 <u>标记为文字添加下划线。

HTML 代码如下：

```
<html>
<head>
  <title>下划线</title>
</head>
<body>
  <font size="7"><u>下划线</u></font>
```

```
</body>
</html>
```

浏览器中显示效果如图 2 - 14 所示。

2.2　文本版面风格控制标记

本节介绍在 HTML 文档中对文本版面风格控制的标记，包括段落控制标记<p>、换行标记
、水平线标记<hr>、居中标记<center>、预格式化文本标记<pre>，并学会使用这些标记实现对文档中段落格式的设置。

2.2.1　文本分段标记

分段和换行是文档编辑的基本操作。在网页中用于分段的标记是<p>，<p>标记可以成对使用，也可以单独使用；即开始标记<p>和结束标记</p>可以同时存在，也可只用开始标记<p>，两种方式都可实现分段效果。

如果只是换行而不另起一段，这时可以用换行标记
。

例 2 - 12　文档的分段与换行，<p>与
标记演示。

HTML 代码如下：

```
<html>
  <head>
    <title>P 标记与 BR 标记的区别</title>
  </head>
  <body>
    <p>第一段
    <p>第二段，用 &lt;BR&gt;标记控制换行<br>
    本行仍然为第二段，两行之间没有空格。
    <p>用 &lt;P&gt;标记，又成了新的一段。</p>
  </body>
</html>
```

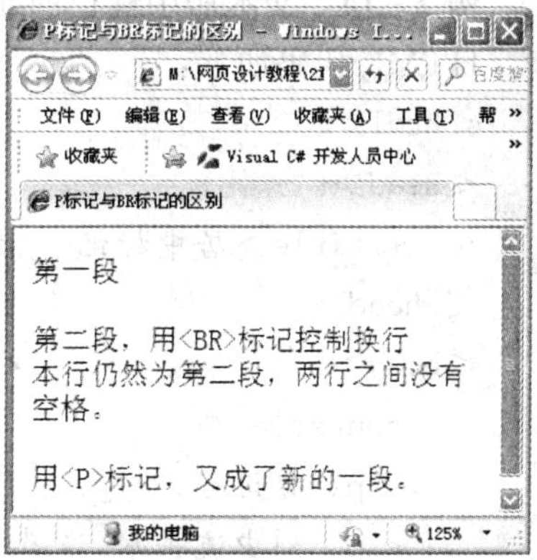

图 2 - 15　<p>与
标记的区别

在浏览器中的显示效果如图 2 - 15 所示。

2.2.2 水平线标记

水平线可以分隔文档的内容，使文档结构清晰、层次分明、便于浏览。水平线标记为<hr>，它有属性 size、width、noshade 和 color，分别设定水平线的粗细、长度(宽)、是否加阴影以及水平线的颜色。

例 2-13 在页面中画一条粗 3px、宽 200px、蓝色线条。

HTML 代码如下：

```
<html>
<head>
    <title>P 标记与 BR 标记的区别</title>
</head>
<body>
  <hr color="#0000ff" size="3"  width="200">
</body>
</html>
```

在浏览器中显示效果如图 2-16 所示。

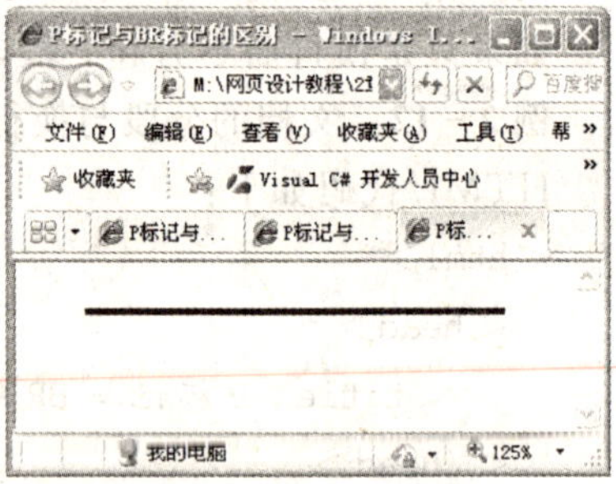

图 2-16 水平线标记<hr>

2.2.3 居中标记

HTML 中有一个使文本内容居中的标记<center>。

例 2-14 文本居中标记的使用。

HTML 代码如下：

```
<html>
<head>
    <title>居中标记</title>
</head>
<body>
  <center>
    <p>曾记否，</p>
    <p>到中流击水，浪遏飞舟。</p>
  </center>
</body>
</html>
```

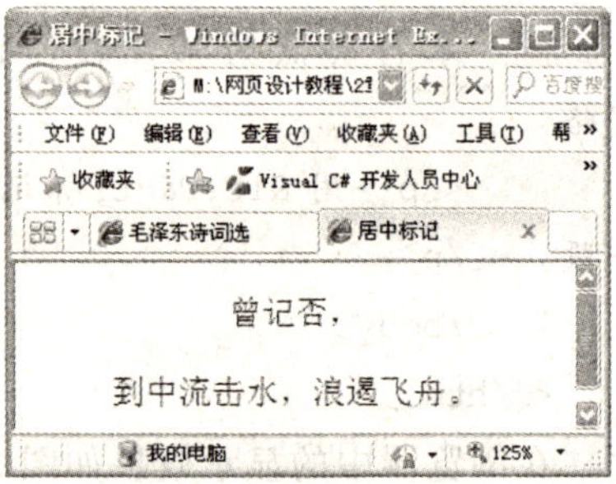

图 2-17 居中标记

在浏览器中显示效果如图 2-17 所示。

说明：

在网页中除了<center>标记可以使文本居中外，还可以使用任何标记的align属性实现同样的效果，很多标记都具有 align 属性，如<body>、<p>、<div>、<table>、<tr>、<td>、…。

一般情况下，如果要使整个页面内容居中，可使用<body align="center">或在页面开始和结束处分别添加<center>和</center>；如果要使一段文字居中，可使用<p align="center">。

2.2.4 预排版标记

要将 HTML 文档中的文字，在通过浏览器显示时保留原来的排版格式，只需要在该文字的前后添加<pre>和</pre>标记即可。

例 2-15 在屏幕上输出诗词。

HTML 代码如下：

```
<html>
<head>
    <title>居中标记</title>
</head>
<body>
<pre>
  《沁园春长沙》
    ——毛泽东

    独立寒秋，湘江北去，
    橘子洲头。
    看万山红遍，层林尽染；
    漫江碧透，百舸争流。
    鹰击长空，鱼翔浅底，
    万类霜天竞自由。
    怅寥廓，
    问苍茫大地，谁主沉浮？

    携来百侣曾游，
    忆往昔，峥嵘岁月稠。
```

```
恰同学少年，风华正茂；
书生意气，挥斥方遒。
指点江山，激扬文字，
粪土当年万户侯。
曾记否，
到中流击水，浪遏飞舟。
</pre>
</body>
</html>
```

屏幕显示效果如图 2-18 所示。

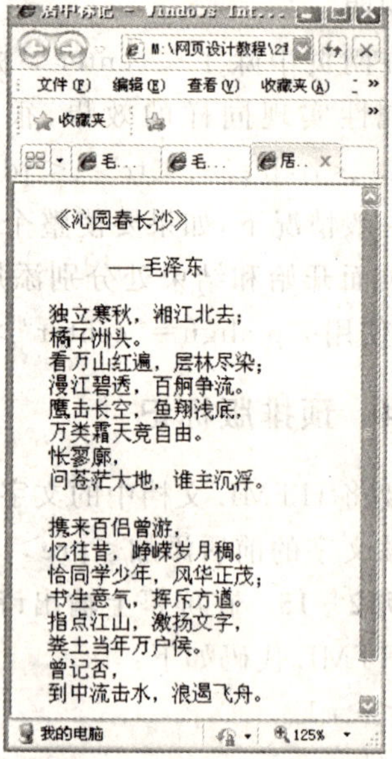

图 2-18 <pre>标记保留排版的格式

2.3 列表标记

在 HTML 文档中，列表用于提供结构化的，有层次感的消息格式，可以帮助访问者方便地找到消息，并引起访问者对于重要消息的注意。列表在网页的 CSS 排版布局中有着广泛的应用。

本节分别对无序列表标记<ul>和有序列表标记<ol>进行介绍。

2.3.1 无序列表标记

无序列表使用项目符号来列举项目，<ul>标记用于无序列表，在每个文字之前，以项目符号作为每条列表项的前缀。<ul> 和</ul>标记表示无序列表的开始和结束，每个具体列表项则用<li>和</li>括起来。

例 2-16 无序列表举例。

HTML 代码如下：

```
<html>
<head>
    <title>无序列表</title>
</head>
<body>
  <p>计算机由 5 部分组成</p>
  <ul>
    <li>输入设备</li>
    <li>运算器</li>
```

```
    <li>控制器</li>
    <li>存储器</li>
    <li>输出设备</li>
  </ul>
</body>
</html>
```

在浏览器中显示效果如图 2-19 所示。

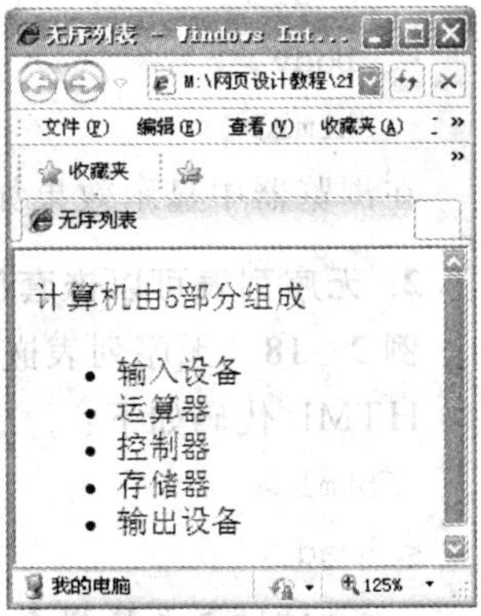

图 2-19　无序列表

1. 设置无序列表符号的类型 type

可以利用<ul>标记的 type 属性来改变无序列表前面的符号形状。其格式为：

```
<ul type="符号类型">
```

符号的具体形状见表 2-1。

表 2-1　无序列表符号类型

属　性　值	示 例
disc	●
circle	○
square	■

例 2-17　空心圆符号的无序列表。

HTML 代码如下：

```
<html>
<head>
    <title>无序列表</title>
</head>
<body>
  <p>计算机由 5 部分组成</p>
  <ul type="circle">
    <li>输入设备</li>
    <li>运算器</li>
    <li>控制器</li>
    <li>存储器</li>
    <li>输出设备</li>
```

```
  </ul>
</body>
</html>
```

在浏览器中显示效果如图 2－20 所示。

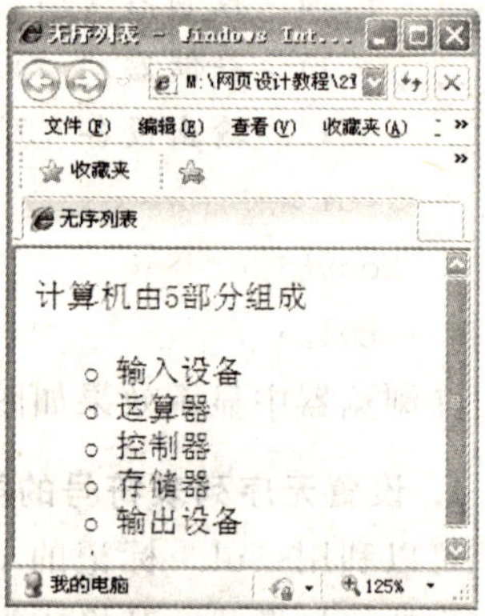

图 2－20　type 属性改变项目符号

2. 无序列表可以嵌套使用

例 2－18　无序列表嵌套使用。

HTML 代码如下：

```
<html>
<head>
  <title>无序列表</title>
</head>
<body>
  <p>计算机由 5 部分组成</p>
  <ul>
    <li>输入设备</li>
    <li>CPU</li>
      <ul>
        <li>运算器</li>
        <li>控制器</li>
      </ul>
    <li>存储器</li>
    <li>输出设备</li>
  </ul>
</body>
</html>
```

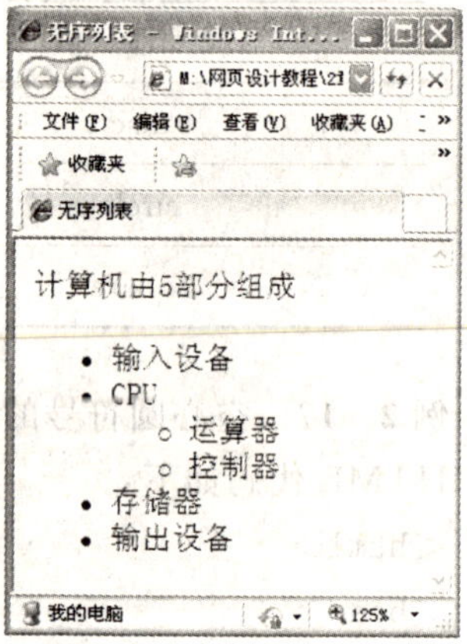

图 2－21　无序列表嵌套使用

在浏览器中显示效果如图 2－21 所示。

2.3.2　有序列表标记

有序列表使用顺序编号，而不使用项目符号来列举项目。列表中的项目前使用数字或英文字母，作为标定项目顺序编号。有序列表标记为<ol></ol>。

例 2－19　有序列表<ol>举例。

HTML 代码如下：

```
<html>
```

```
  <head>
    <title>无序列表</title>
  </head>
<body>
  大学的课程分为：
  <ol>
    <li>基础课</li>
    <li>专业基础课</li>
    <li>专业课</li>
    <li>选修课</li>
  </ol>
</body>
</html>
```

浏览器中显示效果如图 2-22 所示。

图 2-22 有序列表

1. 有序列表的类型 type

有序列表的序号可以是数字、英文大小写字母、罗马大小写数字，有序列表的序号的类型如表 2-2 所示。默认情况下，有序列表的序号是数字，可以通过<ol>标记的 type 属性来改变序号的类型。

表 2-2 有序列表序号类型

属性值	说明
1	数字 1、2、3、4…
a	小写英文字母 a、b、c、d…
A	大写英文字母 A、B、C、D…
i	小写罗马数字 i、ii、iii、iv…
I	大写罗马数字 I、II、III、IV…

例 2-20 type 改变序号的类型。

HTML 代码如下：

```
<html>
  <head>
    <title>无序列表</title>
  </head>
<body>
```

```
大学的课程分为：
<ol  type="a">
  <li>公共基础课</li>
  <li>专业基础课</li>
  <li>专业课</li>
  <li>选修课</li>
</ol>
</body>
</html>
```

浏览器中显示效果如图 2-23 所示。

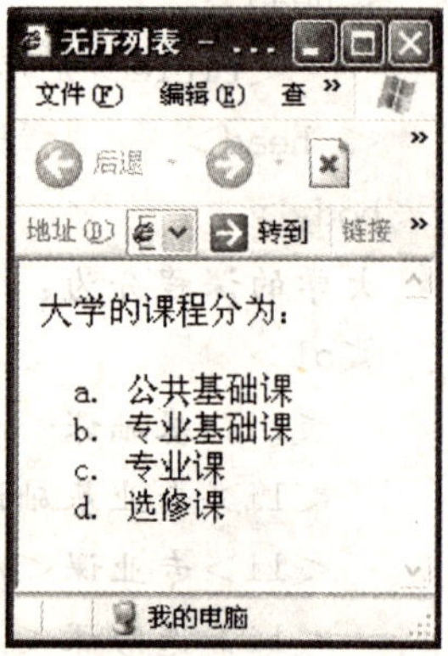

图 2-23 TYPE 改变序号类型

2. 有序列表的嵌套

和无序列表一样，有序列表也可以嵌套，而且这两种列表还可以互相嵌套。

例 2-21 两种列表的嵌套。

HTML 代码如下：

```
<html>
  <head>
    <title>无序列表</title>
  </head>
<body>
  <ul>学习 Web 开发
    <li>学习浏览器端技术</li>
      <ol>
        <li>HTML 语言</li>
        <li>CSS 样式表</li>
        <li>JavaScript 脚本语言</li>
        <li>DOM 文档对象模型</li>
      </ol>
    <li>学习服务器端技术</li>
      <ol>
        <li>VBScript 脚本语言</li>
        <li>ASP</li>
        <li>ADO</li>
        <li>SQL Server 数据库</li>
      </ol>
```

```
  </ul>
</body>
</html>
```

浏览器中显示效果如图 2-24 所示。

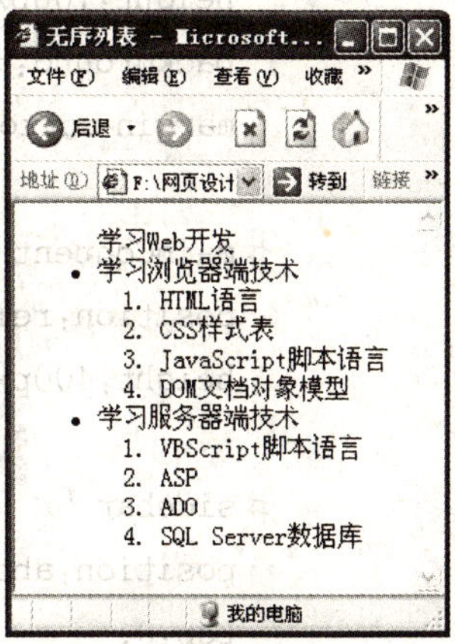

图 2-24　列表嵌套综合举例

2.4　容器标记

HTML 中有两个容器标记<div>和<span>。这两个标记可以将其他网页元素装入其中，而它本身就像一个窗口一样，仅仅起个容器的作用。在 Dreamweaver 中，“层”用<div>来表示，对层的操作就是对<div>的操作。<div>和<span>的主要区别在于，<div>是块级元素，即每个<div>要单独占用一行；<span>是行内元素，它能和其他网页元素共同在一行上。当表示大块的文档引用时用<div>；当强调一行中的几个字时用<span>。

2.4.1　<div>标记

当今的网页制作讲究结构与表现的分离。所有的网页元素都用一个个的<div>容器包装起来，并给每个<div>容器一个 ID 标识符，这些<div>按顺序排列构成网页的结构。至于网页的样式，包括布局、色彩、各个容器的大小、边框、边距以及链接样式等，都由 CSS 来实现，由此实现所谓的结构与表现分离。可见，<div>标记是现今网页设计中至关重要的元素。

例 2-22　用 DIV 容器和 CSS 样式表实现结构与表现的分离。

HTML 代码如下：

```
<html>
  <head>
    <title>DIV 标记</title>
    <style>
      #header,#mainContent,#footer{
        margin:0 auto;
        width:760px
      }
      #header {
```

```
    height:100px;
    background:#9c6;
    margin-bottom:5px;
  }
  #mainContent {
    position:relative;
    height:400px;
  }
  #sidebar {
    position:absolute;
    top:0;
    left:0;
    width:200px;
    height:398px;
    background:#cf9;
  }
  #content {
    margin-left:202px;
    height:398px;
    background:#ffa;
  }
  #footer {
    height:60px;
    background:#9c6;
  }
</style>
</head>
  <body>
    <div id="container">
    <div id="header">这是 Header</div>
    <div id="mainContent">
    <div id="sidebar">这是 sidebar</div>
    <div id="content">这是 content</div>
  </div>
```

```
      <div id="footer">这是 footer</div>
    </div>
  </body>
</html>
```

浏览器中显示如图 2 - 25 所示。

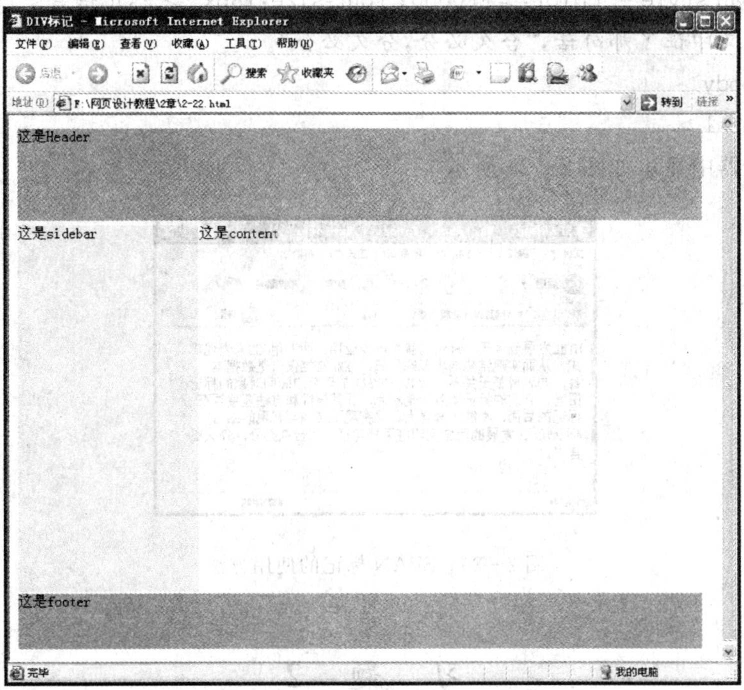

图 2 - 25　DIV 容器的应用

2.4.2　<span>标记

span 标记一般只用于一行中设定某几个字的情况。

例 2 - 23　在下面的文字中，将“标记语言”强调显示成红色、18px 大小的字。

HTML 代码如下：

```
<html>
<head>
  <title>SPAN 标记</title>
</head>
<body>
```

HTML 发展到今天，标记的属性很少应用，而专用 CSS 来表现样式，从而实现结构与表现的分离。

XML 文档仅仅是数据本身，与表现毫无关系。

MXML 和 XAML 是最新的面向对象的标记语言，它们的标记本身就是对象，而其属性和方法直接写在标记的后面，功能十分强大。又实现了结构与表现的结合。

<span style="color:#FF0000; font-size:18px"> 标记语言</span>发展的历史又印证了那句话，“合久必分，分久必合”。

</body>

</html>

浏览器中显示如图 2-26 所示。

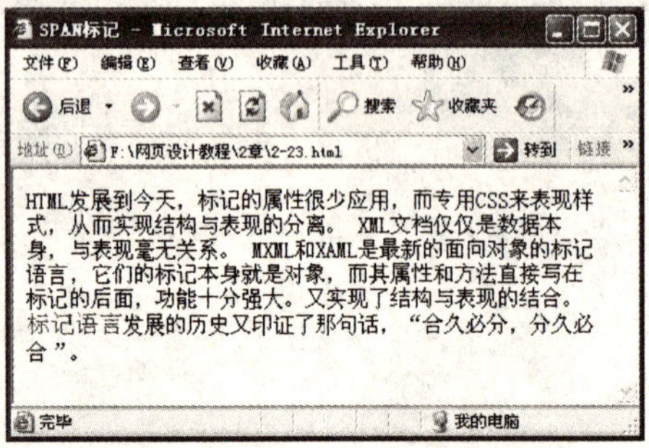

图 2-26 SPAN 标记的使用方法

习 题 2

一、单选题

1. 以下标记中，用于设置字体的是( )。

   A. <title> B. <caption> C. <head> D. <font>

2. 以下标记符中，不是文本版面风格控制标记的是( )。

   A. <hn> B.
  C. <center> D. <pre>

3. 若要设置文本颜色为#ffffff，以下标记中正确的是( )。

   A. <font face="#FF0000">

   B. <font size="#FF0000">

   C. <font color="#FF0000">

   D. <font width="#FF0000">

实　训　2

1. 在网页中录入文字“静态网站的制作”，并用 font 标记设置文字格式：字体：隶书；字号：7；文字颜色：黄。

2. 输入下面一段文字，并用 3 种办法使其居中显示。

标记语言虽然不同于程序设计语言，但它也有顽强的生命力。

3. 编写代码，实现图 2-27 所示列表格式。

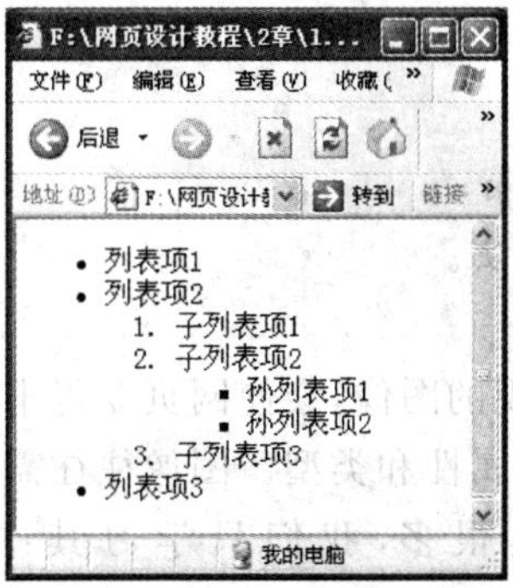

图 2-27　实训题 3

第3章　图像

本章内容：

图像标记；

Web 图像格式；

Photoshop 界面和工具箱；

几种常用的图像处理方法。

在网页中添加精致、美观的图像，会使网页变得丰富精彩。本章介绍插入图像的原理、方法，网页中图像的属性和类型。图像往往需要加工处理后才能插入网页中。常用的图像处理工具很多，我们只学习其中应用最广泛的一种软件 Photoshop，学会使用该工具最常用的图像加工方法。

3.1　图像标记

图像标记为 <img>，它是行内元素。其主要功能是在网页中插入图像，所插图像的 URL 地址由<img> 标记的 src 属性决定。

图像标记的使用格式为：

```
<img src="图像 URL 地址">
```

例如：

```
<img src="tj1.jpg" >
```

这个命令可以在网页中插入一张名为 tj1.jpg 的图像。

<img>标记还有其他属性，具体的属性名和属性值如表 3-1 所示。

表 3-1　IMG 标记的属性

属　性	说　明
src	图像的源文件
alt	提示文字

续表 3-1

属　性	说　明
width,hight	图像宽度、高度
border	边框宽度
vspan	垂直间距
hspan	水平间距
align	对齐方式
lowsrc	设定低分辨率图片
usemap	映像地图

例 3-1　网页中插入名为 IMG_0454.jpg 的图片。

HTML 代码如下：

```
<html>
<head>
  <title>插入图片</title>
</head>
<body>
  <img src="IMG_0454.jpg">
</body>
</html>
```

屏幕显示效果如图 3-1 所示。

图 3-1　网页中插入图片

3.1.1　设置图像的宽度和高度

默认情况下，页面中图像的显示大小就是图像的默认宽度和高度，我们也可以使用 width 和 height 来改变图像的宽度和高度。

例 3-2　插入一张图片后，再插入同一张图片，并设定宽度为 300px、高度为 200px。查看效果。

HTML 代码如下：

```
<html>
<head>
  <title>改变图像的宽与高</title>
</head>
<body>
  <img src="IMG_0454.jpg">
```

```
    <img src="IMG_0454.jpg" height="200" width="300">
</body>
</html>
```

屏幕显示效果如图 3-2 所示。

图 3-2 原始图片和改变尺寸后的图片

从图 3-2 可见，图像设定了新的宽度和高度后仍可以显示，但与原图像相比比例有些失调。

3.1.2 设置图像水平间距和垂直间距

<img>标记的 hspace 属性可以设置图像与文字之间的水平距离，vspace 属性设置图像与文字之间的垂直距离。

例 3-3 设置图片与文字之间的水平距离为 10px，垂直距离为 20px。

HTML 代码如下：

```
<html>
<head>
    <title></title>
</head>
<body>
    <h1>图书馆</h1>
    <p><img src="IMG_0454.jpg" hspace="10" vspace="20" >I</p>
        图书馆，是搜集、整理、收藏图书资料供人阅览、参考的机构，早在公元前
3000 年就出现了最早的图书馆，图书馆有保存人类文化遗产、开发信息资源、参与
```

```
社会教育等职能。据《在辞典中出现的"图书馆"》说,"图书馆"一词最初在日本的
文献中出现是 1877 年的事;而最早在我国文献中出现,当推《教育世界》第 62 期中
所刊出的一篇《拟设简便图书馆说》,时为 1894 年。
    <p> </p>
</body>
</html>
```

本程序显示效果如图 3-3 所示。

图 3-3 hspace 与 vspace 属性

3.1.3 设置图像的提示信息

<img>标记的 alt 属性用于设置图像的提示信息。当鼠标箭头移动到图像上时,这些信息会出现在屏幕上。

例 3-4 图像提示信息的显示。

HTML 代码如下:

```
<html>
<head>
    <title>提示信息</title>
</head>
<body>
    <img src="IMG_0454.jpg" alt="图书馆">
</body>
</html>
```

浏览器显示效果如图 3-4 所示。

图 3-4 图片上的提示信息

3.1.4 设置图像的对齐方式

<img>标记的对齐属性 align 可以更改图像在文本中的对齐方式。对齐方式分为绝对对齐和相对对齐两种。图像绝对对齐方式的效果和文字对齐方式类似,分为居中(middle)、居左(left)、居右(right)。相对对齐是指图像和一行文字的相对位置。align 的属性如表 3-2 所示。

表 3-2 align 的值及说明

属 性 值	说 明
left	左
middle	中间
right	右
top	顶端
bottom	底
texttop	文本上方
baseline	基线
abs bottom	绝对底部
abs middle	绝对居中

例 3-5 设置图像居左。

HTML 代码：

```
<html>
<head>
  <title></title>
</head>
<body>
  <h1>图书馆</h1>
  <p><img src="IMG_0454.jpg" hspace="10" vspace="20"
align="left"></p>
      图书馆，是搜集、整理、收藏图书资料供人阅览、参考的机构，早在公元前
3000 年就出现了最早的图书馆，图书馆有保存人类文化遗产、开发信息资源、参与
社会教育等职能。据《在辞典中出现的"图书馆"》说，"图书馆"一词最初在日本的
文献中出现是 1877 年的事；而最早在我国文献中出现，当推《教育世界》第 62 期中
所刊出的一篇《拟设简便图书馆说》，时为 1894 年。
  <p> </p>
</body>
</html>
```

图像左对齐方式显示如图 3-5 所示。

图 3-5 align 属性值为 left

3.2 网页图像格式

并不是所有格式的图像能够在网页上应用。目前能在 Web 上使用的图像格式有 3 种：GIF、JPEG 和 PNG。

1. GIF

GIF(Graphic Interchange Format，图形交换格式)采用术语上称为无损压缩的算法进行图像的压缩处理，是目前在网页中应用最广泛的图像格式之一。

GIF 图像最多能够使用 256 种颜色，因此只适合于线条图以及大块纯色的图片。GIF 格式图像适合制作标题文字、按钮、网页动画等。

GIF 动画(Animated GIF)的基本原理是：在同一文件中包含多幅图像(术语上称为帧)，这些图像按一定顺序播放，就产生了动画效果。

例如，以下 3 副图像连续播放，就会构成动画。

(1) (2) (3)

图 3-6 3 幅图像连续播放构成 GIF 动画

GIF 格式的特点是压缩比高，磁盘空间占用较少，所以这种图像在网页中运用很多。

GIF 图像格式还增加了渐显方式，也就是说，在图像传输过程中，用户可以先看到图像的大致轮廓，然后随着传输过程的继续而逐步看清图像中的细节部分，从而适应了用户的"从朦胧到清楚"的观赏心理。

2. JPEG

JPEG(Joint PhotoGraphics Expert，联合图形专家组图片)格式的颜色数几乎没有限制，适合于使用真彩色或平滑过渡色的图像格式。JPEG 使用有损压缩的方法来减小图像文件的大小，因此，随着图片的减小，图片的质量也会下降。JPEG 格式不支持透明色，也不适合做动画。

JPEG 文件的扩展名为.jpg 或.jpeg，其压缩技术十分先进，它用有损压缩方式去除冗余的图像和彩色数据，获取极高的压缩率的同时能展现十分丰富生动的图像，换句话说，就是可以用最少的磁盘空间得到较好的图像质量。

JPEG 2000 同样是由 JPEG 组织负责制定的，与 JPEG 相比，它是具备更高压缩率以及更多新功能的新一代静态影像压缩技术。

JPEG 2000 作为 JPEG 的升级版，其压缩率比 JPEG 高约 30%左右。与 JPEG 不同的是，JPEG 2000 同时支持有损和无损压缩，而 JPEG 只支持有损压缩。无损压缩对保存一些重要图片是十分有用的。

JPEG 2000 的一个极其重要的特征在于它能实现渐进传输，这一点与 GIF 的"渐显"有异曲同工之妙，即先传输图像的轮廓，然后逐步传输数据，不断提高图像质量，让图像由朦胧到清晰地显示出来。

图像质量佳，文件大小 56.7K　　图像高质量，文件大小 332.3K

图 3-7　不同质量 JPEG 图像对比

3. PNG

PNG(Portable Networks Graphics，可移植网络图形)格式适合于任意类型、任意颜色深度的图片。PNG 格式采用无损压缩来改变图像的大小，因此其压缩率相对要小一些，即 PNG 文件要大一些，这对于网上传输和网页下载不利。GIF 格式图形的透明度固定为 100%，PNG 格式图像透明度可变(0%～100%)。

IE 浏览器从 4.0 版本开始支持 PNG 图像浏览。

PNG 格式特点如下。

特点 1：兼有 GIF 和 JPG 的色彩模式。

我们知道 GIF 格式图像采用了 256 色以下的 index color 色彩模式，JPG 采用的是 24 位真彩模式。PNG 不仅能储存 256 色以下的 index color 图像，还能储存 24 位真彩图像，甚至最高可储存至 48 位超强色彩图像。

特点 2：PNG 能把图像文件压缩到极限以利于网络传输，但又能保留所有与图像品质有关的信息。

如果你的图像是以文字、形状及线条为主，PNG 会用类似 GIF 的压缩方法来得到较好的压缩率，而且不破坏原始图像的任何细节。据国际网络联盟测算，八位的 PNG 图像比同位的 GIF 图像小 10%～30%。

而对于相片品质一类的压缩，PNG 则采用类似 JPG 的压缩演算法。但是 JPG 压缩程度越大、影像的品质越差。因为它采用的是破坏性压缩法、每次压缩的同时会多多少少漏掉一些像素。PNG 不同于 JPG 的地方在于，它处理相片类图像亦是采用非破坏性压缩，图像压缩后能保持与压缩前图像质量一样，没有一点失真。

特点 3：更优化的传输显示。

熟悉 GIF 格式的图像处理者知道，GIF 图像有两种模式——normal(普通)模式和 interlaced(交错)模式。interlaced 模式更适用于网络传输，在传送图像过程中，浏览者先看到图像一个大略的轮廓，然后再慢慢清晰起来。PNG 也采取了 interlaced 模式，使图像以水平及垂直方式显像在屏幕上，加快了下载的速度。

3.3　网页图像处理

网页中使用的图像往往需要经过处理。例如，添加的图片需要加工成同样大小，制作导航条背景则需要两张互相切换的图片等。这里，我们只介绍最基本的几种图像处理方法。网页中可以用来处理图片的工具很多，我们只学习 Photoshop 一种工具。

Photoshop 是 Adobe 公司开发的平面设计软件。其用户界面易懂，功能强大，对于图像和照片处理非常方便，所以广泛应用于广告、出版、网页制作等领域。

本书仅介绍 Photoshop 在网页设计与制作方面的简单应用。

3.3.1　Photoshop 界面简介

Windows“开始”菜单/所有程序/Adobe photoshop cs2，打开 Photoshop 界面

如图 3－8 所示。

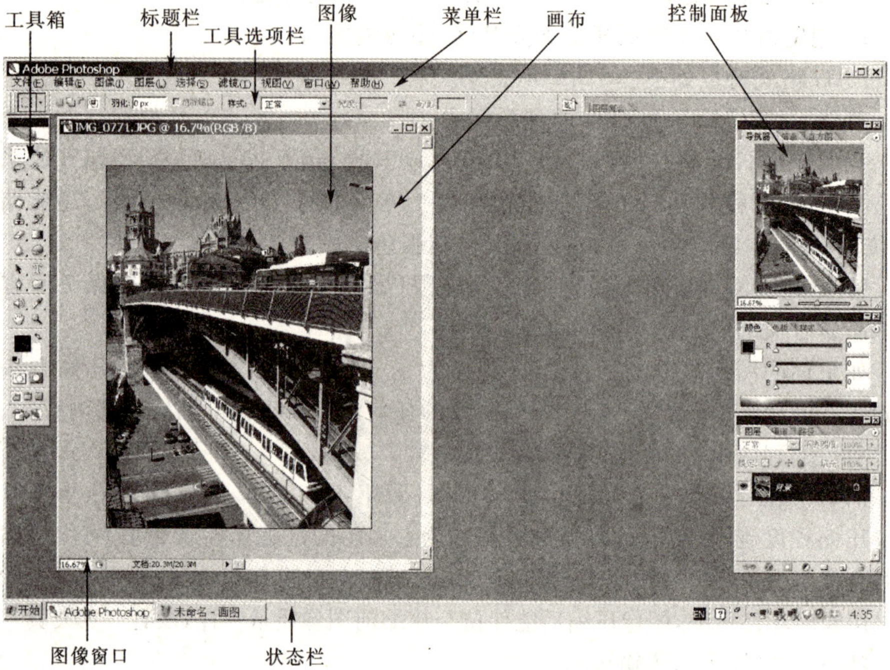

图 3－8 Photoshop 界面

从图 3－8 可见，与一般的工具软件一样，Photoshop 界面也分为标题栏、菜单栏、工具箱、工具选项栏、状态栏、图像窗口和控制面板。

标题栏显示文档的标题。标题栏右侧是最小化按钮、最大化按钮和关闭窗口按钮。

菜单栏包括文件、编辑、图像、图层、选择、滤镜、视图、窗口、帮助等菜单项。

工具箱中包含了图像处理的主要工具。包括选择工具、图像切割工具、绘图工具、图像修改工具、颜色工具等。

工具选项栏与工具栏中的工具直接相关。工具箱中选中哪个工具，工具选项栏中就显示与该工具对应的按钮或信息选择框。工具选项栏实际上是工具属性栏，即工具箱中某个工具的属性设置系统。因此，不同的工具，在工具选项栏中会有不同的选项。

图像窗口是 Photoshop 的工作窗口，待处理的图像就放在这里。图像窗口中有标题栏、画布、画布上放置的图像、状态栏等。

控制面板可以设置图像处理的各种参数，以便于直观地对图像进行处理。打开和关闭窗口可以通过“窗口”菜单来实现。在窗口菜单中，有每个窗口的名字，当选中某个窗口的名字时，相应的窗口就被打开；相反，窗口被关闭。

3.3.2 Photoshop 的工具箱

Photoshop 对图像的操作都是通过工具来完成的，这些工具都存放在屏幕左侧的工具箱中。所以，了解这些工具并学会工具的使用是处理图像的第一步。工具箱中的全部工具如图 3－9 所示。

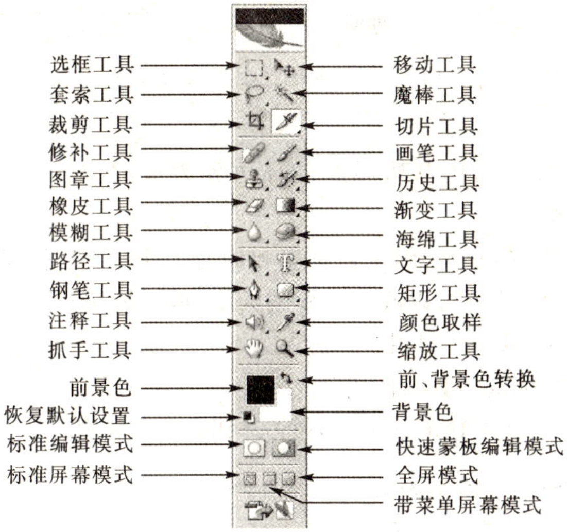

图 3－9　工具箱中的工具

下面简单介绍一下各种工具的作用和使用方法。

1. 选择工具

选中操作对象是编辑、修改工作的首要任务。Photoshop 中用于选择的工具有 3 类：选框工具、套索工具和魔棒工具。

(1) 选框工具

选框工具分为两类：矩形、椭圆形选框工具和单行、单列选框工具。

矩形、椭圆形选框工具主要用于在被编辑的图像中或单独的图层中选出矩形或椭圆形区域。单行、单列选项框用于在被编辑的图像中或单独的图层中选出 1 个像素宽或 1 个像素高的区域。

某类工具在工具箱中只显示一个工具，该工具右下角有一个黑三角，用鼠标右键单击该黑三角时，就会弹出一个菜单框，里面有该类的各种工具供你选择。

一般情况下，选框工具中默认矩形选框工具被选中，即显示矩形选框工具。当右键单击其右下角的黑三角时，弹出选项菜单如图 3－10 所示。

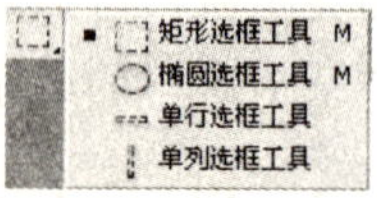

图 3－10 选框工具

应当注意，所有的工具都有自己的属性，这些属性以按钮或选项框的形式存放在工具选项栏中。也就是说，工具选项栏与工具箱中的各种工具密切相关，不同的工具属性不同，工具选项栏中的内容也不同。例如，椭圆形选框工具的属性，即在工具选项栏中相应的选项如图 3－11 所示。

图 3－11 椭圆选框工具的属性

其中：

羽化：提供一种选取内部边界和外部边界柔滑的方法。其取值范围为 0～125。上图取 20 像素。

样式：有 3 种选项，正常、固定长宽比和固定大小。“正常”选框可以任意改变大小。“固定长宽比”选框可以改变选框的大小，但只能按宽、高比例改变。“固定”不可改变选框大小。图 3－11 中选“正常”。

例 3－6 椭圆选框工具的使用。

首先，加载一个图片 IMG_0094.JPG 到 Photoshop 中。如图 3－12 所示。

图 3－12 在 Photoshop 中打开图片

在选框工具中选择“椭圆选框工具”，鼠标指针变成“＋”，在图中按住左键拖动，产生椭圆形选框如图 3－13 所示。

图 3－13　椭圆选区

按下 Ctrl＋Shift＋i 组合键反向选中，即选中椭圆选区以外的部分。

按 Delete 键删除。这时，画面中只剩下椭圆选区的部分。再按 Ctrl＋d 键取消选中。最后结果如图 3－14 所示。

图 3－14　最后结果

(2) 套索工具

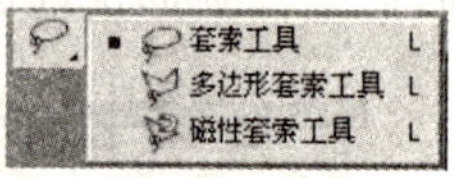

图 3－15 套索工具

在图像中选择不规则图形时可用套索工具。有 3 种套索工具:套索工具、多边形套索工具和磁性套索工具,如图 3－15所示。

对于一般的图形选区使用套索工具;对于边缘由直线构成的图形选区使用多边形套索工具;如果要选取颜色与背景色反差较大的图形区域时可用磁性套索工具。

(3) 魔棒工具

如果要选择色调比较单一的图像,可以用魔棒工具“”。魔棒工具的属性如图 3－16 所示。

图 3－16 魔棒工具的属性

其中:

容差:是指选择的颜色范围,可取 0～255 之间的数字。取值越大,选区的颜色范围越大;反之越小。

连续:选择相连的区域。否则,选择整幅图像容差范围内的区域。

当有多个图层时,才可选“对所有图层取样”。

例 3－7 使用魔棒工具制作 LOGO。

首先在 Photoshop 中打开图片 LOGOTCS. gif,如图 3－17 所示。

图 3－17 打开图像

选择魔棒工具,鼠标指针变成“”。在图形背景的白色区域单击鼠标,LOGO图形以外的区域被选中,如图 3－18 所示。

按 Delete 键删除,背景白色区域被删除。按 Ctrl＋d 键取消选中,最后结果如图 3－19 所示。

图 3-18　用魔棒工具选中背景区域

图 3-19　删除背景色

2. 剪切工具

裁剪工具可以在图像或图层中剪裁下所选定的区域。当右键单击其右下角的黑三角时，弹出选项菜单如图 3-20所示。

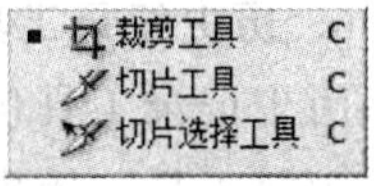

图 3-20　剪切工具

用剪切工具“ ”拖拽选好的区域会出现虚线框，回车后选区外的画面被裁减掉，只剩下我们选好的部分了。

切片工具主要应用于制作网页图片。早期的网页喜欢用大的图像，但大图片下载很慢，影响了整个网页的下载。为了加快网页下载速度，就要对页面中的图片使用切片技术。也就是把一整张图切割成若干小块，并以表格的形式加以定位和保存。

切片选择工具可以调整切割图片的面积或移动切割部分，双击被切割的部分还可以直接设定网络链接地址。

3. 修补工具

修补工具用于快速清除图片上的瑕疵。有 4 种修复图像的工具，当右键单击其右下角的黑三角时，弹出选项菜单如图 3-21 所示。

图 3-21　修补工具

其中，“修复画笔工具”可以轻松地清除图像中的尘埃、划痕、脏点和褶皱。“修补工具”的使用方法很简单，先用该工具拖画出一个选区，并拖动这个选区到目标图像上，这时，在原选区处就可以看到目标图像，实现图像修补。“红眼工具”是专门为数码相片修复红眼用的。

4. 画笔工具

画笔工具的颜色为前景色。画笔工具分为画笔和铅笔，当右键单击其右下角的黑三角时，弹出选项菜单如图 3-22 所示。

图 3-22 画笔工具

“画笔工具”可以创建出较柔和的笔触；“铅笔工具”可创建出硬边的曲线和直线。

5. 图章工具

图章工具可以以指定的像素点为复制基准点，将其周围的图像复制到其他地方。图章工具分为仿制图章和团图章工具，当右键单击其右下角的黑三角时，弹出选项菜单如图 3-23 所示。

图 3-23 图章工具

“仿制图章工具”用来复制取样的图像，它能够按涂抹的范围复制全部或者部分到一个新的图像中。

6. 历史纪录工具

历史记录工具包括历史记录画笔工具和历史记录艺术画笔工具。历史记录画笔工具可以帮助我们恢复到图像处理过程中的某一步效果，历史记录艺术画笔工具可以灵活地为画面增添艺术效果。当右键单击其右下角的黑三角时，弹出选项菜单如图 3-24 所示。

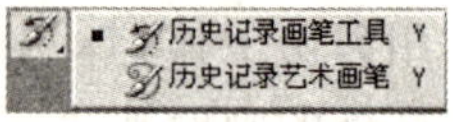

图 3-24 历史纪录工具

历史笔工具必须配合历史控制面板一起使用。它可以通过在历史控制面板中定位某一步操作，而把图像在处理过程中的某一状态复制到当前层中。

7. 橡皮擦除工具

橡皮工具可以用背景色擦除背景图像或用透明色擦除图层中的图像。当右键单击其右下角的黑三角时，弹出选项菜单如图 3-25 所示。

图 3-25 橡皮擦除工具

为了擦除的精确，可以在选项工具栏改变橡皮的大小和形状，如图 3-26 所示。

图 3-26 自己定义橡皮的属性

8. 渐变工具

当向图形内部填充颜色时，可使用渐变工具。右键单击其右下角的黑三角时，弹出选项菜单如图 3－27 所示。

图 3－27　渐变工具和油漆桶工具

渐变工具填充颜色时，颜色会发生逐渐变化。渐变工具包括线性渐变工具、径向辐射渐变工具、角度渐变工具、对称渐变工具、菱形渐变工具，它们在工具选项栏中对应的按钮为“”。

漆桶工具可以在图像或选区中，对指定色差范围内的色彩区域进行单一色彩或图案填充。

9. 边缘修补工具

图 3－28　边缘修补工具

边缘修补工具可以使图像的边缘变模糊，或是使边缘变得更清楚。当右键单击其右下角的黑三角时，弹出选项菜单如图 3－28 所示。

模糊工具可以使图像的色彩变模糊；与模糊工具相反，锐化工具可以使图像的色彩变强烈；涂抹工具可以制作出一种类似于水彩画的效果。

10. 色度改变工具

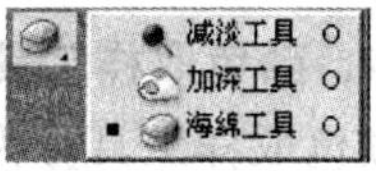

图 3－29　色度改变工具

色度工具可以改变图像颜色的深浅度。当右键单击其右下角的黑三角时，弹出选项菜单如图 3－29 所示。

减淡工具可以使图像的亮度提高；加深工具可以使图像的区域变暗；海绵工具可以增加或降低图像的色彩饱和度。

11. 文字工具

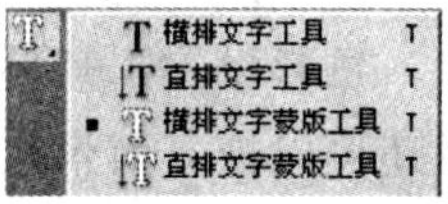

图 3－30　文字工具

文字工具将输入的文本放置到图像中。当右键单击其右下角的黑三角时，弹出选项菜单如图 3－30 所示。

选择横排文字工具后，在画面中单击，当出现输入光标后即可输入文字。使用回车键可换行。若要结束输入可按 Ctrl＋回车或点击公共栏的提交按钮“✔”。Photoshop 将文字以独立图层的形式存放，输入文字后将会自动建立一个文字图层，图层名称就是文字的内容。文字图层具有和普通图层一样的性质。排列方向决定文字以横向排列还是以竖向排列。其实选用横排文字工具还是直排文字工具都无所谓，因为随时可以通过这个工具选项栏按钮来切换文字排列的方向。

12. 钢笔、锚点工具

钢笔工具是 Photoshop 里面唯一矢量工具。当右键单击其右下角的黑三角时，弹出选项菜单如图 3－31 所示。

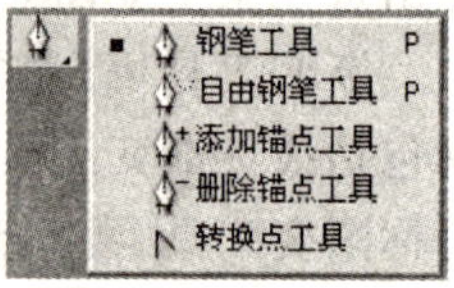

图 3－31 钢笔工具

钢笔工具：常常用于制作一些复杂的线条，用它可以画出很精确的曲线。自由钢笔工具：画出的线条，就像你用铅笔在纸上画一样。添加锚点工具：可以在任何路径上增加新锚点。删除锚点工具：可以在路径上删除任何锚点。转换点工具：可以将一条光滑的曲线变成直线，反之亦然。

13. 图形工具

图形工具可以用来绘制矩形、椭圆、直线、多边形和自定义图形。当右键单击其右下角的黑三角时，弹出选项菜单如图 3－32 所示。

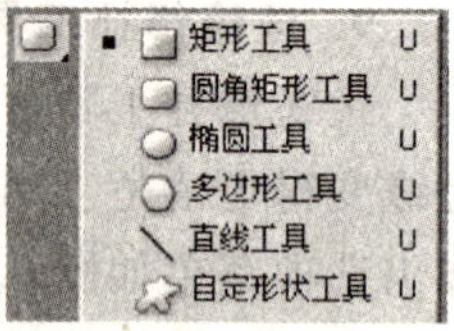

图 3－32 图形工具

矩形工具可以用来绘制矩形或正方形；圆角矩形工具可以用来绘制具有平滑边缘的矩形；椭圆工具可以用来绘制椭圆或正圆；多边形工具可以用来绘制正多边形；线形工具可以用来绘制直线或带有箭头的线段；自定义形状工具可以用来绘制一些自定义的图形。

14. 颜色取样工具

颜色取样工具分为吸管工具、颜色取样工具和度量工具。当右键单击其右下角的黑三角时，弹出选项菜单如图 3－33 所示。

图 3－33 颜色取样工具

15. 色彩控制工具工具

色彩控制工具可以用来设定前景色和背景色，如图 3－34 所示。

图 3－34 色彩控制工具

色彩设置工具可以切换前景色和背景色，设置颜色后还可以恢复前景色、背景色的默认设置。单击色彩控制框将弹出色彩选择拾色器（图 3－35），以便选取颜色。单击切换标志可以互换前景色和背景色。单击初始化图标，可以使前景色和背景色恢复到初始状态（前景色为黑色、背景色为白色）。

16. 其他工具

移动工具：移动工具可以将图层中的整幅图像或选定区域中的图像移动到指定位置。

抓手工具：抓手工具可以用来移动画布，以改变图像在窗口中的显示位置。

缩放工具：缩放工具可以放大或缩小图像以利于观察图像。

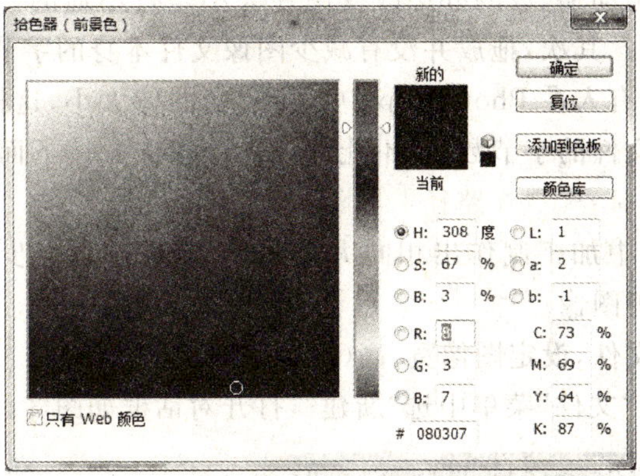

图 3-35　拾色器

3.3.3　在网页设计中常用的集中图像处理方法

1. 统一图片大小

在网页中往往要插入一些大小不同的图片，但要求这些图片显示尺寸相同又不能失真。如图 3-36 所示。

图 3-36　网页中同样大小的图片

显然,用直接拖动缩、放的办法改变图片大小是行不通的。首先,拖动缩放不能保证图像不失真。其次,拖放并没有减少图像文件本身的字节数,字节数少的网页下载速度快。也有人在 Photoshop 中直接改变图像大小,这样虽然可以统一图片大小,减少图像文件的字节数,但不能保证图像不失真。下面,我们就介绍解决这个问题的办法。

在 Photoshop 中加工制作出相同大小图片,要经过三个步骤:设定图像框大小、缩放图像和裁剪图像。

步骤一:新建文件,设定图像宽、高(即设定图像框大小)。

在 Photoshop “文件”菜单中选“新建”,打开对话框如图 3-37 所示。

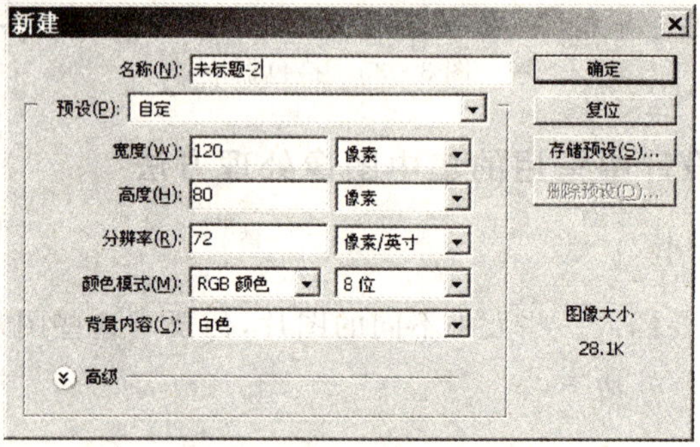

图 3-37 制定图像框大小

对话框中输入新文件的宽和高分别为 120px 和 80px,这就确定了图像框的大小为 120×80。同时,也显示了新文件的字节数为 28.1K。

按“确定”按钮后出现新的空白图像,即框架图像,如图 3-38 所示。

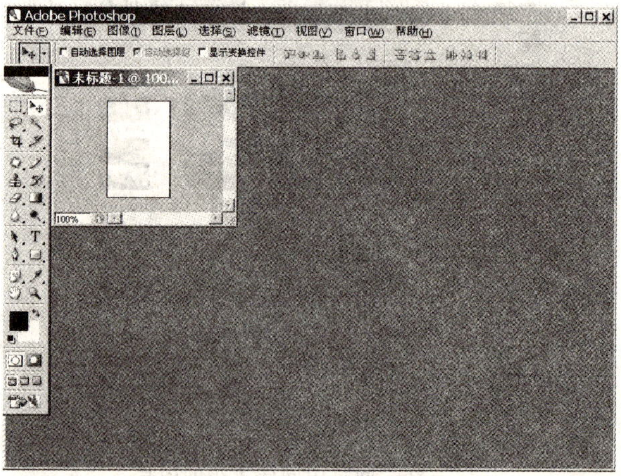

图 3-38 新建的框架图像

步骤二：打开要处理的图像文件，并缩放该图像。缩放的原则是让图像的宽或高中比较短的一边与框架图像的短边值相同。

在“文件”菜单中单击“打开”选项。在“打开”对话框中选取要处理的图像文件。如图3-39所示。

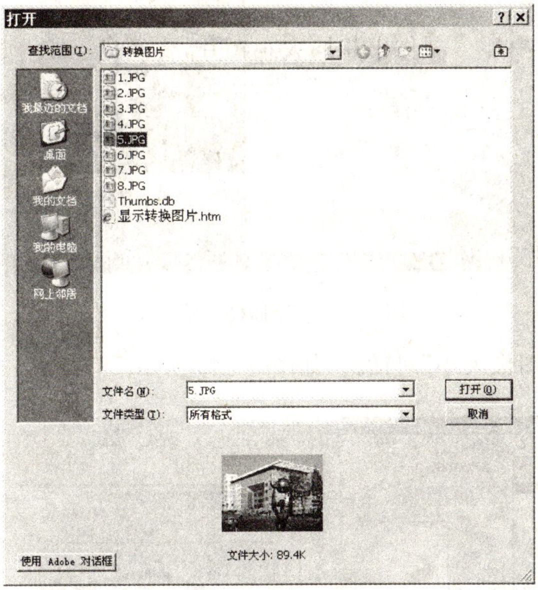

图3-39　打开图像文件

在上图中，我们看到，要打开的文件5.jpg字节数为89.4KB。单击“确定”按钮，如图3-40所示。

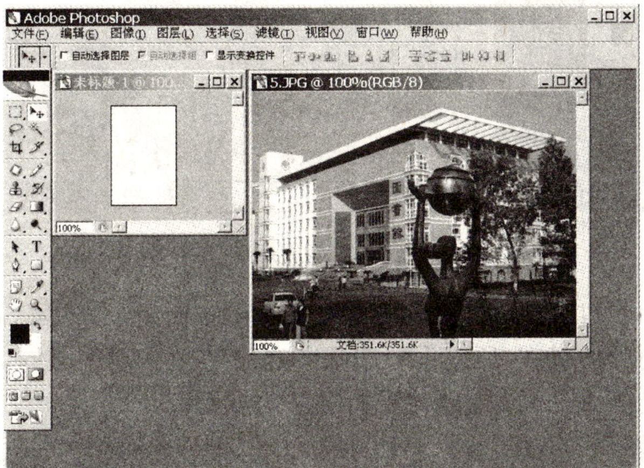

图3-40　打开图像文件

在“图像”菜单中选“图像大小”，如图 3－41 所示。

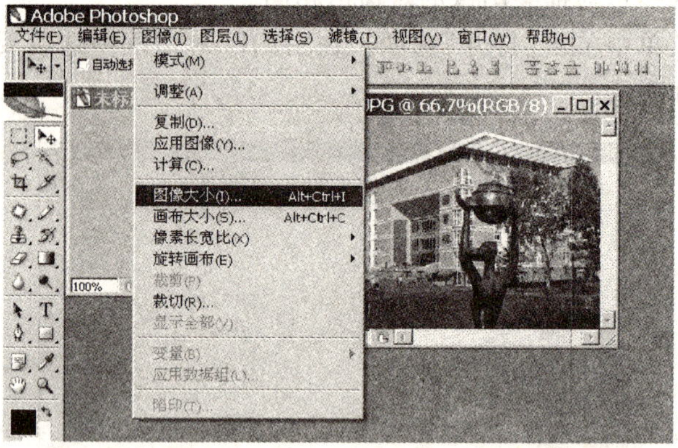

图 3－41 “图像大小”选项

回车后出现“图像大小”对话框，如图 3－42 所示。

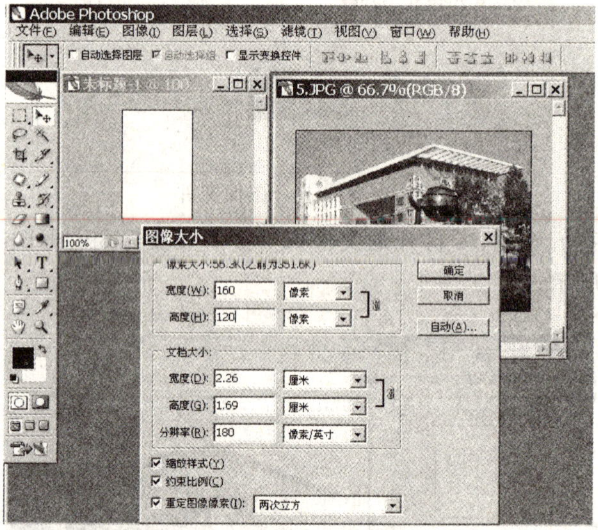

图 3－42 “图像大小”对话框

图 3－42 中左边图像框的宽、高为 80×120，而右边图像的宽、高为 400×300。我们应当裁掉图片的宽度，所以设置图片的高度与图框高度相同，即高位 120px，按比例宽度自动为 160px。缩放结果如图 3－43 所示。

步骤三：在图 3－43 中，将右图的图像拖入左边的图像框中，调整图像位置，如图 3－44 所示。确定调整完成后保存图像文件。

图 3 - 43 图像按比例缩小

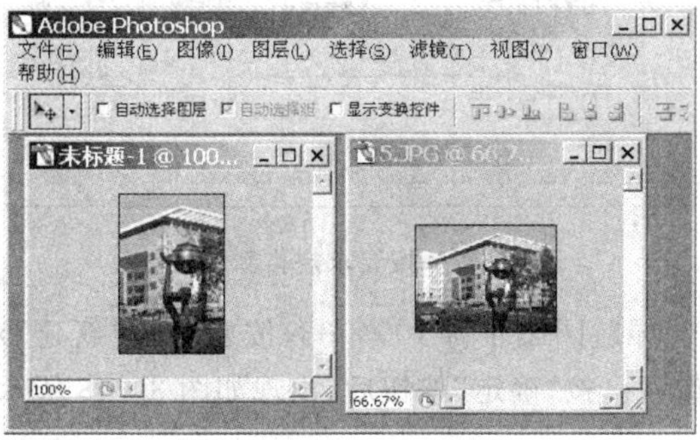

图 3 - 44 规范图片大小的最后结果

2. 制作可以切换的导航条背景图片

网页导航条通常是一种颜色，当鼠标经过时变成了另外一种颜色，如图 3 - 45 所示。

图 3 - 45 鼠标经过时导航条改变颜色

这种效果实际上是切换两张背景色不同的图片，如图 3 - 46 所示。

这两张图片的大小均为 100×33，从上到下渐变红色，二者色彩深浅不同。下

图 3-46 两张可切换显示的背景图片

面就介绍一下这种渐变色导航条的制作方法。

步骤一:创建符合要求大小的图片。

“文件”菜单中选择“新建”选项,打开新建文件对话框,如图 3-47 所示。

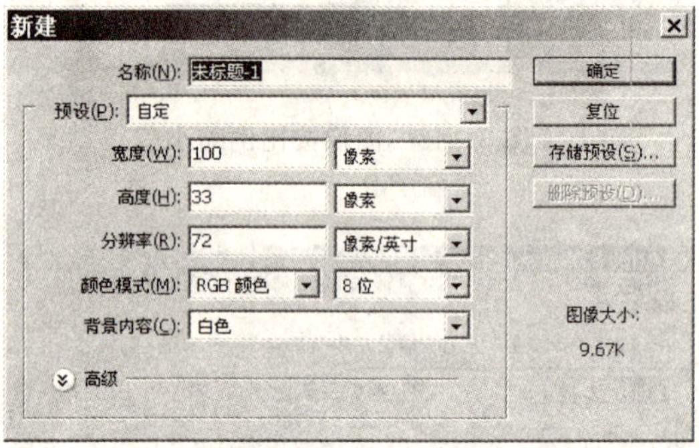

图 3-47 按要求规格新建文件

假如我们要建的导航图尺寸为 100×33,按要求在“新建”对话框中填入宽度 100 像素,高度 33 像素。按“确定”按钮后,出现如图 3-48 所示。

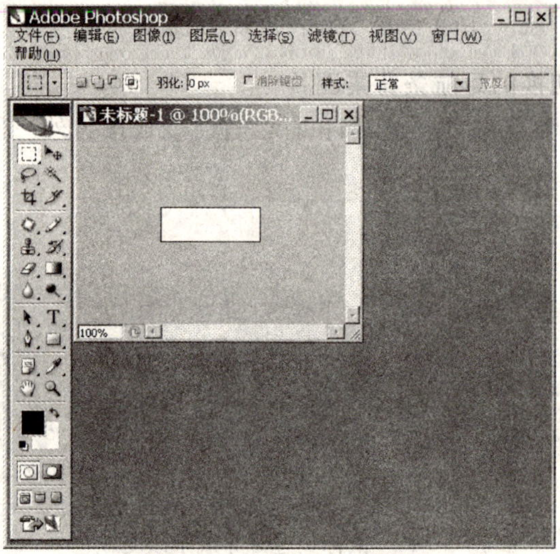

图 3-48 新建文件

步骤二：设置渐变工具如图 3－49 所示。

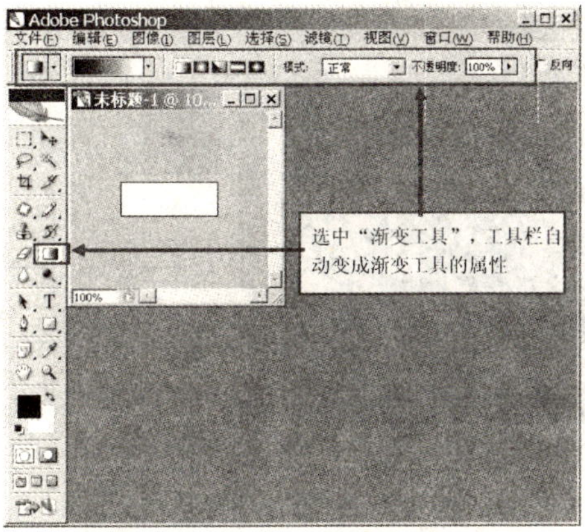

图 3－49　选中渐变工具“”

在渐变工具栏中有 5 种渐变方式：线性渐变、径向渐变、角度渐变、对称渐变和菱形渐变。我们选默认情况的线性渐变方式。

双击工具栏左边第 2 个按钮，打开“渐变编辑器”，如图 3－50 所示。

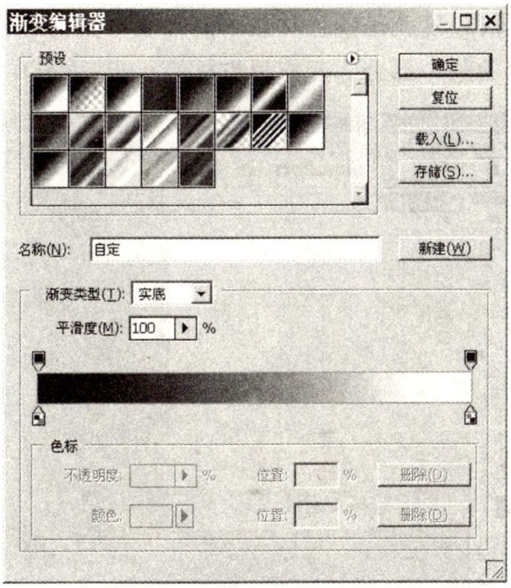

图 3－50　渐变编辑器

在“渐变编辑器”中，双击对话框中部左端的起始“色标”滑块“ ”，打开“拾色器”对话框，如图 3－51 所示，选择自己喜欢的颜色。这里我们选红色。

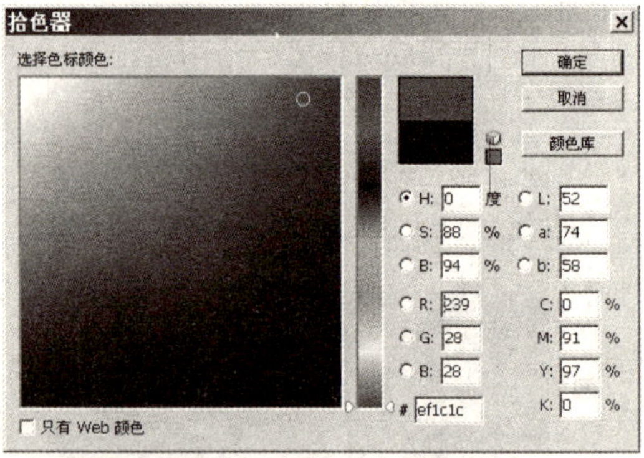

图 3－51　点击选择颜色

按“确定”按钮后，回到“渐变编辑器”窗口，颜色已经变成我们所需要的了。再单击“渐变编辑器”中的“确定”按钮，回到图 3－48 新建文件窗口。

步骤三：拖动绘制渐变，保存文件。

回到“文件编辑”窗口，鼠标指针变成“＋”。按住左键，按图中虚线方向从上到下拖动鼠标，如图 3－52 所示。鼠标划过的地方就是渐变的地方。经过矩形框时，矩形框中出现上浓下淡的渐变颜色。图中颜色的深浅与虚线的起点和终点有关，起点与终点之间的虚线长度就是颜色从最浓到最淡渐变的过程长度。方框不过是截取了颜色渐变过程的某一部分。起点里方框高一点，方框中的颜色就淡一点；反

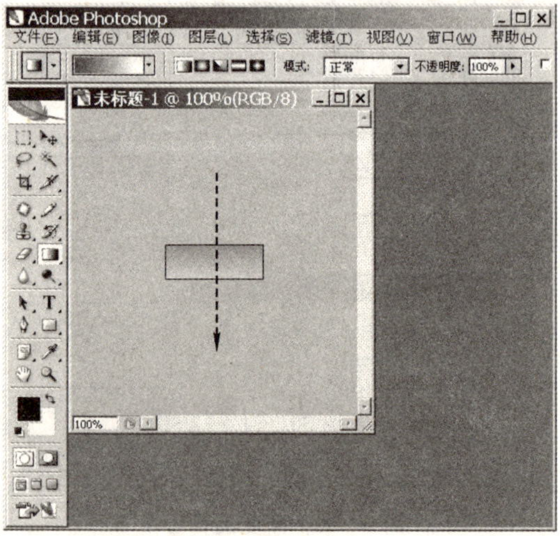

图 3－52　拖画渐变色

之，如果起点离方框很近，方框中的颜色就重一些。按要求先作一个淡色渐变图，保存为一个文件；再作一个深色渐变图，保存成另一个文件。这样，两个导航条背景图就完成了。

3. 制作艺术字

在网页中 BANNER 或小标题经常用艺术字，使用什么样的艺术字主要和网站的主题密切相关。官方网站一般比较正规，使用庄重、规则的文字；商务网站使用与其所售商品相适应的字体和颜色；艺术类网站讲究艺术性；少儿网站要体现天真、活泼、阳光，等等。

下面介绍艺术字的制作方法。

步骤一：打开 Photoshop，新建文件。选择文字工具。在工具选项栏中设置文字的字体、大小和颜色，如图 3－53 所示。

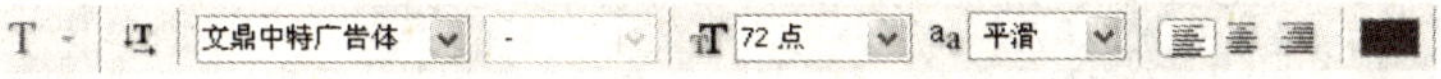

图 3－53　在工具选项栏设置属性

用光标在空白图像中一点，出现亮点和闪动的光标。同时，在图层面板中自动为文字添加了一个新的图层。此时就可以输入文字了，如图 3－54 所示。

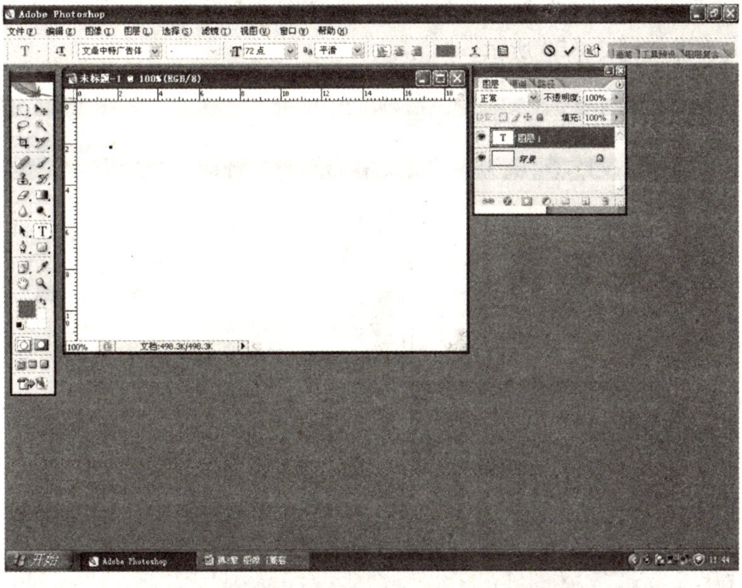

图 3－54　输入文字

步骤二：输入文字“亮亮时装”。在图层面板下方选择“添加图层样式”按钮，如图 3－55 所示。

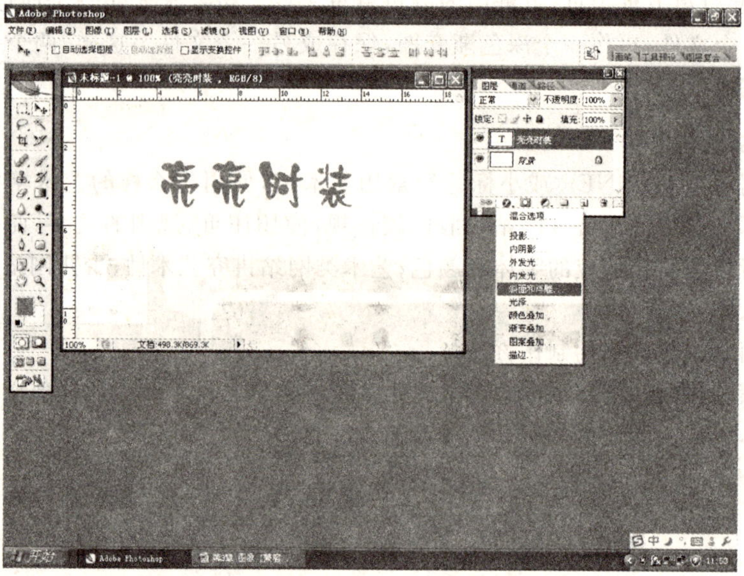

图 3-55 “添加图层样式”按钮

步骤三:设置文字效果。在“图层样式”对话框中,选中“斜面和浮雕”复选框,并设置深度为 311%,大小为 5 像素,光泽等高线为“圆形台阶”。设置好后按“确定”按钮。效果如图 3-56 所示。

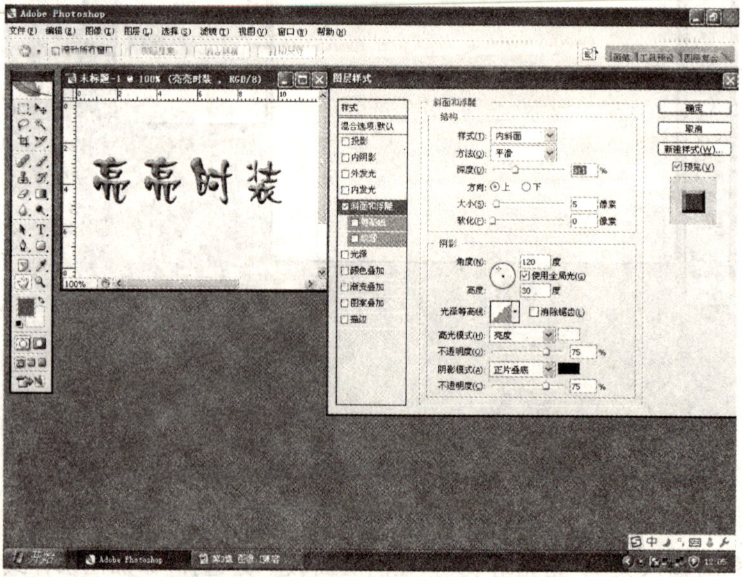

图 3-56 设置文字效果

步骤四：打开原有网页，将制作好的文字“亮亮时装”拖过来即可。如图 3－57 所示。

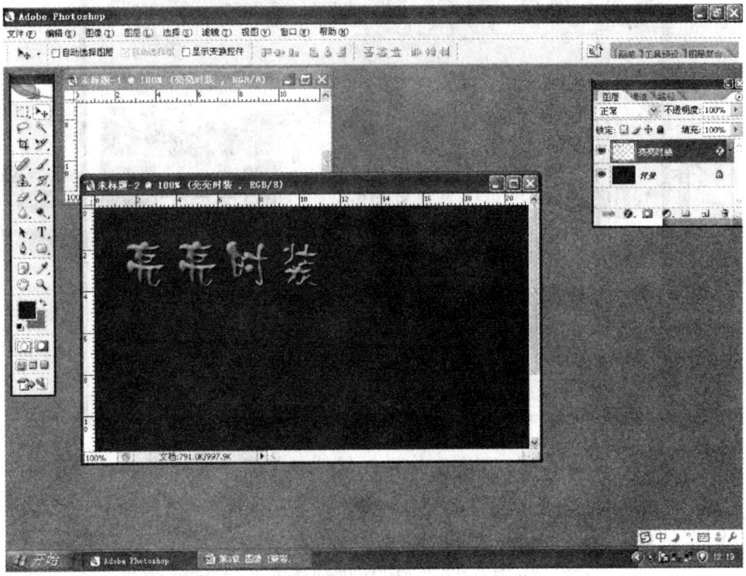

图 3－57　将文字拖入网页

4. 大图片的切片处理

网页中的大图像（如集体合影）下载时往往速度很慢，直接影响了网页的浏览。但是，如果把大图像分割成许多小图像，浏览器同时下载这些小图像时，整体速度会大大提高。目前，很多网页处理软件都有大图像分割的功能。这里，我们仅介绍 Photoshop 切割图像的功能。

早期的 Photoshop 软件，工具栏中都有图片切割工具，直接就可以切割图片。最近的版本中将该功能放到与 Photoshop 相关联的 Adobe ImageReady 软件中。不过，切割工具的使用方法是一样的。下面介绍 Photoshop CS 中切割图片的方法。

切割图像可以有根据参考线切割和直接用切割工具切割两种方法。

（1）使用参考线切割图像

使用参考线切割时，首先要在图像上画出参考线，打上格。然后用切割工具的“基于参考线的切片”属性一次切片成功。

步骤一：在 Photoshop CS 中打开图片。用鼠标多次拖动标尺线（水平和垂直标尺线），在图像上打上格，如图 3－58 所示。

步骤二：选中切片工具“”。这时，工具选项栏中出现“基于参考线的切片”按钮。如图 3－59 所示。

图 3-58　在图上拖动标尺线画出参考线方格

图 3-59　切片选项工具栏

步骤三:单击"基于参考线的切片"按钮,图片即被切割。在每个小的切片区域左上角都标出了切片的编号,如图 3-60 所示。

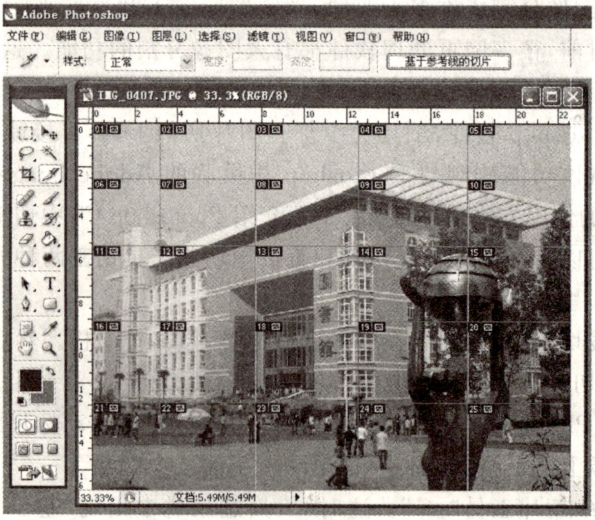

图 3-60　图片被切割

步骤四：保存文件。切割后的每个切片都会被保存成一个独立的文件，所有的切片文件会被保存在同一个文件夹下。注意，保存时应选择“存储为 Web 所用格式”，并且是“.gif”类型文件。如图 3－61 所示。

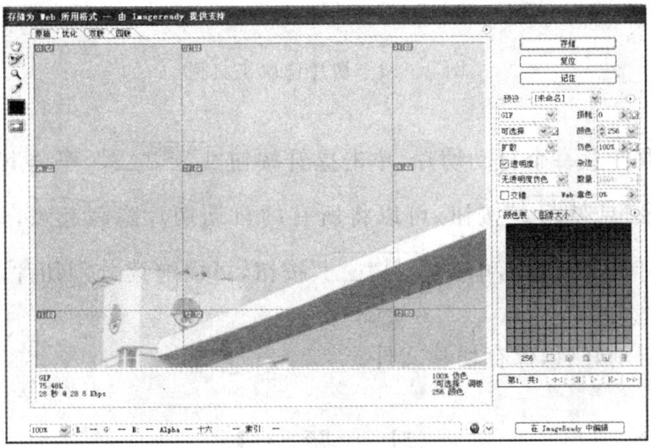

图 3－61　保存切片文件

（2）使用切割工具直接切割

如果为了得到更好的切片效果，使关键的图像部位尽量完整，可使用切割工具直接切片。

步骤一：打开图像，选择切片工具“”，选择画面的关键部分切割，如图 3－62 所示。

图 3－62　切割的主要部分有深蓝色的标签

切割的主要部分有深蓝色的标签，这部分称为“用户切片”。其余部分也被自动分割，且具有灰色的标签，称为“自动切片”。

步骤二：选取切片选择工具“”。这时，工具选项栏变成如图 3－63 所示。

图 3－63　切片选取工具栏

这时，选取任意一个自动切片，单击提升按钮“提升”，可将其升为“用户切片”。单击“隐藏自动切片”按钮，可以将所有的自动切片隐藏起来，只能看到用户切片。选中任何一个切片，单击“划分...”按钮，可以继续分割切片。被分割的切片自动编号。

步骤三：切割好后，保存切片文件。

习　题　3

一、单选题

1. 若要在页面中创建一个图形超链接，要显示的图形为 myhome.jpg，所链接的地址为 http://www.pcnetedu.com，以下用法中，正确的是(　)。

A. <a href="http://www.pcnetedu.com">myhome.jpg</a>

B. <a href="http://www.pcnetedu.com"><img src="myhome.jpg"></a>

C. <img src="myhome.jpg"><a href="http://www.pcnetedu.com"></a>

D. <a href="http://www.pcnetedu.com"><img src="myhome.jpg">

2. 在网页上不能显示的图像格式是(　)。

A. gif　　B. jpeg　　C. png　　D. BMP

实　训　3

1. 制作艺术字“宠物医院”。

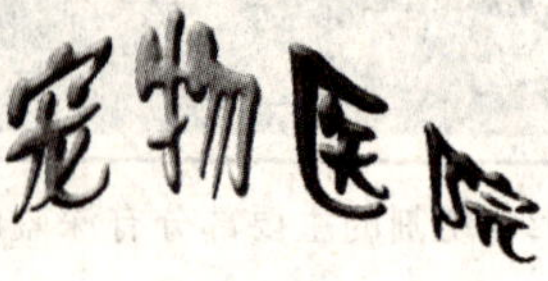

2. 制作艺术字“巧克力”。

3. 制作艺术字“苹果”。

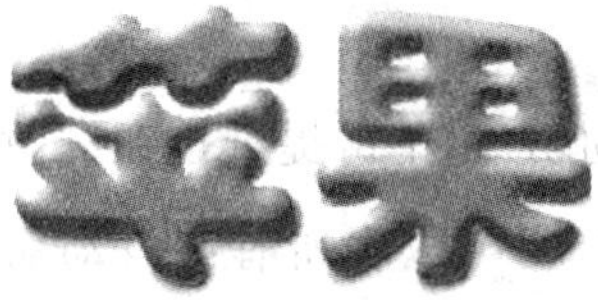

第 4 章　超级链接

本章内容：

超级链接；

电子邮件链接；

锚记链接；

图像链接；

单图多链接；

下载文件链接；

脚本链接；

无地址链接。

超级链接(Hyperlink)是网页之间联系的桥梁，它将许许多多毫无关联的网页通过文字、图片、动画等网页元素联系起来。网页浏览者只需轻松点击鼠标就可以非常方便地从一个站点访问另一个站点，从而主动地按需获取丰富的信息。

4.1　超级链接的原理

超级链接的现象并不只是存在于网页中，而是在日常生活中随处可见。例如，我们读书时先翻开目录页，找到感兴趣的内容后，按照其后面指示的页码直接就可以翻找到需要阅读的位置。再比如，人们读报纸的时候，没有一个人是从第 1 版的左上角第 1 个文字开始读起，一直读到最后一版右下角最后一个文字。为什么呢？因为这种按着顺序阅读的效果既浪费时间，又不知道自己读的内容是什么。换句话说，人们的思维方式不是按着顺序进行的，而是有选择的、跳跃式的思维。这种跳跃式地寻找信息、定位信息的方式就是**超级链接**。

超级链接一定是从一点跳跃到另一点。链接的起点称为源点(Source)，链接的终点称为目标点(Target)，从源点指向目标点的路径地址称为统一资源定位器(URL)。

网页中链接的源点可以是文字，可以是图像，也可以是其他多媒体信息。为了区别有链接和无链接的文字，一般情况下有链接的文字以另外一种颜色(通常为蓝色)显示，并且文字下面有下划线。当鼠标箭头移动到链接源点文字上时，其指针会变成手的形状。此时，当单击鼠标左键时，链接动作(Action)就会发生。为了区别链接是否发生过，链接前后链接源点文字的颜色会有所不同。例如，发生链接前源点的颜色是蓝色的，链接后链接源点的颜色变成红褐色。当然，这些颜色也可以随个人爱好任意改变。

超级链接的目标点可以是一个网页，可以是同一个网页中的不同位置，也可以是一个电子邮箱等。

从链接源点指向链接目标点的路径地址 URL 是实现链接的关键。URL 不仅可以在单机上定位文件，而且可以在 Internet 上全球定位万维网上的主机、网站和网页文件，故称统一资源定位器。

URL 的格式如下：

```
protocol:// host [:port]/ Directory /filename
```

其中：

"protocol"指明访问资源的协议名称。它可以是：

① http(超文本传输协议)，访问 WWW 资源时使用；

② ftp(文件传输协议)，访问 FTP 网站上传、下载文件时使用；

③ File(文件协议)，访问本地文件时使用。

"host" 指明存放资源的主机域名或 IP 地址。有时还需要进一步说明端口号，"port"选项是端口号地址。

"Directory"是主机上的文件夹名称，"filename"是该文件夹中的文件名称。

URL 定位地址有绝对 URL 和相对 URL 之分。

绝对 URL：路径完整的绝对地址。例如互联网上 http://www. sina. com；本机上 file:///d|abc/def/index. html。

相对 URL：相对于引用 URL 的链接源点的位置而言。例如 A 文件链接 B 文件，而两个文件在同一文件夹下，此时 URL 就可以直接引用 B 文件的名字，而不需要其他盘符和路径信息。相对定位往往不需要完整的 URL 要素，例如不含协议(protocol)、不含主机(host)信息。相对定位中经常使用的两个文件夹操作符为".."和"/"。".."表示指向上一级的文件夹，"/"表示指向下一级的文件夹。

例 4-1 文件存放位置如图 4-1 所示，请回答以下问题：

(1) 如果链接的源点为文件 1，链接的目标点为文件 2，写出 URL 地址；

(2) 如果链接的源点为文件 1，链接的目标点为文件 3，写出 URL 地址。

解答

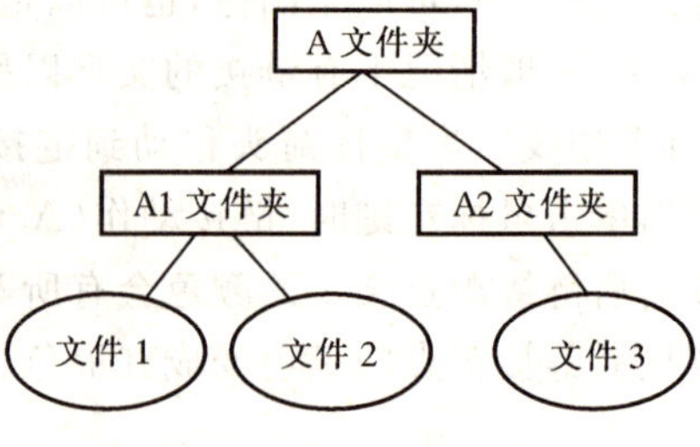

图 4-1 相对路径

(1) 若链接的源点为文件 1，目标点为文件 2。因为这是在同一个文件夹，故 URL 为：

文件 2。

(2) 若链接的源点为文件 1，目标点为文件 3，则 URL 为：

../A2 文件夹/文件 3

这里从文件 1 看起，首先要向上返回到父文件夹（即 A1 文件夹），故用“..”。接着，因为 A1 文件夹和 A2 文件夹同在一个父文件夹下，它们是兄弟关系，只要直接打开 A2 文件夹就可以找到目标文件 3。所以完整路径为“../A2 文件夹/文件 3”。

超级链接就像轮船停泊时的抛锚。船员将栓有铁链的锚从船头抛向海底，锚链的一头固定在船上（源点），另一头连着带有 3 叉倒钩的锚上。当锚被抛到水底后就勾住海底的泥土（目标点）。正因为这样，超级链接就借用了锚（Anchor）单词的第一个字母作为自己的 HTML 标记。

4.2 超级链接标记

超链接标记<a>是行内标记，其主要功能是实现超级链接。

格式为：

<a href="URL 地址">链接点内容</a>

例如：<a href=http://www.sina.com>新浪</a>

这条语句的作用是，当鼠标单击了超级链接源点“新浪”时，就会链接到超级链接的目标点网上的“新浪”（绝对 URL 为：http://www.sina.com）。

其中，href 是<a>标记的属性，该属性的参数是链接的目标点 URL；而<a>与</a>之间的内容是链接的源点。链接是从源点指向目标点的。除了该属性之外，<a>还有 name、title、target 等其他属性。<a>标记的属性列表如表 4-1 所示。

表 4-1　<a>标记的属性值

属性值	说明
href	指定链接目标点的地址
name	给链接命名
title	给链接添加提示信息
target	指定链接的目标窗口

例 4-2　超级链接标记<a>的 href 属性。

HTML 代码如下：

```
<html>
<head>
  <title>超链接</title>
</head>
<body>
    <a href="http://www.163.com">网易</a>
    <a href="http://www.sohu.com">搜狐</a>
    <a href="http://www.sina.com">新浪</a>
</body>
</html>
```

浏览器中显示效果如图 4-2、图 4-3 所示。

图 4-2　网页上的超链接源点

图 4-3　链接到“网易”网站

本例中所用的 3 个链接都是绝对地址。在网页上的“网易”、“搜狐”、“新浪”都是超级链接的源点，蓝色字样。当鼠标箭头移动到其中任意一个文字，鼠标指针会变成手的样式。单击鼠标就会发生超级链接动作，连接到互联网上相应的网站。

超级链接的其他属性放在不同类型的超链接中一起介绍。

4.3 超级链接的种类

网页中的超级链接种类很多,包括普通链接、锚记链接、电子邮件链接、图片链接、下载链接、脚本链接和无地址链接等。

4.3.1 普通链接

普通链接就是按照超级链接的基本格式发生的链接。这种链接可以在本机上实现,也可以在 Internet 上实现。

格式:

```
<a href="URL" target="_blank | _parent | _self |top " title=
"提示文字">
  链接文字
</a>
```

其中:

target:是链接的目标,也就是指示目标文件出现在什么样的位置。常见的参数如下。

① _blank:打开一个新的窗口用以显示链接目标点网页。网站中多用这种方法。

② _parent:在当前网页显示窗口的父窗口打开链接目标点网页。

③ _self:在当前网页显示的窗口中打开链接的目标点网页。言外之意用新网页冲掉了原来的网页。

④ _top:在当前的浏览器窗口中打开链接的目标网页。

因为只有框架结构才有父、子窗口的概念,所以_parent、_self 和_top 这 3 个参数只是对框架结构才有用。在框架结构中实现超链接时,target 的值还可以是某个框架的名字。

title:当鼠标箭头移动到超级链接源点的时候出现在浏览器页面上的提示信息。

例 4-3 超级链接中的提示信息。

HTML 代码如下:

```
<html>
<head>
  <title>超链接的提示信息</title>
</head>
```

```
<body>
<a href="../../网页大作业/红色旅游/fangyanlong/index.html"
title="作者:大海">
  红色旅游网站
</a>
</body>
</html>
```

显示效果如图 4-4 所示。

本例中,当鼠标指针移到超级链接源点“红色旅游网站”时,指针变成手的形状。同时在浏览器中出现提示信息“作者:大海”。

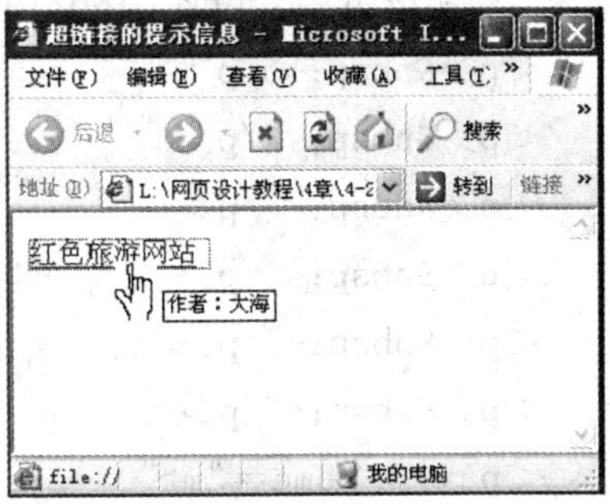

图 4-4　A 标记的提示信息

4.3.2　锚记链接

如果网页的内容很长,前后翻找不容易,则可采用锚记链接的办法。其实这种方法就像我们在书中夹了些书签一样,不论书有多厚,按照书签查找非常容易。不过现在我们用的不是书签,而是锚(anchor)标记,简称锚记。

一般要用两条语句实现锚记链接:设置锚记和链接。

设置锚记就是在每个需要链接的地方(即超级链接的目标点)插入锚标记记号。

格式:

```
<a name="锚记名"></a>
```

而超级链接的源点仍然使用的<a>语句,不过 href 的参数 URL 改成锚记名。

格式:

```
<a href="#锚记名">
```

例 4-4　同一文件内的链接。

HTML 代码如下:

```
<html xmlns="http://www.w3.org/1999/xhtml">
<head>
  <title>锚记链接的应用</title>
</head>
<body>
<h1>请选择喜欢的手机</h1>
<p><a href="#mt">Motorola</a><br>
```

```
    <a href="#iph4">iphone4</a><br>
    <a href="#iph5">iphone5</a><br>
    <a href="#nk">Nokia N8</a><br>
  <p> </p>
  <p> </p>
  <p> </p>
  <p> </p>
  <p> </p>
  <p> </p>
  <p><a name="mt"></a>motorola 7800 </p>
  <p><img src="摩托罗拉.jpg" width="100" height="199"></p>
  <p> </p>
  <p> </p>
  <p> </p>
  <p> </p>
  <p> </p>
  <p> </p>
  <p> </p>
  <p> </p>
  <p> </p>
  <p><a name="iph4"></a>iphone 4</p>
  <p><img src="iphone4.jpg" width="131" height="250"></p>
  <p> </p>
  <p> </p>
  <p> </p>
  <p> </p>
  <p> </p>
  <p> </p>
  <p> </p>
  <p> </p>
  <p> </p>
  <p><a name="iph5"></a>iphone 5</p>
  <p><img src="iphone5.jpg" width="280" height="210"></p>
  <p> </p>
```

```
<p> </p>
<p> </p>
<p> </p>
<p> </p>
<p> </p>
<p> </p>
<p> </p>
<p> </p>
<p> </p>
<p><a name="nk"></a>Nokia N8</p>
<p><img src="nokia8.jpg" width="320" height="240"></p>
</p>
</body>
</html>
```

显示效果如图 4－5 所示。

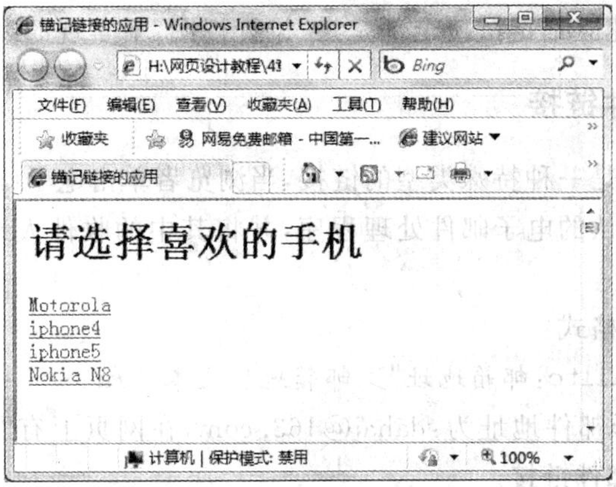

图 4－5 锚记链接示例

设置锚标记的工作也可以使用 Dreamweaver 工具来实现。

在设计视图下，首先选中第 1 个超级链接的目标点的位置，在 Dreamweaver 工具栏（如图 4－6）中单击锚记链接标记“”。

图 4－6 常用工具栏中的锚标记工具

单击后，打开命名锚标记对话框，如图 4－7 所示。

图 4－7 命名锚标记对话框

在对话框中输入锚标记名称“mt”后，按“确定”按钮返回。这时在选中的位置会出现一个锚标记“ ”，同时在后台代码中会写入“<a name="mt"></a>”。以同样的方法输入其他锚标记。

最后，回到链接起始源点，选中链接的文字，使用“属性面板”分别链接各个锚标记目标点。创建链接时注意在锚标记名称前加上“#”号。如图 4－8 所示。

图 4－8 在属性面板中创建锚记链接

注意，用工具建立锚记链接全部是在“设计视图”下实现的，不用手写代码。

4.3.3 电子邮件链接

电子邮件链接是一种特殊类型的链接，当浏览者单击电子邮件链接时，系统会自动启动浏览器默认的电子邮件处理程序，并将其中的收件人地址自动更新为链接邮件地址。

邮件链接代码格式：

```
<a href="mailto:邮箱地址">邮箱地址文本</a>
```

例 4－5 电子邮件地址为：dahai@163.com，在网页上有“与我联系”文字链接源点，建立电子邮件链接。

HTML 代码如下：

```
<html>
<body>
    <a href="mailto:dahai@163.com">与我联系</a>
</body>
</html>
```

当单击“与我联系”时，打开发送邮件界面，填入内容后单击“发送”，就会将邮件发送到指定的邮箱中去，如图 4－9 所示。

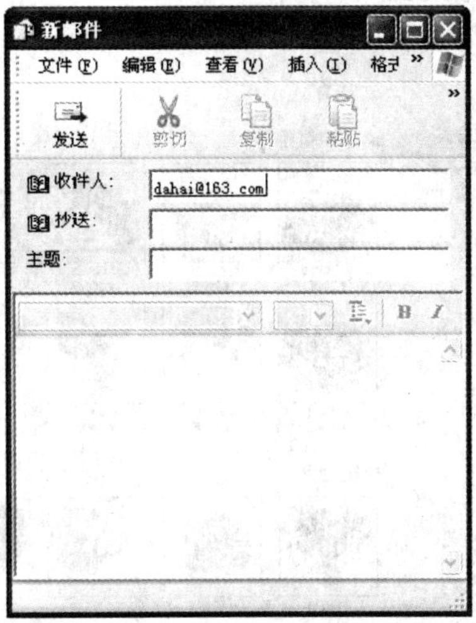

图 4－9　打开邮件箱

电子邮件链接也可以用 Dreamweaver 工具实现。在图 4－6 的“常用”工具栏中，单击电子邮件链接工具“”，打开电子邮件链接对话框，填写链接时的信息，如图 4－10 所示。

图 4－10　电子邮件对话框

单击“确定”按钮后，完成电子邮件链接设置。

4.3.4　图像链接

图像超级链接的建立与文本的超级链接相似，只是选择的不是文本而是图片。图像链接可以实现单图单链接和单图多链接。

4.3.4.1　单图单链接

这种链接在网页中大量使用。如电子商务网站的商品展示，当单击商品图片时就打开新的网页，介绍该商品的详细情况，如图 4－11 所示。

图片链接首先要有作为链接源点的图片，然后写出代码。

格式为：

<a href="URL">

```
<img  src="图像 URL">
</a>
```

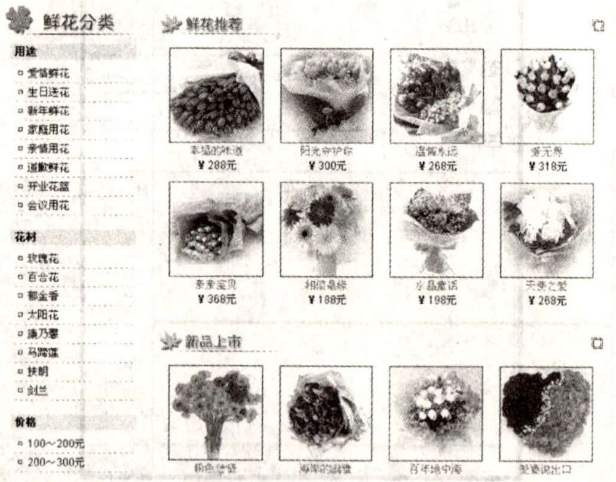

图 4－11　每张图片链接一个网页

例 4－6　图片链接。

HTML 代码如下：

```
<html>
<body>
  <a href="http://www.dzsw.com/shouji.html">
    <img src="shouji1.jpg">
  </a>
</body>
</html>
```

以上创建图片链接的过程也可以用 Dreamweaver 工具，在设计视图下完成。

首先选中要创建链接的图片。然后在属性面板上单击“链接”右边的“浏览文件”按钮，打开“选择文件”对话框，从中选择要链接到的目标文件，并单击“确定”按钮，完成创建图片链接工作。

4.3.4.2　单图多链接

单图多链接就是将图像划分成多个区域，每个区域被称为一个热点，每个热点分别设置不同的超级链接。这样，当单击不同的热点时就会链接到不同的网页。这种一个热点用超级链接对应一个网页的结构，又称为图像映射或图像地图(MAP)。

从代码上看，实现单图多链接主要有两部分：图像部分和链接部分，二者用

"usemap='MAP 名称'"来关联。

格式如下：

```
<img src="zgdt.jpg"  usemap="#DT" />
<map name="DT" >
  <area shape="circle" coords="221,246,25" href="4-3.html" />
</map>
```

这里有两条标记。一是<img>标记，插入一个名为 zgdt.jpg 的图片；另一个是名为 DT 的<map>标记，专门在热点中定义超级链接。在<img>标记中有 usemap="#DT"，这就把二者关联起来了。

热点区域形状由<area>标记指定：

```
<area  shape="热点形状"  coords="热点坐标"  href="URL"/>
```

其中，shape 有 3 种取值：

RECT(矩形热点区域)，其 coords 有 4 个参数：左上角(x、y)，右下角(x、y)；

Circle(椭圆热点区域)，其 coords 有 3 个参数：圆心坐标(x、y)，半径；

Poly(多变性热点区域)，其 coords 可取 2n 个参数，逐点描述，每个点(x、y)。

由于坐标的具体位置不好直观确定。所以，建议单图多链接使用 Dreanweaver 工具来创建。

具体操作步骤如下。

步骤一：打开网页，插入图像。如图 4－12 所示。

图 4－12　插入图像

步骤二：选中图像，则此时属性面板变为图 4－13 所示。

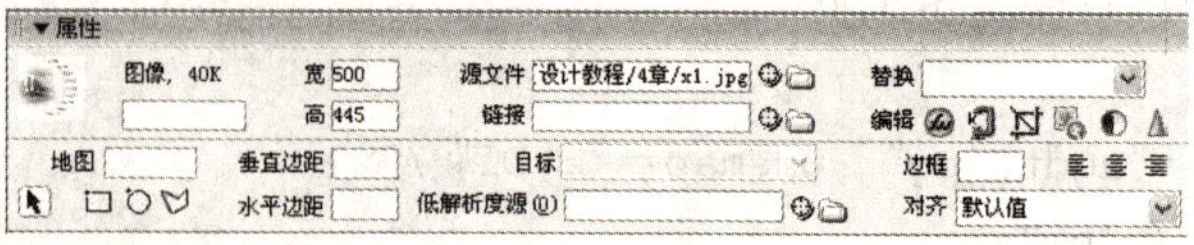

图 4-13　图像属性面板

从上图可见，属性面板左下角处有“地图”二字，还有 3 个热点工具：矩形热点工具“□”，椭圆热点工具“○”和多边形热点工具“▽”。

步骤三：单击矩形热点工具，鼠标指针变成“＋”，移动指针到图中链接源点位置，拖动鼠标画出矩形热点。这时，图形属性面板也发生了变化，如图 4-14 所示。

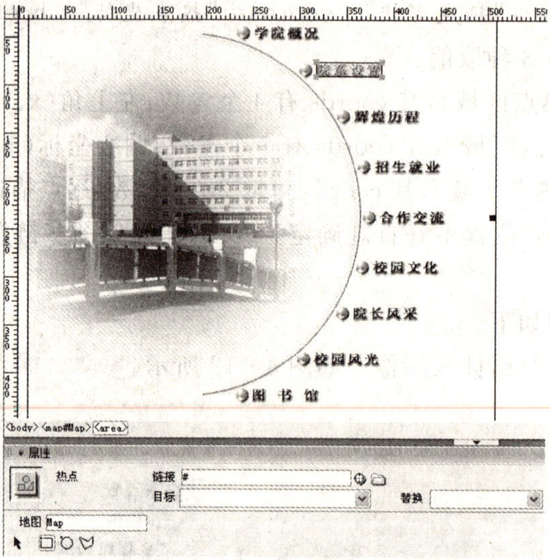

图 4-14　用矩形热点工具在图上拖画出热点

在属性面板中，单击链接选项框右边的文件夹图标，选择要链接的网页文件。建好了一个图像链接。如法炮制，将其他链接也创建完，存盘后就可在浏览器中观察到效果。

4.3.5　下载文件链接

一些网站为浏览者提供文件下载业务，如图 4-15 就是能够下载软件的网页。

下载文件是通过下载文件链接实现的。其实，下载文件链接就是普通的链接，不过这时的文件是经过打包的或者不能在网页上直接执行的，例如扩展名为.zip、.rar 或.exe 的文件。

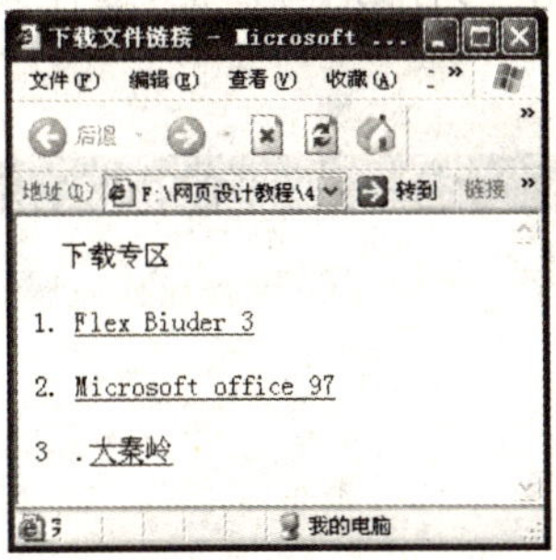

图 4－15　文件下载链接

例 4－7　下载文件的网页。

HTML 代码如下：

```
<html xmlns="http://www.w3.org/1999/xhtml">
<head>
    <title>下载文件链接</title>
</head>
<body>
<p>下载专区</p>
    <p>1.<a href="../../FB3_WWEJ.exe">Flex Biuder 3</a></p>
    <p>2.<a href="../../IMG_0017.rar">Microsoft office 97
</a></p>
    <p>3.<a href="../../探索发现.大秦岭 05-240x192.rar">大秦岭
</a></p>
</body>
</html>
```

当单击下载链接热点时，就打开文件下载对话框，如图 4－16 所示。

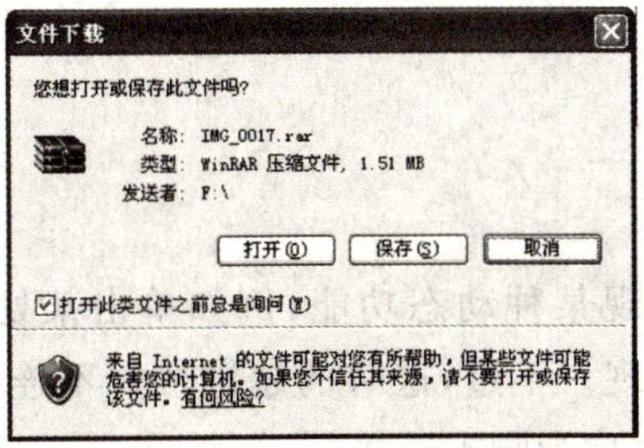

图 4－16　文件下载对话框

单击“保存”按钮后，弹出“另存为”对话框，选择文件下载后存放的位置，如图4－17所示。

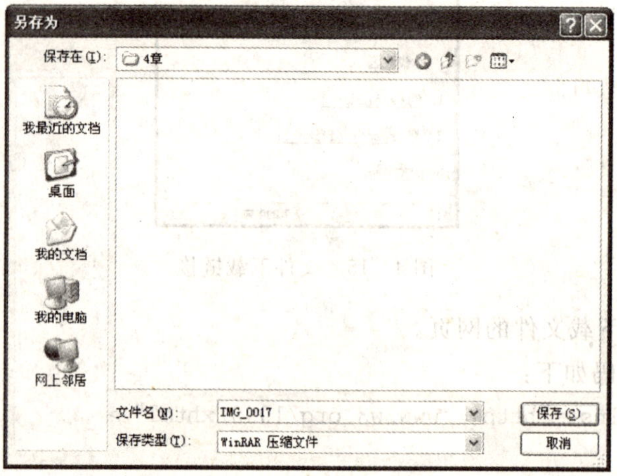

图4－17　另存为对话框

选好存放文件的位置后，单击“保存”按钮，下载工作开始。当下载完成后会弹出“下载完毕”对话框，报告下载结果。

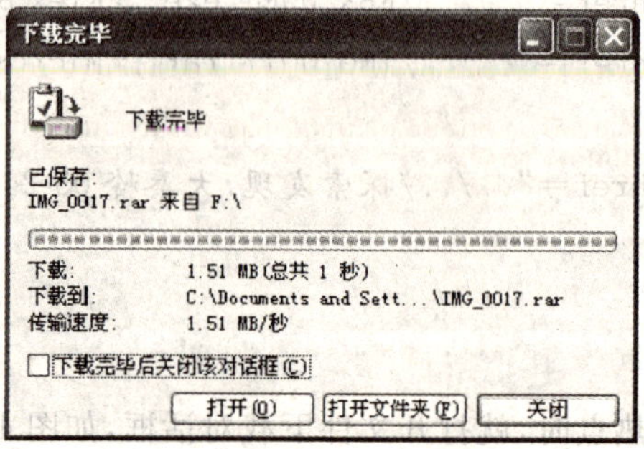

图4－18　下载文件完毕

4.3.6　脚本链接

有时，想在网页上实现某种动态功能，例如单击某处文字时会完成一定的动作，也可以用超链接来实现。不过，这时的超链接并不连接到任何地方，只是执行一段脚本(script)代码，故称为脚本链接。

格式：

```
<a href="JavaScript:alert('感谢您的光临！')">感谢</a>
```

上面这条语句是，当单击“感谢”时，就会弹出一个提示窗口，其中显示“感谢您的光临!”。

例 4-8　网页中的脚本链接。

HTML 代码如下：

```
<html xmlns="http://www.w3.org/1999/xhtml">
<head>
    <title>脚本链接</title>
</head>
<body>
<a href="JavaScript:alert('感谢您的光临')">感谢</a>
</body>
</html>
```

执行结果如图 4-19 所示。

图 4-19　脚本链接

4.3.7　空链接

在<a>链接的 href 属性处不填写任何数值，只是用“#”赋值。当光标指向链接后变成手形，但仍停留在当前页面，这种链接叫空链接。空链接可以实现某种行为。

格式：

<a href="#" onClick="动作">文字</a>

其中,onClick 只是事件的一种,还可以用其他事件。

例 4-9 当单击“检验”2 字时,执行 Checkit()事件处理函数。

HTML 代码如下:

```
<html>
<body>
    <a href="#" onClick="Checkit()">检验</a>
</body>
</html>
```

习 题 4

一、单选题

1. 以下创建电子邮件链接的方法中,正确的是( )。
   A. <a href="master@163.com">管理员</a>
   B. <a href="admin@163.com">管理员</a>
   C. <a href="Emailto@163.com">管理员</a>
   D. <a href="mailto:master@163.com">管理员</a>
2. 要将页面当前位置定义成名为 xgy 的锚标记,其定义的正确方法是( )。
   A. <a href="xgy"></a>
   B. <a href="xgy">xgy</a>
   C. <a name="xgy">
   D. <a name="xgy"></a>
3. 以下创建 mail 链接的方法中,正确的是( )。
   A. <a href="master@163.com">管理员</a>
   B. <a href="callto:master@163.com">管理员</a>
   C. <a href="mailto:master@163.com">管理员</a>
   D. <a href="Email:master@163.com">管理员</a>

实 训 4

1. 以下是某商场的平面图,试按要求实现各专卖区的超级链接,并且当鼠标指向专卖区时出现相应的提示。

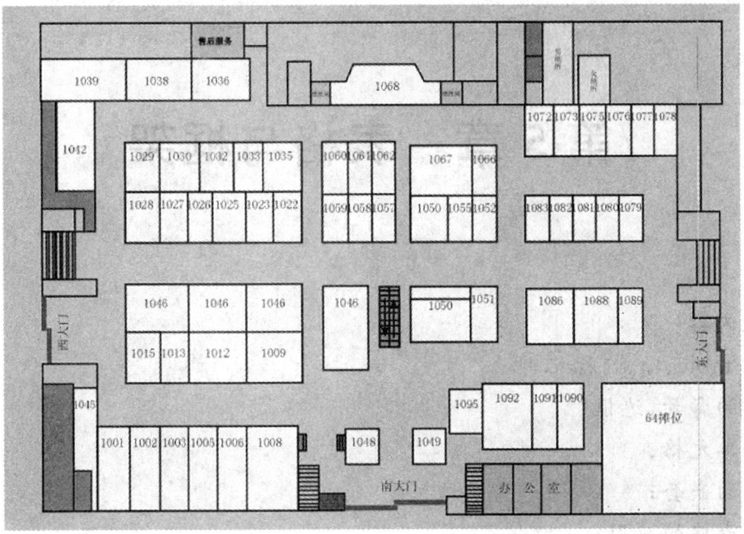

图 4-20　某商场平面图

专卖区位置分配如下：

1001～1003、1005、1006、1008：糕点；

1009：化妆品；

1012、1013、1015：首饰；

1022、1023、1025～1035：鞋；

1038～1042：帽；

1045、1046：女装；

1048、1049：水果；

1050～1067：童装；

1068：体育用品；

1072～1078：文具；

1079～1083：家电；

1086、1088、1089：图书；

1090～1095：手机。

第 5 章　表格与框架

本章内容：

表格 table、tr、td 标记；

表格的背景、边框；

合并单元格；

表格的嵌套；

布局表格的应用；

创建框架；

框架的嵌套。

表格在网页中有着广泛的应用，它不仅可以规范数据的输出，还可以布局和定位网页元素。框架可以把浏览器窗口分割成多个区域。本章学习表格的 HTML 代码、表格的属性、表格的嵌套，学习使用工具制作和编辑表格，掌握布局表格的使用方法，并学习框架的创建和使用。

5.1　创建表格

表格是网页中排列数据和网页元素的有力工具。表格通常由行、列和单元格组成，每行有多个单元格，如图 5－1 所示。

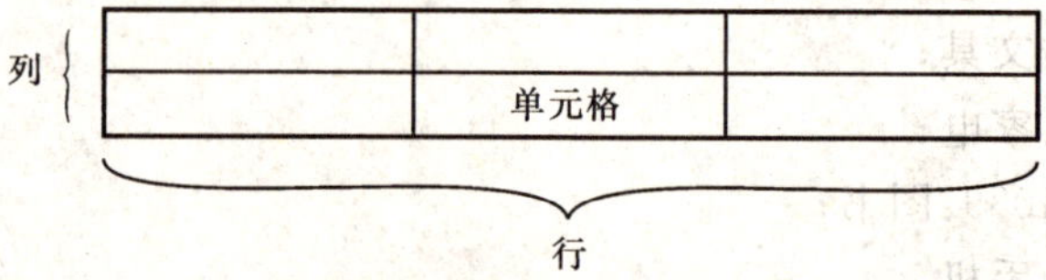

图 5－1　表格的组成

5.1.1　表格的基本构成

表格的标记为＜table＞，表格行标记为＜tr＞、单元格标记为＜td＞。

表格标记的格式为：

```
<table>
  <tr>
    <td></td> … <td></td>
  </tr>
  …
  <tr>
    <td></td> … <td></td>
  </tr>
</table>
```

例 5-1　写出一个两行、两列，边框(border)宽为 1 像素的表格的标记。

HTML 代码如下：

```
<table width="200" border="1">
  <tr>
    <td> </td>
    <td> </td>
  </tr>
  <tr>
    <td> </td>
    <td> </td>
  </tr>
</table>
```

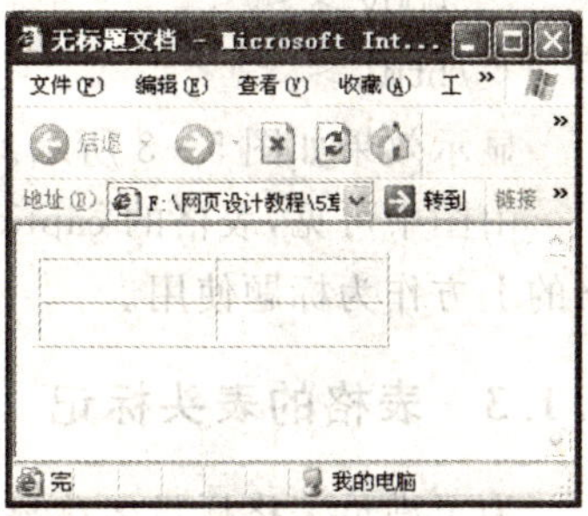

图 5-2　两行两列的表格

本例中表格的宽度为 200 像素，边框宽 1 像素。屏幕显示如图 5-2 所示。

5.1.2　设置表格的标题

表格的标题不会显示在表格的范围之内，而是直接显示在表格中。

例 5-2　<caption>标记的使用。要求：表格宽 250 像素，边框宽 1 个像素。

HTML 代码如下：

```
<html xmlns="http://www.w3.org/1999/xhtml">
<head>
  <title>caption 标记</title>
</head>
<body>
<table width="250" border="1">
```

```
<caption>热门图书</caption>
  <tr>
    <td width="114">图书名称</td>
    <td width="56">单价</td>
    <td width="58">作者</td>
   </tr>
   <tr>
    <td>网页设计</td>
    <td>21.20</td>
    <td>王大海</td>
   </tr>
  </table>
</body>
</html>
```

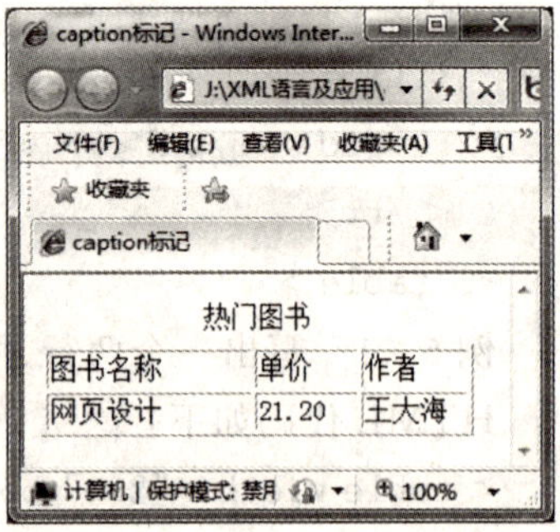

图 5-3 caption 标记

显示效果如图 5-3 所示。

由图中可见，表格的 caption 标记中内容并不会显示在表格中，只是出现在表格的上方作为标题使用。

5.1.3 表格的表头标记

为了满足表格栏目名称显示的特殊需要，表格中有一个标记<th>。<th>标记的作用和<td>标记类似，也是一种单元格。但是<th>单元格中的文字会自动加粗、居中显示。这样，栏目名称就可以和内容明显的区分开了。

例 5-3 表格的<th>标记。

HTML 代码如下：

```
<html xmlns="http://www.w3.org/1999/xhtml">
<head>
 <title>th 标记</title>
</head>
<body>
<table width="250" border="1">
 <caption>热门图书</caption>
 <tr>
   <th width="114">图书名称</th>
   <th width="56">单价</th>
```

```
      <th width="58">作者</th>
    </tr>
    <tr>
      <td>网页设计</td>
      <td>21.20</td>
      <td>王大海</td>
    </tr>
    </table>
  </body>
  </html>
```

图 5-4　<th>标记

屏幕显示效果如图 5-4 所示。

图中可见，栏目标题字已经是粗体且居中显示了。

5.1.4　表格的结构

为了在源代码中清楚地区分表格结构，HTML 语言中规定了<thead>、<tbody>和<tfoot>标记，分别对应着表格的表首、表主体和表尾。这 3 种标记一般可以省略，但有时为了实现特殊效果还要使用。

例 5-4　<thead>、<tbody>、<tfoot>的使用方法。

HTML 代码如下：

```
<html xmlns="http://www.w3.org/1999/xhtml">
<head>
  <title>表格结构</title>
</head>
<body>
<table width="250" border="1">
<thead>
    <td width="114">图书名称</td>
    <td width="56">单价</td>
    <td width="58">作者</td>
</thead>
<tbody>
  <tr>
    <td>网页设计</td>
    <td>21.20</td>
```

```
    <td>王大海</td>
  </tr>
  <tr>
    <td>C语言程序设计</td>
    <td>25.00</td>
    <td>白云</td>
  </tr>
  <tr>
    <td>Flex入门</td>
    <td>31.20</td>
    <td>孙旺</td>
  </tr>
</tbody>
<tfoot>
  <tr>
   <td colspan="3"><div align="right">欢迎购买</div></td>
  </tr>
</tfoot>
</table>
</body>
</html>
```

屏幕显示如图 5-5 所示。

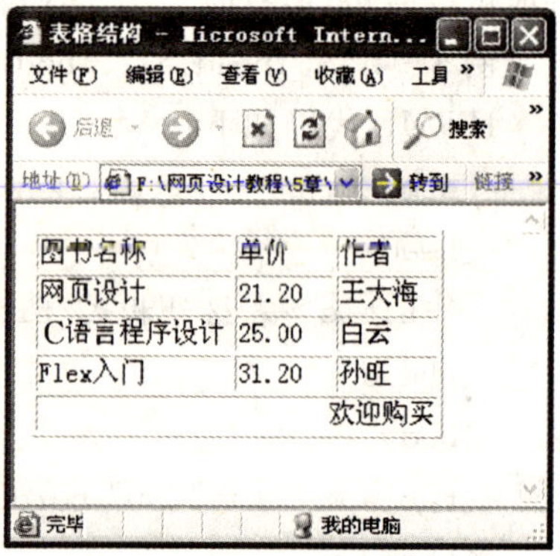

图 5-5 表格结构

我们看到，本例中<thead>起到了<tr>的作用。如果既有<thead>，又有<tr>标记，效果仍然不变。不过，在 XML 数据岛的应用中<thead>的作用不可缺少。<tbody>代表表格体，一个表格可以有一个以上的表格体，每个表格体可以设置自己的属性，从而实现一些特殊的效果。本章后面实训中有相关实例。如果在表格中不使用<thead>、<tbody>和<tfoot>对表格的显示无任何影响。

5.2 设置表格的基本属性

表格的属性可以帮助我们设置表格的尺寸、颜色、边框和对齐方式。对于

<table>、<tr>和<td>，设置属性时略有不同。

5.2.1　设置表格的宽度与高度

对于表格(table)、行(tr)和单元格(td)标记都可以设置宽度(width)和高度(height)，方法是一样的。

格式：

```
<table  width=" 表格宽度"  height="表格高度">
```

说明：

表格的宽度和高度的值可以是像素(px)，也可以是百分比(%)，如果不指定，则默认宽度自适应。

例 5-5　设置表格的宽为 250px，高为 60px。

HTML 代码如下：

```
<html xmlns="http://www.w3.org/1999/xhtml">
<head>
  <title>设置表格宽和高</title>
</head>
<body>
<table width="250" height="60" border="1">
  <caption>热门图书</caption>
  <tr>
    <th>图书名称</th>
    <th width="70">单价</th>
    <th width="70">作者</th>
</tr>
<tr>
    <td>网页设计</td>
    <td>21.20</td>
    <td>王大海</td>
  </tr>
</table>
</body>
</html>
```

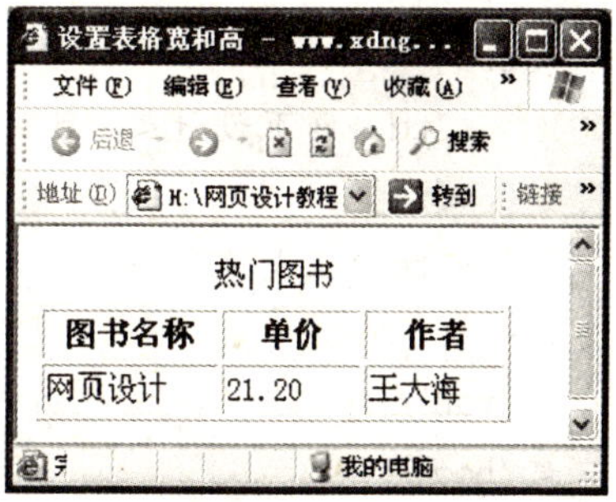

图 5-6　设置宽度与高度

屏幕显示效果如图 5-6 所示。

代码中可以看到，<tr>和<td>中的宽度和高度也是同样的设置方法。不过，要注意它们的值与<table>值的关系。

5.2.2 设置背景

表格可以设置背景颜色(bgcolor)和背景图像(background)。

格式：

```
<table  bgcolor="#颜色"  background="图片的 URL 地址")>
```

说明：

如果同时设置了表格的背景色和背景图像，只能显示背景图像，看不见背景颜色。

例 5-6 设置表格的背景图像为 bk2.jpg。

HTML 代码如下：

```
<html xmlns="http://www.w3.org/1999/xhtml">
<head>
  <title>设置表格背景</title>
</head>
<body>
<table width="250" border="1" bgcolor="#00FF00"  background="bk2.jpg">
  <caption>热门图书</caption>
  <tr>
    <th>图书名称</th>
    <th>单价</th>
    <th>作者</th>
</tr>
<tr>
    <td>网页设计</td>
    <td>21.20</td>
    <td>王大海</td>
  </tr>
</table>
</body>
</html>
```

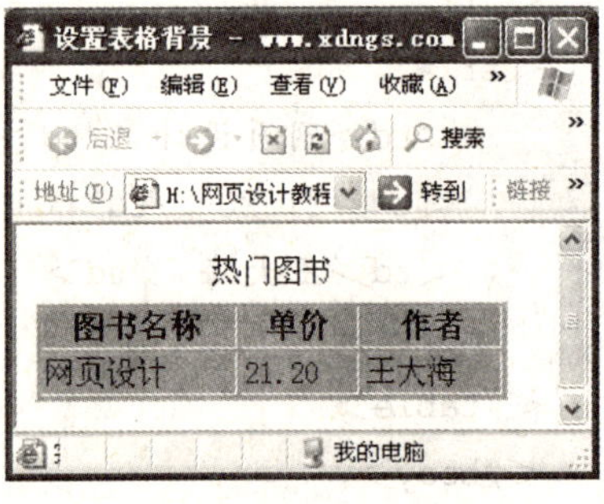

图 5-7 背景图像

屏幕显示结果如图 5-7 所示。

本例中同时设置了表格的背景颜色和背景图像，结果只显示背景图像。

5.2.3 设置边框

可以设置表格边框的宽度(border)、颜色(bordercolor)。

格式:

<table　border="宽度值"　bordercolor="#颜色">

说明:

宽度值单位为像素 px。

例 5-7　设置表格的边框宽度为 5px,颜色为#666666。

HTML 代码如下:

```
<html xmlns="http://www.w3.org/1999/xhtml">
<head>
  <title>表格边框设置</title>
</head>
<body>
<table width="250"  border="5" bordercolor="#666666">
  <caption>热门图书</caption>
  <tr>
    <th>图书名称</th>
    <th>单价</th>
    <th>作者</th>
</tr>
<tr>
    <td>网页设计</td>
    <td>21.20</td>
    <td>王大海</td>
  </tr>
</table>
</body>
</html>
```

屏幕显示效果如图 5-8 所示。

图 5-8　设置表格边框属性

5.2.4 设置对齐方式

表格标记<table>中可以设置对齐方式,以决定表格在其父容器中的水平位置。对齐方式由属性 align 决定,它的取值可以为 left、center 和 right。

格式：

```
<table  align="left | center | right">
```

例 5-8 设置表格在屏幕中居中显示。

HTML 代码如下：

```
<html xmlns="http://www.w3.org/1999/xhtml">
<head>
  <title>表格居中</title>
</head>
<body>
<table width="250"  align="center" border="1">
  <caption>热门图书</caption>
  <tr>
    <th>图书名称</th>
    <th>单价</th>
    <th>作者</th>
</tr>
<tr>
    <td>网页设计</td>
    <td>21.20</td>
    <td>王大海</td>
  </tr>
</table>
</body>
</html>
```

图 5-9 表格居中

屏幕显示如图 5-9。

<tr>和<td>的对齐是指其中的内容在行中或单元格中的对齐方式。它分为水平对齐和垂直对齐。水平对齐(align)方式可以为左(left)、中(center)、右(right)；垂直对齐(valign)方式可分为上(top)、中(middle)、下(bottom)。

例 5-9 设置表格中的数据水平、垂直都居中。

HTML 代码如下：

```
<html xmlns="http://www.w3.org/1999/xhtml">
<head>
  <title>表格数据居中</title>
</head>
```

```
<body>
<table width="250"  align="center" border="1">
  <caption>热门图书</caption>
  <tr>
    <th>图书名称</th>
    <th>单价</th>
    <th>作者</th>
</tr>
<tr  align="center" valign="middle">
    <td height="39" >网页设计</td>
    <td>21.20</td>
    <td>王大海</td>
  </tr>
</table>
</body>
</html>
```

屏幕显示如图 5-10 所示。

图 5-10　表格中数据居中

5.3　编辑表格

一个实用的表格各个单元格可能不一样大小，这时我们可以通过合并单元格或者拆分单元格来改变表格的结构。

合并单元格可以分为两种：水平合并(colspan)和垂直合并(rowsopan)单元格。如图 5-11 所示。

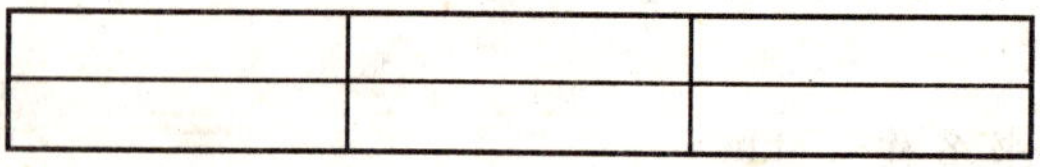

3 列 2 行的表格

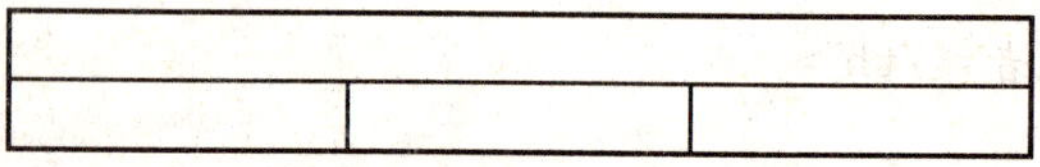

3 列 2 行的表格首行水平合并后的效果

3 列 2 行的表格首列垂直合并后的效果

图 5-11　合并单元格

5.3.1　水平合并单元格

水平方向合并单元格实际上是将不同列(column)上的单元格合并，属性 colspan 就是指合并时水平方向上跨越的列数。

格式：

```
<td  colspan="单元个数" >
```

例 5-10　水平合并单元格。

HTML 代码如下：

```
<html>
<body>
<table width="250" border="1">
  <tr>
    <th>图书名称</th>
    <th>单价</th>
    <th>作者</th>
</tr>
<tr >
    <td >网页设计</td>
    <td>21.20</td>
    <td>王大海</td>
```

```
  </tr>
  <tr>
    <td  colspan="2"  align="right" >合计</td>
    <td>21.20</td>
  </tr>
</table>
</body>
</html>
```

屏幕显示效果如图 5 - 12 所示。

注意：第 3 行合并了单元格后，只剩下两个<td>了。

图 5 - 12　第 3 行合并了单元格

5.3.2　垂直合并单元格

垂直方向合并单元格实际上是将不同行(row)上的单元格合并，属性 rowspan 就是指合并时垂直方向上跨越的行数。

格式：

```
<td  rowspan="单元个数">
```

例 5 - 11　垂直合并单元格。

HTML 代码如下：

```
<html>
<body>
<table width="250" border="1">
  <tr>
    <th>作者</th>
    <th>书名</th>
    <th>单价</th>
</tr>
<tr >
    <td rowspan="2" >大海</td>
    <td>海洋动物</td>
    <td>22.20</td>
  </tr>
  <tr>
    <td>海产养殖</td>
```

```
    <td>33.33</td>
  </tr>
</table>
</body>
</html>
```

屏幕显示如图 5－13 所示。

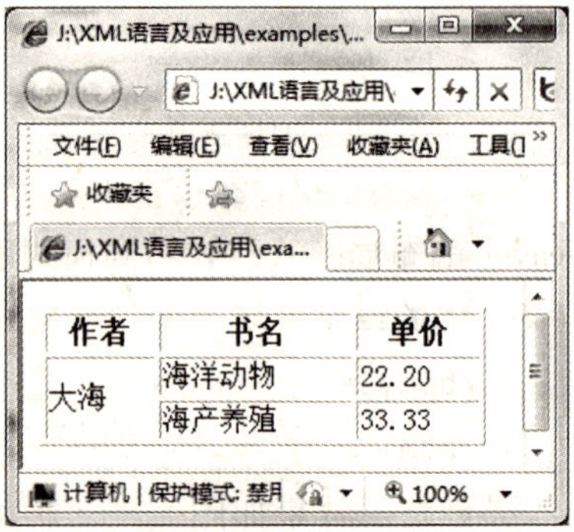

图 5－13　垂直合并单元格

5.3.3　拆分单元格

拆分单元格可用 Dreamweaver 工具进行。具体方法如下。

将光标定位到要拆分的单元格内，如图 5－14所示。

图 5－14　光标定位到将要拆分的单元格

在属性面板左下角"单元格"文字下单击拆分单元格按钮"<u>ヱ</u>"，如图 5－15 所示。

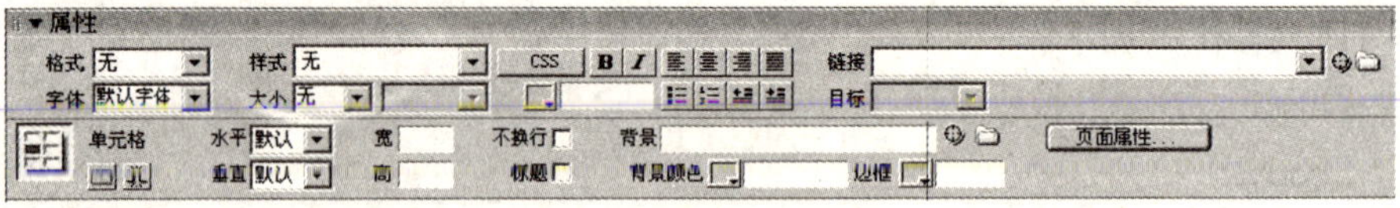

图 5－15　属性面板左下角有单元格拆分和合并按钮

这时打开"拆分单元格"对话框，如图 5－16 所示。

图 5－16　拆分单元格对话框　　图 5－17　拆分单元格

在拆分单元格对话框中可以选择"把单元格拆分"成"列"，在"列数"选项框中选择 2。然后单击"确定"按钮，返回表格界面，如图 5－17 所示。此时，表格中左下方的单元格已被拆分成 2 列，完成拆分单元格操作。

从图 5－16 可见，如果选择"把单元格拆分"成"行"，就可实现按行拆分了。

5.4　布局模式

早期的网页都是用表格进行布局的。使用表格布局的最好工具就是 Dreamweaver 的布局模式。在布局模式下，可以方便地绘制“布局表格”和“布局单元格”以定义文档的设计区域。而且绘制好的单元格还可以随意放大、缩小和移动位置。后台的代码由系统自动编写和修改，这些代码全部是由<table>、<tr>和<td>标记。

布局表格的使用方法如下。

图 5－18　布局工具栏

步骤一：在工具栏选择“布局”工具，则出现如图 5－18 所示工具栏。

在布局工具栏中单击“布局”按钮，打开从布局模式开始对话框。如图 5－19 所示。

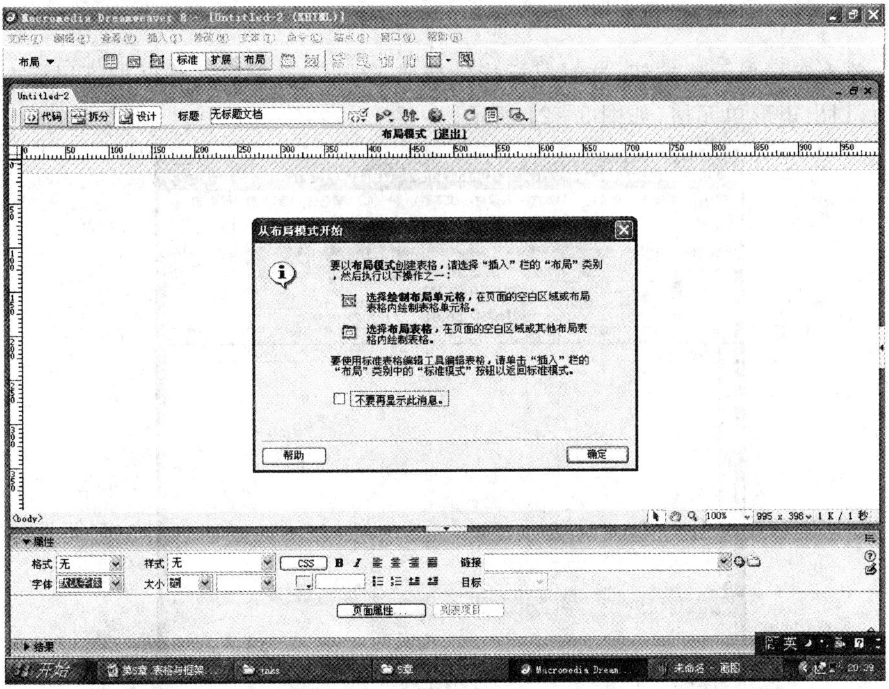

图 5－19　从布局模式开始对话框

步骤二：单击“确定”按钮，进入布局模式，如图 5－20 所示。

步骤三：绘制一个布局单元格。在布局工具栏中有两个按钮：布局表格“”和布局单元格“”。

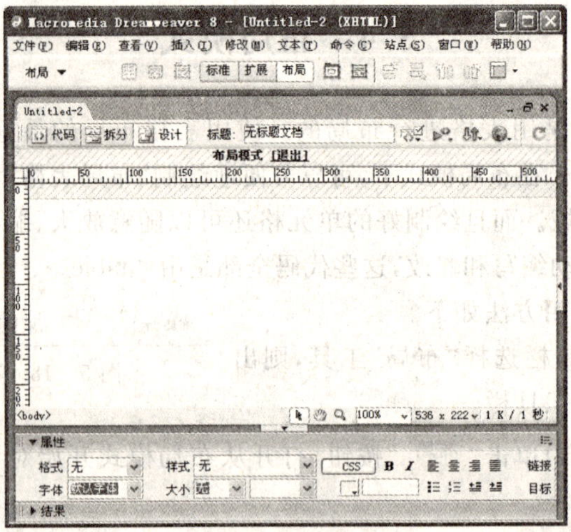

图 5－20　布局模式

单击布局单元格按钮，这时鼠标指针变成了“＋”，在屏幕工作区按下鼠标左键拖动，划出矩形单元格，如图 5－21 所示。

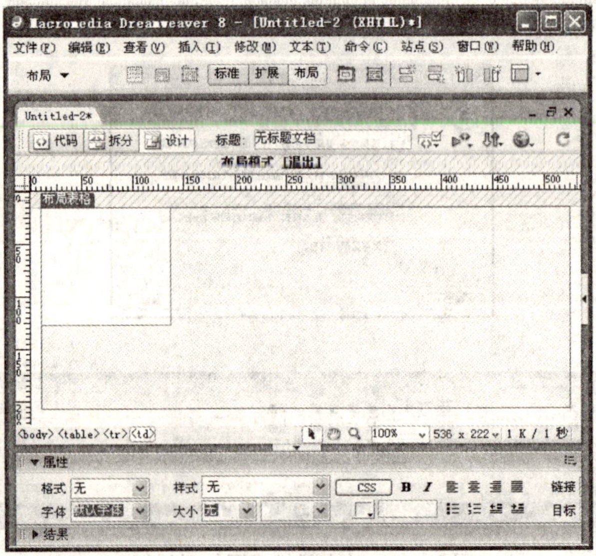

图 5－21　布局单元格

按同样的方法，继续画出 Banner 和导航条的单元格，如图 5－22 所示。

之后，用同样的方法绘制出其他单元格。

步骤四：绘制结束后，单击“标准”按钮退出布局模式，向每个单元格输入数据。

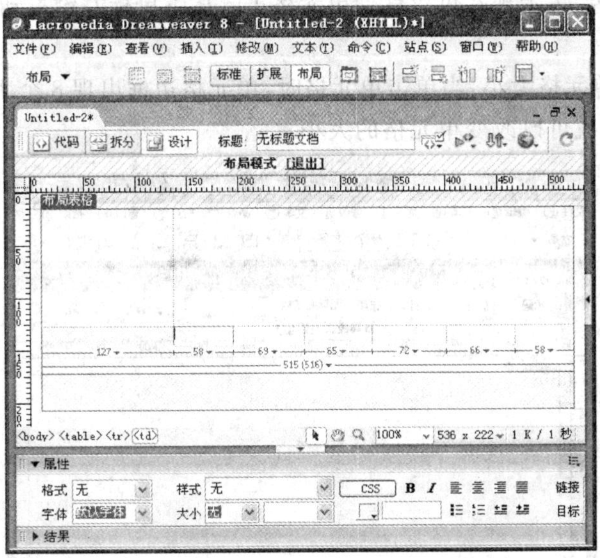

图 5－22　绘出 Logo Banner 和导航条单元格

说明：

(1) 移动单元格：当鼠标指针靠近单元格边框时，如图 5－23 所示，边框颜色

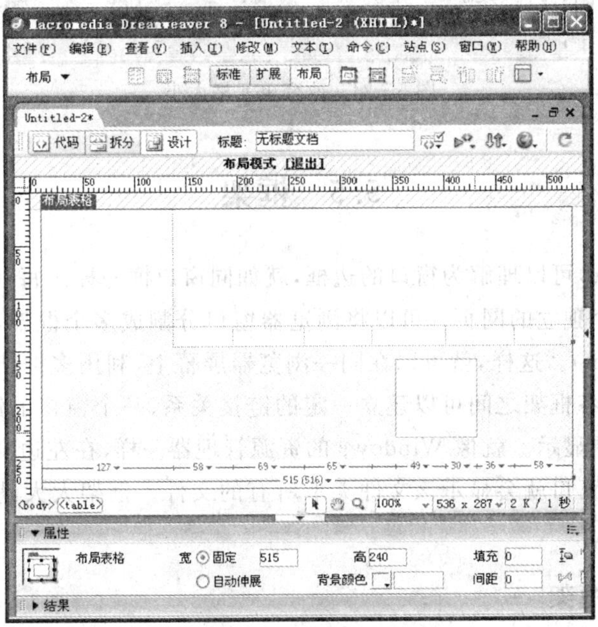

图 5－23　移动单元格

由绿色变为红色，表示现在可以移动单元格了。按下鼠标左键拖动单元格，将其放置到新的位置。

(2) 改变单元格大小：当单击单元格时，单元格边框出现8个手柄，如图5－24所示，拖动手柄就可以改变单元格的大小。

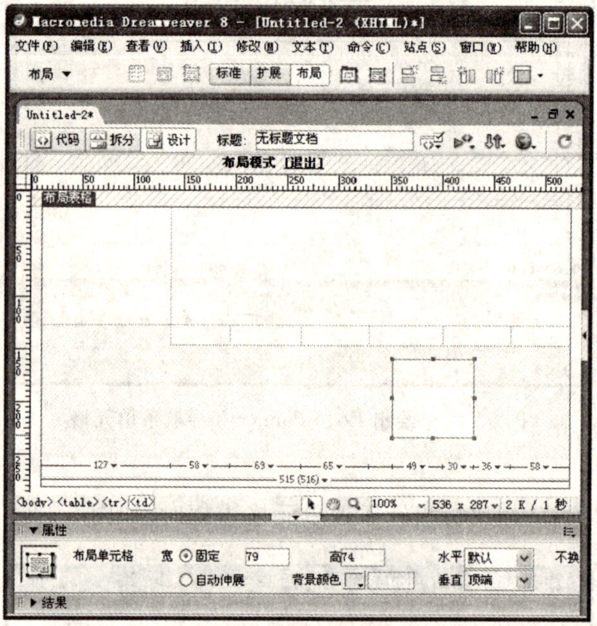

图5－24 改变单元格大小

5.5 框架

框架(frame)可以理解为窗口的边框，就如同窗户框一样。每一个框架(窗口)内可以显示一个独立的网页。可以将浏览器窗口分割成多个框架，组成一个框架的集合(frameset)。这样，就可以在同一浏览器屏幕上，利用多框架同时显示多个网页了。而且，各框架之间可以建立一定的链接关系，一个窗口的链接内容，可以在另一个窗口中显示。就像Windows的资源管理器一样，在左边窗口选中某个文件夹时，在右边窗口就会显示该文件夹下所有的文件。框架大大满足了一些管理类网站的需求。

5.5.1 创建框架

在页面中创建框架可以使用Dreamweaver工具。在“布局”工具栏上选择框架“”工具。这时打开框架下拉列表框，在列表框中有各种类型的框架结构供选择，如图 5－25 所示。

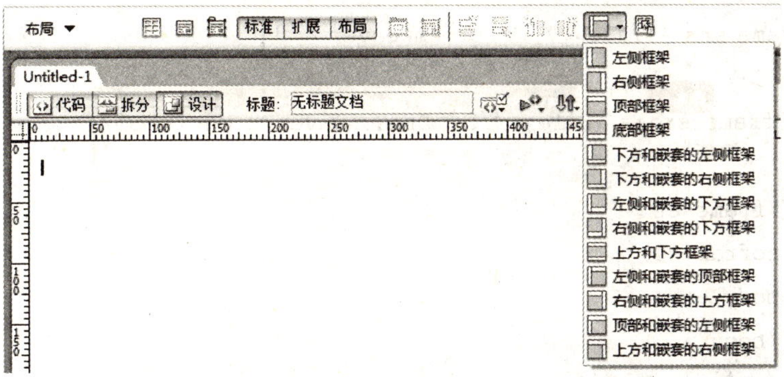

图 5－25　创建框架

例如，我们选择第 1 个选项“左侧框架”，单击该选项后屏幕被分割为左、右两个部分，如图 5－26 所示。

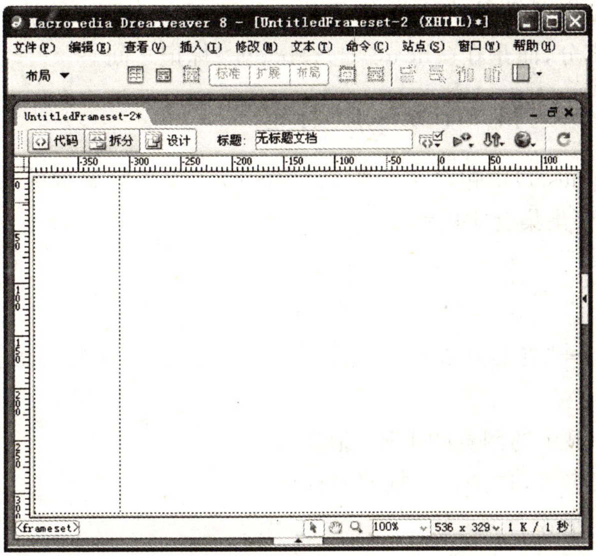

图 5－26　左侧框架

这时，切换到“代码”视图，可以看到代码如下：

```
<html xmlns="http://www.w3.org/1999/xhtml">
  <head>
<title>无标题文档</title>
```

```
    </head>
    <frameset cols="80, * " frameborder="no" border="0" framespacing="0">
   <frame src="file:///C|/Dreamweaver 8/UntitledFrame-2" name="leftFrame"  />
    <frame src="file:///C|/Dreamweaver 8/Untitled-1" name="mainFrame"  />
    </frameset>
    <noframes>
    <body>
    </body>
    </noframes>
   </html>
```

该代码显示出框架的基本结构。其中，<frame>为框架标记，<frameset>为框图架集标记。<noframes> … </noframes>中的内容显示在不支持框架的浏览器窗口中。可以看到，框架定义语句的位置不在 HTML 的头部(head)，也不在主体(body)部分，而是在<head>与<body>标记之间。

5.5.2 <frame>和<frameset>标记

框架集(frameset)中包含多个框架(frame)。这些框架的分布结构由框架集决定，框架是框架集集合中的元素。

1. 框架标记

格式：

```
<frame src="页面URL地址"name="框架名称"  框架属性名="属性值">
```

其中：

Src:框架中显示的网页的 URL 地址；

Name:框架名称，这是每个框架的标识。

框架属性包括：

frameborder="yes|no"	框架边框，其值为 yes 或 no
bordercolor="#FF0000"	边框颜色
id=""	框架 ID 标识符
scrolling="no"	框架是否有滚动条，其值 yes 或 no
noresize="noresize"	框架是否可以改变大小，noresize 不可改变
title=""	框架标题

例如：编写代码设置框架有蓝色边框、标识符为“fr1”、有滚动条、可改变大小、标题为“左框架”。

```
<frame src="Frame-1.html" name="leftFrame" scrolling="yes" bordercolor="#0000ff" id="fr1" title="左框架" />
```

2. 框架集标记

格式：

```
<frameset cols|rows="80, *" rows="," 框架集属性="属性值">
</frameset>
```

其中：

cols 是将窗口左、右分割成框架。“80，*”表示左边框架宽 80px，右边为总宽度减去 80。如果分成多个框架，各个框架的宽度值间用逗号隔开。这个值还可以用“%”表示。

rows 是将窗口分成上、下两个框架。

框架集属性包括：

frameborder="no|yes"　　框架边框（yes 或 no）

bordercolor="颜色"　　边框颜色

framespacing="像素数"

例 5-12　制作一个顶端固定，下边左、右布局的“品”字形框架。

HTML 代码如下：

```
<html xmlns="http://www.w3.org/1999/xhtml">
<head>
  <title>上方固定左侧框架</title>
</head>
<frameset rows="80, *" cols="*" frameborder="yes" border="1">
  <frame src="Frame-1-top.html" name="topFrame" scrolling="No"/>
  <frameset cols="80, *" frameborder="yes" border="1">
    <frame src="Frame-1-left.html" name="leftFrame" scrolling="No" id="leftFrame"/>
    <frame src="Frame-1-right.html" name="mainFrame" id="mainFrame" />
  </frameset>
</frameset>
<body>
</body>
```

```
</html>
```

屏幕显示如图 5-27 所示。

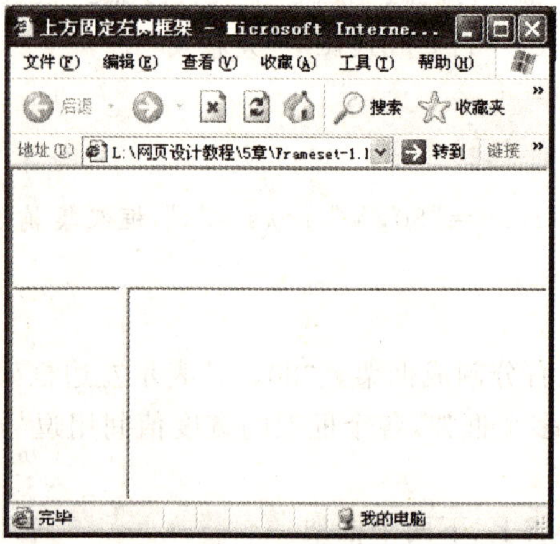

图 5-27 顶端固定左框架

5.5.3 框架超链接的使用

框架的作用主要是实现导航显示，即在某个框架窗口设置超级链接，而在另一个窗口中显示所链接的目的网页的内容。这里有两个要点，一是每个框架要有一个名称，二是超级链接中要使用 target 属性，指明每个目的网页将出现在其中的框架。

例如：若某框架窗口的名称为“main”，另一窗口中有一个超级链接，希望链接后的目标网页 xygk.html 出现在“main”窗口中。则超级链接代码如下：

```
<a href="ixygk.html" target="main">学院概况</a>
```

例 5-13 用框架结构制作西译学院网站。

框架网页代码如下：

```
<html xmlns="http://www.w3.org/1999/xhtml">
<head>
<title>框架</title>
</head>
<frameset rows="105, * " cols=" * " frameborder="yes" border="1"
framespacing="0">
  <frame src="Frame-2-top.html" name="topFrame" scrolling="No"
noresize="noresize" id="topFrame" title="topFrame" />
```

```
<frameset rows="*" cols="150,*" framespacing="0" frameborder="no" border="0">
    <frame src="Frame-2-left.html" name="leftFrame" scrolling="No" noresize="noresize" id="leftFrame" title="leftFrame" />
    <frame src="frame-2-right.html" name="mainFrame" id="mainFrame" title="mainFrame" />
  </frameset>
</frameset>
<body>
</body>
</html>
```

Frame-2-top.html 网页代码：

```
<html xmlns="http://www.w3.org/1999/xhtml">
<head>
<title>banner</title>
<style type="text/css">
<!--
.STYLE1 {
    font-family: "微软雅黑";
    font-size: 50px;
    color: #FFFFFF;
}
-->
</style>
</head>
<body bgcolor="#0033FF">
    <div align="center"><span class="STYLE1">西译学院网站</span> </div>
</body>
</html>
```

Frame-2-left.html 网页代码：

```
<html xmlns="http://www.w3.org/1999/xhtml">
<head>
<title>dh</title>
```

```
<style type="text/css">
<!--
.STYLE1 {
    font-size: 16px;
    font-weight: bold;
    color: #FFFF00;
}
a:link {
    color: #FFFFFF;
    text-decoration: none;
}
-->
</style>
</head>
<body bgcolor="#0099FF">
<p class="STYLE1"><u> 院系设置</u></p>
<p><a href="IMG_0442.JPG" target="mainFrame">信息工程学院
</a></p>
<p><a href="IMG_0445.JPG" target="mainFrame">国际关系学院
</a></p>
<p><a href="IMG_0449.JPG" target="mainFrame">经济管理学院
</a></p>
<p><a href="IMG_0457.JPG" target="mainFrame">外语学院</a>
</p>
<p>  </p>
</body>
</html>
```

Frame-2-right.html 网页代码：

```
<html xmlns="http://www.w3.org/1999/xhtml">
<head>
  <title>main</title>
</head>
<body bgcolor="#0066FF">
</body>
```

</html>

屏幕显示效果如图 5-28 所示。

图 5-28　框架结构网站主页

在本网页框架集中有 3 个框架。因此，该框架由 4 个网页文件组成：1 个框架结构网页，3 个位于各自框架中的网页 Frame-2-top. html、Frame-2-left. html 和 Frame-2-right. html。首次编辑存盘时需要保存 4 次文件。

5.5.4　内嵌框架标记

如果我们并不想分割页面，而只是想将链接的内容出现在指定的小窗口中，这时可以使用内嵌框架，内嵌框架的标记是<iframe>。

格式：

<iframe name="内嵌框架名称" 属性名="属性值"></iframe>

其中：

name：内嵌框架的名称。

属性包括：

src：　内嵌框架窗口中默认显示网页的 URL；

width：　内嵌框架的宽度；

height：　内嵌框架的高度；

align：　内嵌框架的对齐方式；

scrolling：　　　框架内滚动条，其值为 yes 或 no；

frameborder：　　框架的边框，其值为 yes 或 no。

例 5-14　用内嵌框架制作一个图片浏览器。

HTML 代码如下：

```
<html>
<body>
<center>
  <font face="隶书" size="6" color="#0000FF">图片浏览器
</font><br>
  <iframe name="nkj" height="200" width="300" src="CIMG0111.
JPG"></iframe><br>
  <a href="CIMG0083.JPG" target="nkj">[1]</a>
  <a href="CIMG0084_1.jpg" target="nkj">[2]</a>
  <a href="CIMG0086.JPG" target="nkj">[3]</a>
  <a href="CIMG0089.JPG" target="nkj">[4]</a>
  <a href="CIMG0123.JPG" target="nkj">[5]</a>
  <a href="CIMG0104.JPG" target="nkj">[6]</a>
  <a href="CIMG0124.JPG" target="nkj">[7]</a>
</center>
</body>
</html>
```

屏幕显示如图 5-29 所示。

图 5-29　用内嵌框架制作图片浏览器

本例中内框架的名称为“nkj”。在图片浏览器下方有一排数字，当单击数字时，内嵌框架中就会出现相应的图像，这里主要使用了<a>标记的 target 属性。例如，数字[1]的链接代码为：

```
<a href="CIMG0083.JPG" target
="nkj">[1]</a>
```

当单击[1]时，图像"CIMG0083.JPG"就会出现在由 target 所指定的窗口“nkj”中。

可以调节滚动条显示图像的所有部分。

习　题　5

一、单选题

1. 以下标记符中,用于定义一个单元格的是(　)。

A. <td> </td>　　B. <tr>…</tr>

C. <table>…</table>　　D. <caption>…</caption>

2. 在表格中,用于表示合并两行的属性是(　)。

A. colspan　B. rowspan　C. colsspan　D. rowsspan

3. 用于定义表格边框宽度的属性是(　)。

A. border　B. align　C. borderColor　D. bgColor

4. 在表格中,用于表示对齐方式的属性是(　)。

A. valign　B. width　C. align　D. height

5. 在表格中,用于表示表格宽度的属性是(　)。

A. valign　B. width　C. align　D. height

6. 用于设置表格的背景图片的属性是(　)。

A. background　B. color　C. bgcolor　D. backcolor

7. 在单元格中,用于表示垂直对齐的属性是(　)。

A. valign　B. width　C. align　D. height

8. 用于设置单元表格的背景颜色的属性是(　)。

A. background　B. color　C. bgcolor　D. backcolor

9. 在表格中用于设置一行的背景颜色的属性是(　)。

A. background　B. bgcolor　C. color　D. width

二、阅读下列代码,试画出代码运行后,在网页中显示的表格格式。

```
<html>
<body>
<table width="200" border="1">
  <tr>
    <td width="57">单元格一</td>
    <td width="59">单元格二</td>
    <td width="62"  rowspan="3">单元格三</td>
  </tr>
  <tr>
    <td colspan="2">单元格四</td>
```

```
  </tr>
  <tr>
    <td>单元格五</td>
    <td>单元格六</td>
  </tr>
</table>
</body>
</html>
```

三、填空

请根据网页显示的效果图，将 HTML 代码中(n)处的标记填写出来。

效果图：

姓名	职业
张三	公务员
李四	教师

HTML 代码：

```
<html>
<head>
<title>表格</title>
</head>
<body>
<(1)  width="200" border="1">
  <tr>
    <(2) >姓名</th>
    <th>职业</th>
  </tr>
  <tr>
    <td>张三</td>
    <td>公务员</td>
  </tr>
  <(3) >
    <(4)>李四</td>
    <td>教师</td>
  </tr>
</table>
```

```
</body>
</html>
```

四、制作如下课程表。

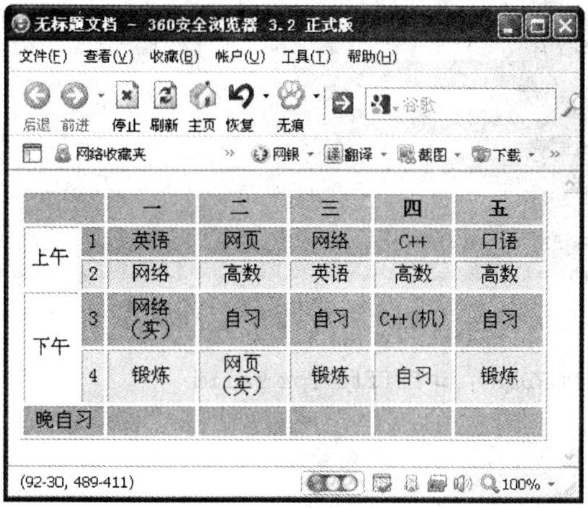

图 5 - 30　课程表

实　训　5

1. 下图显示的是卡片式导航页面。当单击卡片标签时,就会切换卡片页面。如图 5 - 31 所示。这里在一个<table>中使用了 4 个<tbody>,每一时刻只能显示一个<tbody>,其余不可见。单击标签时切换卡片的动作是通过一个 Java Script小程序实现的。

要求:阅读代码,回答以下问题:

(1) 表体<tbody>是如何显示和隐藏的?

(2) 卡片切换的原理是什么?

HTML 代码如下:

```
<html>
<head>
<style>
.sec1 {
    BORDER-RIGHT: gray 1px solid; BORDER-TOP: #ffffff 1px solid; BOR-
DER-LEFT: #ffffff 1px solid; CURSOR: hand; COLOR: #FFFFFF; BACKGROUND-
```

图 5-31 卡片式导航

```
COLOR: #bdb76b; BORDER-: #ffffff 1px solid
    }
    .sec2 {
        BORDER-RIGHT: gray 1px solid; BORDER-TOP: #ffffff 1px solid; FONT-WEIGHT: bold; BORDER-LEFT: #ffffff 1px solid; CURSOR: hand; COLOR: #FFFFFF; BACKGROUND-COLOR: #a2cd5a
    }
    .main_tab { COLOR: #FFFFFF; BACKGROUND-COLOR: #a2cd5a}
    </style>
    <script language=javascript>
    function secBoard(n)
    {
      for(i=0;i<secTable.cells.length;i++)
        secTable.cells[i].className="sec1";
      secTable.cells[n].className="sec2";
      for(i=0;i<mainTable.tBodies.length;i++)
        mainTable.tBodies[i].style.display="none";
      mainTable.tBodies[n].style.display="block";
    }
    </script>
    <meta content="MSHTML 6.00.2900.3354" name=GENERATOR></head>
    <body>
    <table id=secTable cellSpacing=0 cellPadding=0 width=600>
```

```
    <tbody>
    <tr style="FONT-SIZE: 16px" align=middle height=20>
      <td class=sec2 onclick=secBoard(0) width="10%">本人情况
</td>
      <td class=sec1 onclick=secBoard(1) width="10%">家庭地址
</td>
      <td class=sec1 onclick=secBoard(2) width="10%">入学成绩
</td>
      <td class=sec1 onclick=secBoard(3) width="10%">学院专业
</td></tr></tbody></table>
  <table class=main_tab id=mainTable height=400 width=600>
    <tbody style="DISPLAY: block">
      <tr class=css3>
        <form name=form1 action="" method=post>
        <td>
          <p>姓　　名 <input size=8 name=xm> </p>
          <p>性　　别 <input type=radio value=男 name=xb>男
<input type=radio
          CHECKED value=女 name=xb> 女
          <p>出生年月 <input name=csny>
          <p>籍　　贯 <input name=jg>
          <p>政治面貌 <input name=zzmm>
          <p>电　　话 <input name=dh>
          <p>健康状况 <input size=4 name=jkzk></p>
      </td>
      <td >
          <p><img src="学生登记卡2.files/1.jpg"></p>
          <p> </p>
          <p> </p>
        </td>
        </form>
    </tr>
  </tbody>
    <tbody style="DISPLAY: none">
```

```
    <tr>
      <td>
        <form name=form2 action="" method=post>
        <p> </p>
        <p>父亲姓名  <input id=fq name=fq> 工作单位 <input id=gzdw1 size=30 name=gzdw1></p>
        <p>母亲姓名  <input id=mq name=mq> 工作单位 <input id=gzdw2 size=30 name=gzdw2></p>
        <p>家庭住址  <input size=60 name=jtzz></p>
        <p>电话号码  <input id=dhhm name=dhhm> </p>
        <p>邮政编码  <input id=yzbm name=yzbm> </p>
        <p><br></p>
        </form>
      </td>
    </tr>
  </tbody>
 <tbody style="DISPLAY：none">
      <tr>
        <td  class=css3 >
        <form action="" method=post>
          <p>语文 <input size=5 name=yw> </p>
          <p>数学 <input id=sx size=5 name=sx> </p>
          <p>英语 <input id=yy size=5 name=yy> </p>
          <p>物理 <input id=wl size=5 name=wl>
             地理 <input id=di size=5 name=di></p>
          <p>化学 <input id=hx size=5 name=hx>
             历史 <input id=ls size=5 name=ls></p>
        </form>
        </td>
      </tr>
  </tbody>
    <tbody style="DISPLAY：none">
      <tr>
        <td class=css3>
```

```
        <form action="" method=post>
          <p>学　院 <input id=xy name=xy> </p>
          <p>专　业 <input id=zy name=zy></p>
          <p>班　级 <input id=bj name=bj> </p>
          <p>学　号 <input id=xh name=xh> </p>
          <p>宿　舍 <input id=ss name=ss> </p>
          <p>IC 卡号 <input id=IC name=IC> </p>
        </form>
      </td>
    </tr>
  </tbody>
</table>
</body>
</html>
```

关键词　table、tbody、cells、tbodies、style.display

编程思路

2 个表格,一个用来作选项卡标签,另一个显示每个卡片的内容。主要是通过控制表格体的可见性来达到卡片切换的目的。这是一个利用视图状态的概念来解决问题的案例。

编程技巧

(1) 本例有 4 个标签页。主表格(id=mainTable)中包含 4 个体(tbody),每个表格体为 1 页。如果不设置可见性时,4 个表格体的内容在同一页面中按从上到下顺序显示。本例中通过设置 tbody 的样式的可见性,令未选中的表格体不可见(style.display="none"),选中的表格体可见(style.display="block")。

(2) 次表格(id=secTable)为 1 行 4 格,每格是一个标签,分别与主表格中相对的页面对应。当前(被选中)标签的背景色与主表格背景色同,其他标签背景为另一种颜色。本例中用.sec2 表示被选中标签的样式,用.sec1 表示未被选中的标签的样式。

(3) 两个表格如何同时动作?可以定义一个函数,例如名为 secBoard(n)。当单击(onClick)次表格中某个标签时,刷新标签背景色,让选中标签背景色与主表格同,其他标签背景色与主表格底色不同。同时,切换显示主表格中对应的表格体。

(4) 刷新标签、刷新主表格页面的方法基本相同。先用循环语句设置集合(数组)中的所有元素相同,然后再重新定义被选中的不同元素。

补充知识

(1) 表格体标记＜tbody＞

＜tbody＞标记定义一段表格主体。一般情况下表格中可以不使用。

使用 ＜tbody＞ 标签，可以将表格中的一行或几行合成一组，作为一个单独的部分。

在一个表格中可以包含一个或更多个 ＜tbody＞ 标签。可以通过定义样式中的 display 属性，来决定表体的可见（block）与不可见（none），从而实现卡片的切换。

(2) 单元格集合（cells）与表格体集合（bodies）

表格对象有单元格集合（cells）。可以通过数组对每一个单元格操作。数组的下标起始值为 0。单元格的总数可以通过该集合的长度属性（cells. length）来获取。

如果表格对象包含有 2 个以上表格体（tbody）时，可以通过数组对表格体集合进行操作。数组的下标起始值为 0。表格体的总数可以通过该集合的长度属性（tBodies. length）来获取。

第6章　表单与特殊对象

本章内容：

表单标记；

<input>表单标记；

列表/菜单；

文本域；

滚动字幕；

<object>标记。

6.1　创建表单

表单是网页的重要元素。当我们在网上输入用户名称和密码登录网站的时候，当我们申请电子邮箱填写表格的时候就已经在使用表单了。表单的作用就是收集用户信息，将这些信息提交给服务器，从而实现用户与服务器之间的交互。

6.1.1　表单标记

格式：

```
<form id="form1" name="form1" method="post" action="URL">
  …
</form>
```

其中：

action：服务器端接收表单数据的应用程序文件名称。“URL”就是负责处理表单数据程序的URL地址。

method：表单向服务器提交数据时所使用的方法。有两种提交方法：post和get。默认值是post方法。使用get方法时，是将表单数据附加在action属性所指定的URL地址之后，并在URL地址和表单数据之间加一个“?”分隔符，而表单的各数据项之间用“&”隔开，然后将所形成的地址字符串发送给服务器。如：

http://localhost/chuli.asp? username=rxq8888&password=12345678

显然,get 方法保密性不好,而且一般不宜传输大量的数据。使用 post 方法就能克服这些弊病。

例如:要将当前表单数据提交给服务器端 chuli.asp 进行处理,代码为:

<form method="post" action="chuli.asp">

name:表单的名称。

id:表单的标识符。

有了名称或标识符就可以将表单作为对象进行编程操作。同时,也可以区别同一网页中的不同表单。

6.1.2 用 Dreamweaver 创建表单

在“插入”工具栏中选择“表单”工具,则工具栏中出现“表单”工具,如图 6-1 所示。

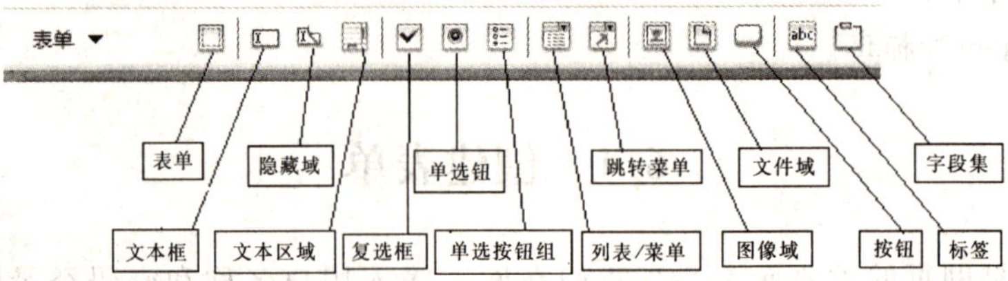

图 6-1 表单工具栏

在表单工具栏中单击表单工具“□”按钮,则在编辑窗口里出现一个红色的虚线方框,如图 6-2,这就是表单。

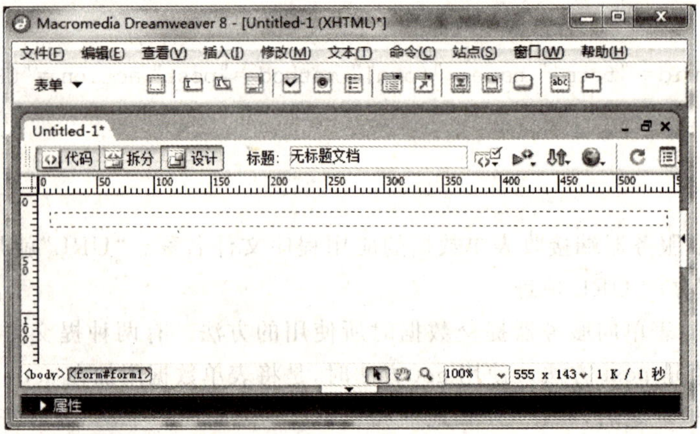

图 6-2 表单

以后输入的所有表单元素都必须出现在这个红色虚线框内，否则，虚线方框外的元素的值可能无法向服务器提交。请注意，一个表单只能有一个红色虚线方框。初学者最容易犯的错误，就是在每个表单元素外有一个红色方框。出现这种错误的时候，可以打开后台代码修改，只保留最外层的<form></form>标记，其余的<form>标记全部删除。

6.2　表单对象

表单相当于一个载体，必须在表单中添加界面对象，才能实现提交数据的目的。大部分表单对象的代码都是<input>标记，只是通过类型(type)属性的不同来区分它们。

6.2.1　文本框

文本框用来输入文本数据。用<input>标记，类型(type)为 text。

格式：

```
<input type="text" name="名称" size="n" maxlength="m" />
```

其中：

name：文本框的名称。这实际上是个变量名，文本框中输入的值将赋给该变量。不可省略。

size：文本框的宽度，用字符个数 n 来表示。可省略。

maxlength：文本框中最多输入的文字数 m。可省略。

例 6-1　表单中输入姓名。文本框名称为 name，宽度为 20 个字符。

HTML 代码如下：

```
<html>
<head>
  <title>输入姓名</title>
</head>
<body>
<form id="form1" name="form1" method="post" action="">
  姓名：
  <input type="text" name="name"  size="20" />
</form>
</body>
</html>
```

浏览器中显示结果如图 6-3 所示。

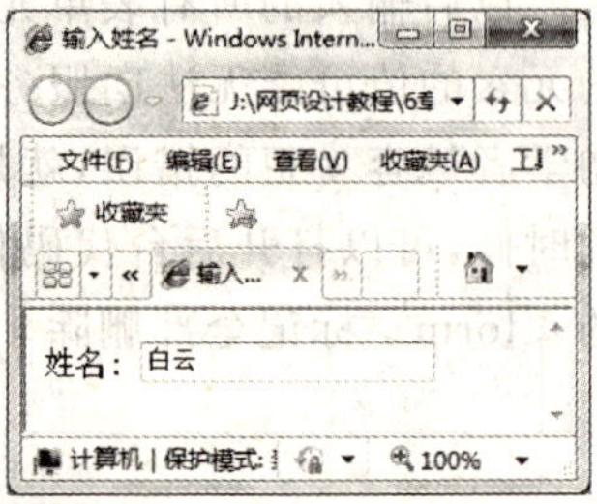

图 6-3　文本框输入姓名

6.2.2 密码框

密码框用来输入密码。用<input>标记，类型(type)为 password。

密码框与文本框的区别，是用户输入数据时屏幕上只显示“*”，看不见内容。

格式：

<input name="名称" type="password" size="n" maxlength="m">

其中：

name：密码框的名称，即密码变量，输入的密码的值就保存在该变量中，不可省略。

size：密码框的宽度，n 为字符数。

maxlength：输入的最多字符数 m，可以限制字符串的最大长度。

例 6-2　表单中输入密码。密码框的名称为 pwd，最大宽度为 18 个字符。

HTML 代码如下：

```
<html>
<head>
  <title>输入密码</title>
</head>
<body>
<form id="form1" name="form1" method="post" action="">
  姓名：<input type="text" name="name"  size="20" /><br>
  密码：<input name="psd" type="password" size="20" maxlength=
"18"><br>
</form>
</body>
</html>
```

程序运行效果如图 6-4 所示。

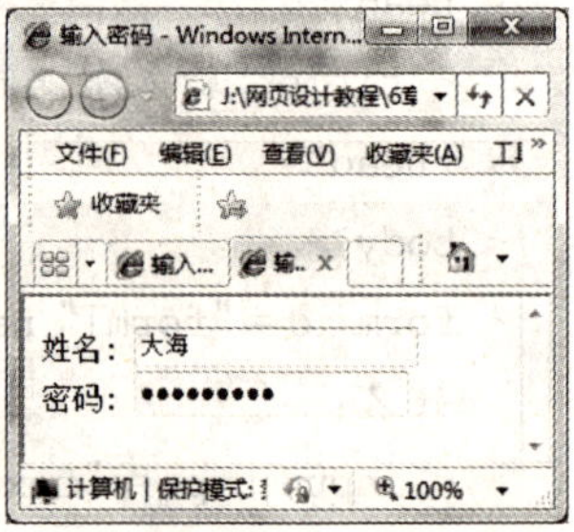

图 6-4　密码框的使用

文本框和密码框也可以用 Dreamweaver 来生成。

步骤一：在图 6-2 的界面中，在红色虚线框(表单)中，输入“姓名”两个字，然后单击“表单”工具栏中“文本字段”按钮“☐”。这时，在“姓名”二字后面出现文本框,如图 6－5 所示。

步骤二:在屏幕下方属性面板中,“文本域”名称处输入“name”,在“字符宽度”处输入“20”,“类型”单选组中选择“单行”单选钮,如图 6－5 所示。

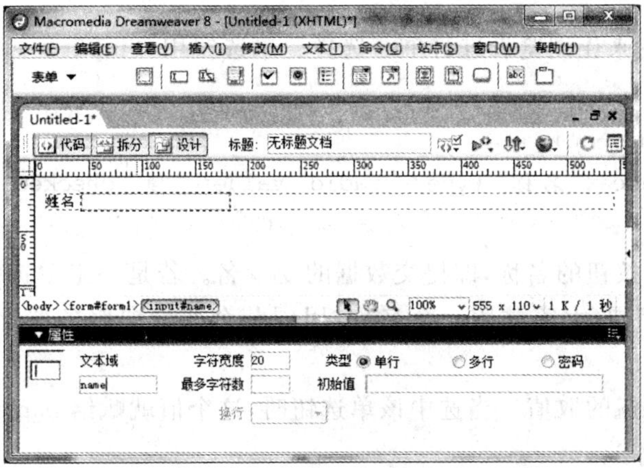

图 6－5　输入姓名

步骤三:制作密码框。在图 6－5 文本框后回车,在新的一行输入“密码”二字,然后再一次在表单工具栏单击“文本字段”按钮“”,在“密码”二字后面出现一个文本框。在“文本域”名称中输入 pwd,“字符宽度”为 20,“类型”选择“密码”单选钮,如图 6－6 所示。

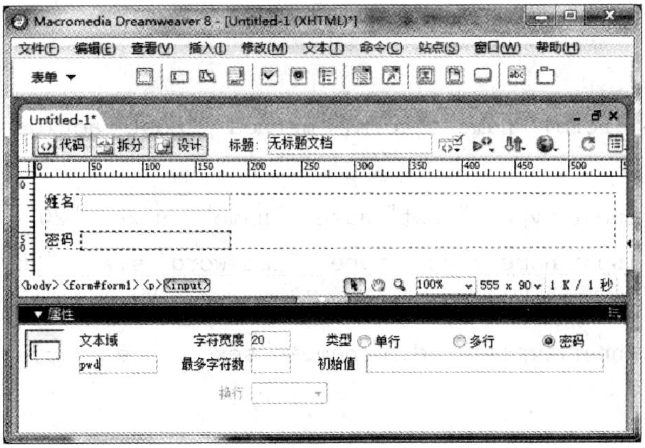

图 6－6　输入密码框

从上面操作可见,制作“文本框”和“密码框”的方法基本相同,都是单击“文本字段"按钮。所不同的是，在属性面板中，文本框的类型是"单行"，密码框的类型是"密码"。

6.2.3 单选钮

单选按钮用来让浏览者进行单一选择。单选钮用<input>标记，类型(type)为"radio"。

格式：

```
<input name="名称" type="radio" value="值" checked> 提示信息
```

其中：

name：单选按钮的名称，即提交数据的变量名。若是一组单选钮，则每个单选钮的名称都应相同，大家共用一个名称，用同一个变量向服务器提供数据。不可省略。

value：单选钮的取值。当选中该单选钮时，这个值就赋给 name 变量传送给服务器。不可省略。

checked：默认情况下，该对象被选中。

提示信息：单选钮旁的提示信息，注明该单选钮的含义。

例 6-3 单选钮的使用。

HTML 代码如下：

```
<html>
<head>
  <title>输入密码</title>
</head>
<body>
<form id="form1" name="form1" method="post" action="">
  <p>
  姓名：<input type="text" name="name"  size="20" > <br>
  密码：<input name="psd" type="password" size="20"><br>
  性别：<input name="sex" type="radio" value="男" checked> 男
       <input type="radio" name="sex" value="女">女<br>
  </p>
</form>
</body>
</html>
```

屏幕显示效果如图 6-7 所示。

思考：如果几个单选钮使用不同名称，结果会是什么样？

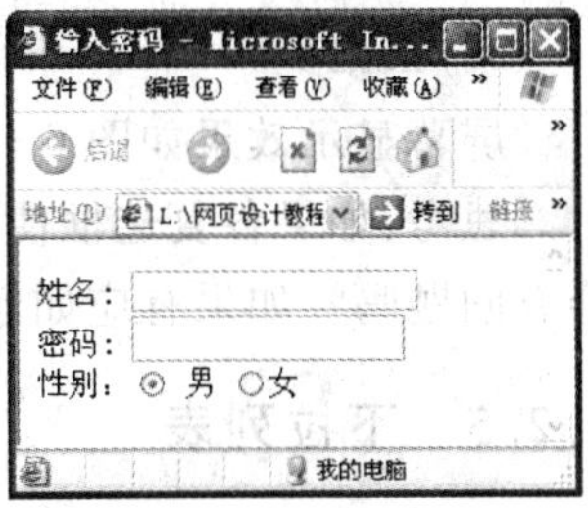

图 6-7　单选钮

6.2.4 复选框

在表单中如果要进行多种选择时可用复选框。复选框用<input>标记，类型(type)为“checkbox”。

格式：

```
<input type="checkbox" name="ah1" value="值"> 提示信息
```

其中：

name：复选框名称，实际上是传送给服务器的变量名称。一组复选框中各个复选框的名称不能相同，一个变量只能赋一个值。要想同时选中多个选项，向服务器提交多个值，就应当使用多个变量，即用多个复选框名称。

value：复选框的取值。不可省略。

提示信息：复选框旁提示信息，便于用户选择。

例 6-4　复选框的应用。

HTML 代码如下：

```
<html>
<head>
  <title>输入密码</title>
</head>
<body>
<form id="form1" name="form1" method="post" action="">
  <p>
  姓名：<input type="text" name="name"  size="20" /><br>
  密码：<input name="psd" type="password" size="20"><br>
  性别：<input name="sex" type="radio" value="男" checked> 男
        <input type="radio" name="sex" value="女">女<br>
  爱好：<input type="checkbox" name="ah1" value="读书"> 读书
        <input type="checkbox" name="ah2" value="游泳">游泳
        <input type="checkbox" name="ah3" value="音乐">音乐
        <input type="checkbox" name="ah4" value="旅游">旅游
  </p>
  </form>
```

```
</body>
</html>
```

屏幕显示效果如图 6－8 所示。

思考：如果各复选框使用同一个名称，结果会有问题吗？如果有应如何解决？

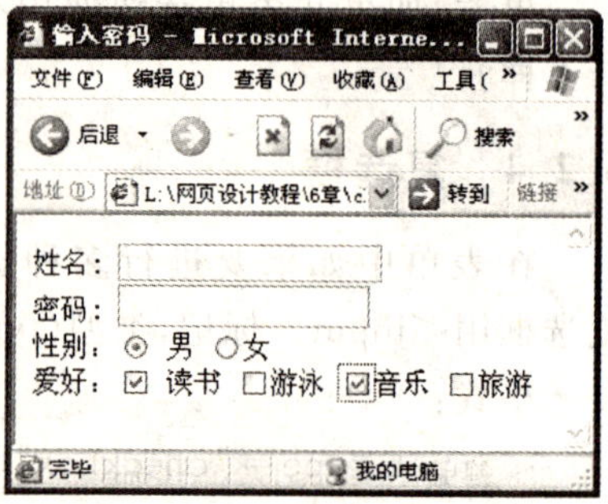

图 6－8 复选框

6.2.5 下拉列表

下拉列表是一种节省空间的选择方式。一般情况下只显示一个默认的选项，当单击列表按钮时会展开显示全部选项。下拉列表标记为 <select>，具体选项用 <option> 标记。

格式：

```
<select name="名称">
    <option value="值 1" >提示信息 1</option>
    <option value="值 2" selected >提示信息 2</option>
    …
    <option value="值 3">提示信息 3</option>
</select>
```

其中：

name：下拉列表名称，即向服务器提交信息的变量名称。不可省略。

value：列表项值。若某选项被选中，该列表项的值将赋给下拉列表变量，并传送到服务器。

selected：默认被选中的选项。

提示信息：出现在屏幕上以供用户选择的列表项内容。

例 6－5 下拉列表的应用。

HTML 代码如下：

```
<html>
<head>
  <title>输入密码</title>
</head>
<body>
<form id="form1" name="form1" method="post" action="">
  <p>
  姓名：<input type="text" name="name"  size="20" /> <br>
```

```
密码：<input name="psd" type="password" size="20"><br>
性别：<input name="sex" type="radio" value="男" checked> 男
      <input type="radio" name="sex" value="女">女<br>
爱好：<input type="checkbox" name="ah1" value="读书"> 读书
      <input type="checkbox" name="ah2" value="游泳">游泳
      <input type="checkbox" name="ah3" value="音乐">音乐
      <input type="checkbox" name="ah4" value="旅游">旅游<br>
籍贯：<select name="jg">
      <option value="陕西" >陕西</option>
      <option value="河南">河南</option>
      <option value="山西">山西</option>
      <option value="河北">河北</option>
      <option value="山东" selected >山东</option>
      </select>
  </p>
</form><br>
</body>
</html>
```

屏幕显示效果如图 6－9 所示。

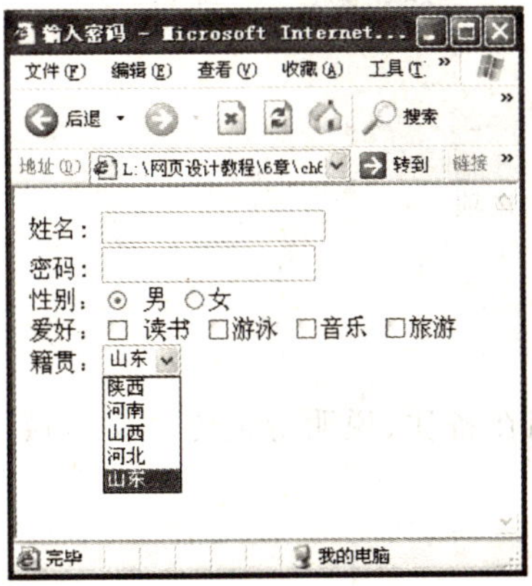

图 6－9　下拉列表的应用

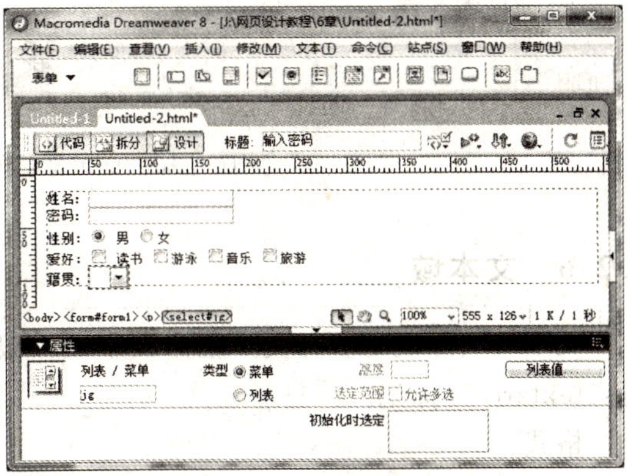

图 6－10　下拉列表控件

下拉列表用 Dreamweaver 工具制作很方便。

步骤一：移动光标到"籍贯："之后。单击工具栏上的"列表/菜单"按钮"　"，则编辑窗口"籍贯"二字后出现下拉列表控件，如图 6－10 所示。

步骤二：选中“列表/菜单”控件，在属性窗口中修改其名称为“jg”。单击“列表值…”按钮“列表值...”，打开列表值对话框，如图 6－11 所示。

步骤三：在图 6－11 对话框中设置列表框的项目标签（提示信息）和值（value）。项目标签是下拉列表上让用户看到的提示信息，而真正提交的数据是值（value），二者都必须填写。不写“项目标签”用户看不到选择的项目内容，不输入值则提交不了数据，这是初学者最容易忽略的地方。填写好的“列表值”对话框如图 6－12 所示。

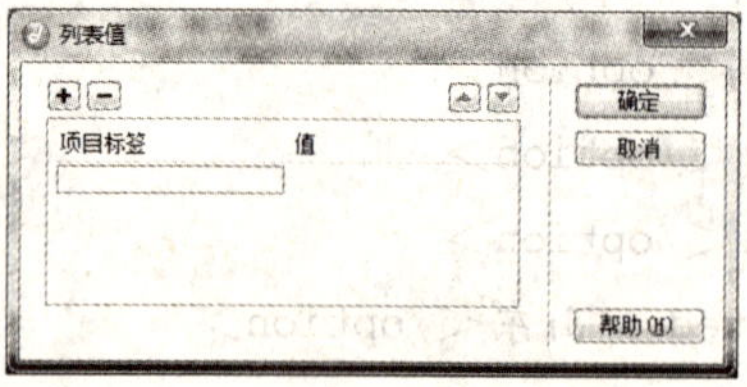

图 6－11　列表值对话框

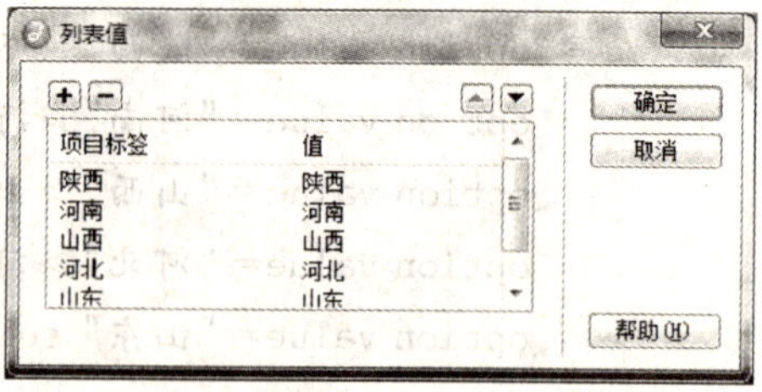

图 6－12　“列表值”对话框

在“列表值”对话框中按“确定”按钮，完成列表框的设置。

步骤四：若还要设置默认选项，则可以在属性面板“初始化选定”列表框中设定。假设默认初始选项为“山东”，则做如图 6－13 选定。

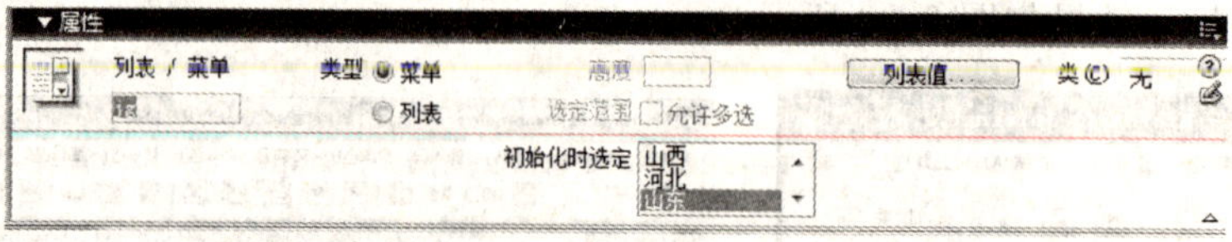

图 6－13　设定默认初始选项

6.2.6　文本域

文本域实际上是多行文本框。文本域一般用在备注、说明等地方。文本域使用<textarea>标记。

格式：

<textarea name="名称" cols="列宽字符数" rows="行数"></textarea>

其中：

name：文本域的名称，即提交数据的变量名称。

cols：文本域一行中可容纳字符的个数，即文本域的宽度。

rows:文本域中可显示字符的行数。若显示不下可移动滚动条显示。

例 6-6　给网页中添加备注(文本域)。要求每行可输入 30 个字符,同时显示 3 行。

HTML 代码如下:

```
<html>
<head>
  <title>输入密码</title>
</head>
<body>
<form id="form1" name="form1" method="post" action="">
  <p>
  姓名:<input type="text" name="name"  size="20" /> <br>
  密码:<input name="psd" type="password" size="20"><br>
  性别:<input name="sex" type="radio" value="男" checked> 男
       <input type="radio" name="sex" value="女">女<br>
  爱好:<input type="checkbox" name="ah1" value="读书"> 读书
       <input type="checkbox" name="ah2" value="游泳">游泳
       <input type="checkbox" name="ah3" value="音乐">音乐
       <input type="checkbox" name="ah4" value="旅游">旅游<br>
  籍贯:<select name="jg">
         <option value="陕西" >陕西</option>
         <option value="河南">河南</option>
         <option value="山西">山西</option>
         <option value="河北">河北</option>
         <option value="山东" selected >山东</option>
       </select><br>
  备注:<textarea name="bz" cols="30" rows="3" ></textarea>
  </p>
</form><br>
</body>
</html>
```

屏幕显示效果如图 6-14 所示。

如果用 Dreamweaver 工具制作文本域,与文本框的制作方法相同。只是在属性面板中"类型"选择"多行"单选钮,如图 6-15 所示。

图 6－14　文本域

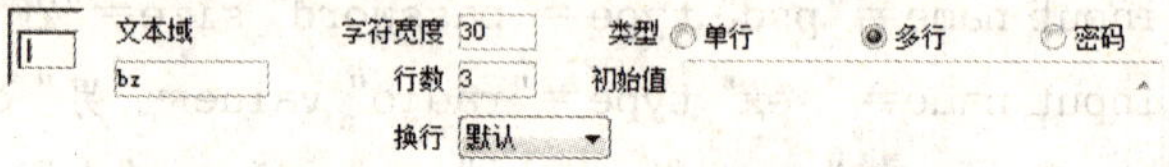

图 6－15　“多行”类型文本框就是文本域

6.2.7　提交按钮和重置按钮

表单数据的提交要靠“提交”按钮。提交按钮用<input>标记，类型(type)为submit。

格式：

<input type="submit" name="Submit" value="提交" />

其中：

value:提交按钮上的文字，内容不限，默认值为“提交”。

name:提交按钮的名称，一般不用。

表单数据重新录入时应先清除表单中的数据。这个工作就由“重置”按钮完成。重置按钮用<input>标记，类型(type)为reset。

格式：

<input type="reset" name="Submit2" value="重置" />

其中：

value:重置按钮上的文字，内容不限，默认值为“重置”。

例 6－7　在表单中加上“提交”和“重置”按钮。

HTML 代码如下：

```
<html>
<head>
  <title>输入密码</title>
</head>
<body>
<form id="form1" name="form1" method="post" action="">
  <p>
  姓名：<input type="text" name="name"  size="20" /> <br>
  密码：<input name="psd" type="password" size="20"><br>
  性别：<input name="sex" type="radio" value="男" checked> 男
        <input type="radio" name="sex" value="女">女<br>
  爱好：<input type="checkbox" name="ah1" value="读书">读书
        <input type="checkbox" name="ah2" value="游泳">游泳
        <input type="checkbox" name="ah3" value="音乐">音乐
        <input type="checkbox" name="ah4" value="旅游">旅游<br>
  籍贯：<select name="jg">
           <option value="陕西">陕西</option>
           <option value="河南">河南</option>
           <option value="山西">山西</option>
           <option value="河北">河北</option>
           <option value="山东" selected >山东</option>
        </select><br>
  备注：
  <textarea name="bz" cols="30" rows="3" ></textarea><br>
  <input type="submit" name="Submit" value="提交" />
  <input type="reset" name="Submit2" value="重置" />
  </p>
</form>
</body>
</html>
```

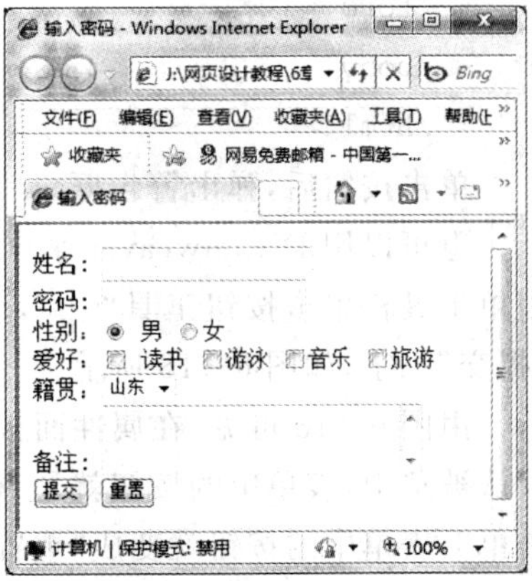

图 6-16　提交与重置按钮

屏幕显示效果如图 6-16 所示。

6.2.8 按钮

表单中还有一个普通按钮，使用<input>标记，类型(type)为 button。按钮的作用，主要是当单击事件发生时执行一段 Javascript 代码，实现某种动作。

格式：

```
<input type="button" name="Submit" value="按钮名称" onclick="处理程序" />
```

其中：

value：显示在按钮上的的文字，可以由用户随便输入。

onclick：单击事件。onclick 事件是设置当鼠标左键按下时所进行的处理。

name：按钮的名称。

例 6-8 按钮的使用。网页中有一个按钮，当单击此按钮时，屏幕会弹出一个信息框，上面有“你好！”字样。

HTML 代码如下：

```
<html>
<head>
  <title>问候</title>
</head>
<body>
<form id="form1" name="form1" method="post" action="">
  <input type="button" value="问候" onclick="javascript:alert('你好！')" />
</form>
</body>
</html>
```

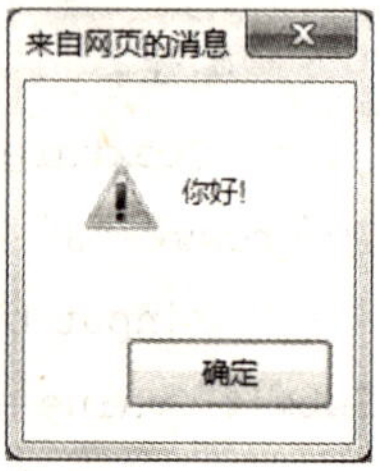

图 6-17

单击按钮后，弹出警告框，显示效果如图 6-17 所示。

也可以用 Dreamweaver 来创建提交、重置和普通按钮。在表单工具栏单击按钮工具“▭”，表单中出现一个按钮，上面有“提交”二字，如图 6-18 所示。

由图 6-18 可见，在属性面板中“动作”单选按钮有 3 个，其中提交表单按钮默认被选中，表单中的按钮就是“提交”按钮。这时，如果“动作”单选钮选中“重置表单”，表单中的按钮就变成“重置”按钮；如果选中“无”单选纽，表单中的按钮就变成普通的“按钮”了。

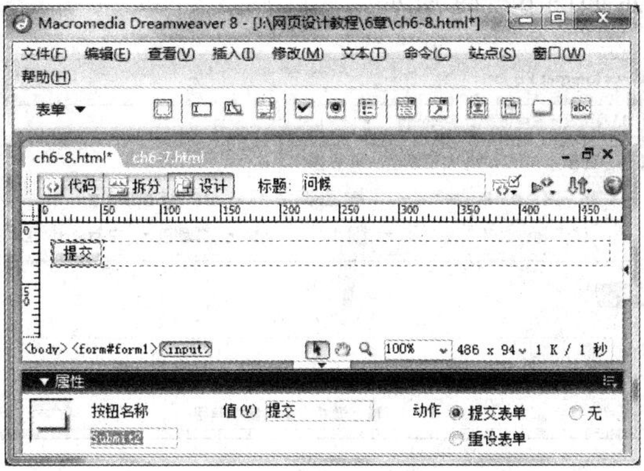

图 6-18　用工具创建各种按钮

6.2.9　图像域

图像域是指能起提交按钮作用的图片。如果用户觉得表单中用提交按钮比较单调,则可以用图像域。图像域也能提交表单,但是表面上它是一幅图像,不像按钮那样单调。图像域使用<input>标记,类型(type)是 image。

格式:

```
<input type="image" src="button-01.gif" name="img" >
```

其中:

src:图像的 URL 地址。

name:图像域的名称。

例 6-9　用图像域提交表单。表单提交给 abc.asp 文件来处理。

HTML 代码如下:

```
<html>
<head>
  <title>图像域</title>
</head>
<body>
<form id="form1" name="form1" method="post" action="abc.asp">
<input name="img" type="image" id="img" src="jnks/button-01 .gif" >
</form>
</body>
</html>
```

运行时屏幕显示如图 6-19 所示。

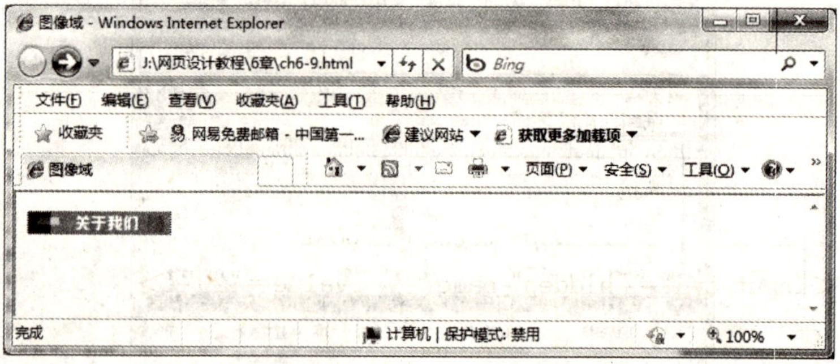

图 6-19　图像域

当单击上图中的图片时，提交表单，地址栏变成“J:\网页设计教程\6 章\abc.asp”，这说明表单已提交了，如图 6-20 所示。

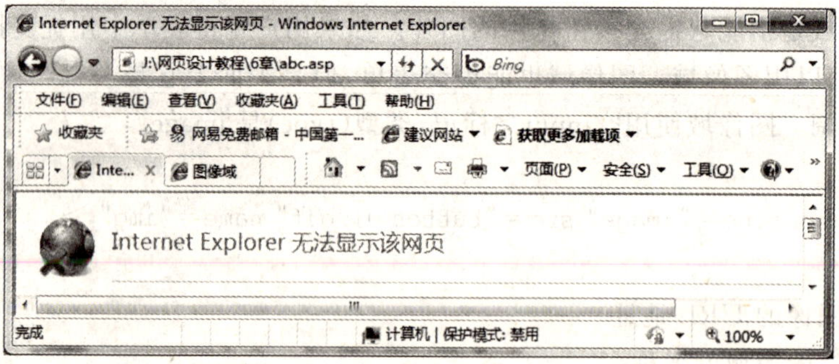

图 6-20　表单已经提交

6.2.10　隐藏域

隐藏域在屏幕上不可见。引入隐藏域的目的是为了收集和发送信息，以便于服务器端的程序来处理。当提交表单时，隐藏域中的信息也一同被提交。隐藏域使用<input>标记，类型(type)为 hidden。

格式：

<input type="hidden" name="名称" value="值">

其中：

name：隐藏域的名称，也是变量名，服务器端就是接受该变量的值。

value：隐藏域的值。该值是由 name 变量名携带提交给服务器的。

例 6-10　隐藏域的用法。

HTML 代码如下：

```
<html xmlns="http://www.w3.org/1999/xhtml">
<head>
    <title>隐藏域</title>
</head>
<body>
<form action="chuli.asp" method="post">
    <input type="hidden" name="x" value="20"/>
</form>
</body>
</html>
```

代码中加粗的部分就是隐藏域标记。当表单提交时,“x” 变量(等于 20)的值就会被提交。

6.2.11　文件域

文件域标记是上传文件时使用的。文件域由一个文本框和一个“浏览”按钮组成。用户可以将上传文件的路径、文件名直接输入到文本框,也可以单击“浏览”按钮选择输入文件地址。文件域使用<input>标记,类型(type)为 file。

格式：

```
<input type="file" name="文件域名" size="n" maxlength="m" >
```

其中：

n:文本框的宽度。

m:文本框中可以输入的最多字符数。

例 6-11　制作一个上传文件界面。

HTML 代码如下：

```
<html xmlns="http://www.w3.org/1999/xhtml">
<head>
    <title>隐藏域</title>
</head>
<body>
<form action="chuli.asp" method="post">
    <p>上传文件:<input type="file" name="wj" /></p>
    <p>
      <input type="submit" name="Submit" value="提交">
```

```
    <input type="reset" name="Submit2" value="重置">
  </p>
  <p>     </p>
</form>
</body>
</html>
```

屏幕显示结果如图 6-21 所示。

当单击"浏览"按钮时，打开浏览文件对话框，此时就可以选择要上传的文件了。

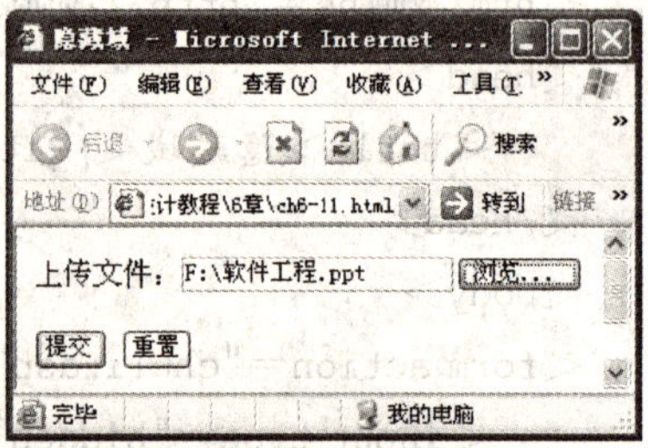

图 6-21 上传文件

6.3 网页中的特殊对象

6.3.1 <object>标记

object 标记功能很强，它可以播放音频、视频、flash 动画，可以在网页中插入特殊对象，运行扩展名为.exe、.com 等可执行文件。也可以像普通 HTML 标记那样插入图像、设置超级链接。

1. 播放声音

例 6-12 用<object>播放音乐。

HTML 代码如下：

```
<object classid="clsid:22D6F312-B0F6-11D0-94AB-0080C74C7E95">
  <param name="FileName" value="Sleep Away.mp3" />
</object>
```

屏幕显示如图 6-22 所示。

2. 播放视频

例 6-13 用<object>播放视频。

HTML 代码如下：

```
<object classid="clsid:22D6F312-B0F6-11D0-94AB-0080C74C7E95">
  <param name="FileName" value="MVI_0006.avi" />
</object>
```

屏幕显示如图 6-23 所示。

图 6 - 22

图 6 - 23

3. 插入图像

例 6 - 14　用<object>插入图像。

HTML 代码如下：

```
<object height="100%" width="100%"
  type="image/jpeg" data="luosang.jpg">
</object>
```

屏幕显示如图 6 - 24 所示。

图 6 - 24

4. 超级链接

例 6 - 15　用<object>超级链接。

HTML 代码如下：

```
<object type="text/html" height="100%"
width="100%" data="http://www.163.com">
</object>
```

屏幕显示如图 6 - 25 所示。

5. 运行可执行文件

例 6 - 16　用<object>执行可执行文件。在页面中插入计算器。

HTML 代码如下：

```
<html>
<body>
<object id=x classid=clsid:F935DC22-1CF0-11D0-ADB9-00C04FD58A0B>
</object>
```

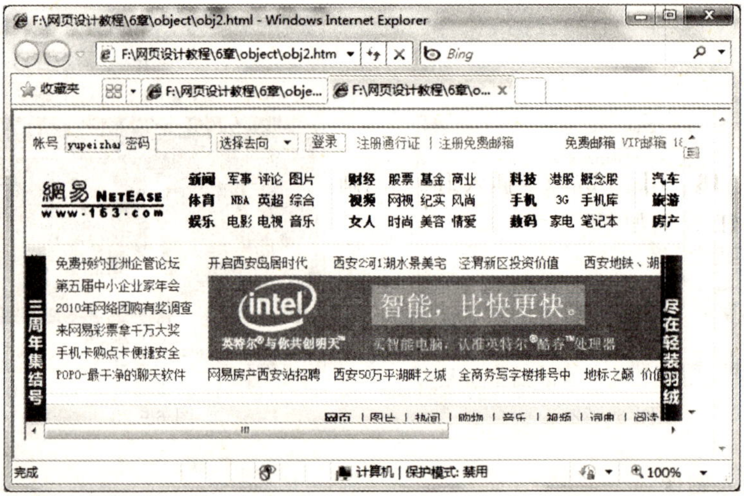

图 6－25

```
<script language=javascript>
  x.Run("calc.exe")
</script>
</body>
</html>
```

图 6－26　计算器

在浏览器打开时屏幕上会出现计算器，如图 6－26所示。

本例中利用<object>标记创建了 Windows 的脚本主机对象，命名为“x”，代码为：

```
<object id=x classid=clsid:F935DC22-1CF0-11D0-ADB9-00C04FD58A0B>
</object>
```

而脚本主机对象的方法 run()，可以运行可执行命令，即运行扩展名为.exe 的任何文件，例如 Windows 系统的计算器以及一系列游戏程序。本例在脚本中，用命令 x.Run("calc.exe")运行了计算器(calc.exe)程序。

例 6－17　插入日历。

HTML 代码如下：

```
<object width="100%" height="80%" classid="clsid:8E27C92B-1264-101C-8A2F-040224009C02">
    <param name="BackColor" value="14544622">
```

```
    <param name="DayLength" value="1">
</object>
```

屏幕显示如图 6-27 所示。

6. 插入 flash 动画

例 6-18 用<object>插入 flash 动画。

HTML 代码如下：

```
<object classid="clsid:D27CDB6E-AE6D-11cf-96B8-444553540000" width="150" height="150" codebase="http://download.macromedia.com/pub/shockwave/cabs/flash/swflashcab#version=7,0,19,0">
    <param name="movie" value="clock.swf">
    <embed src="clock.swf"></embed>
</object>
```

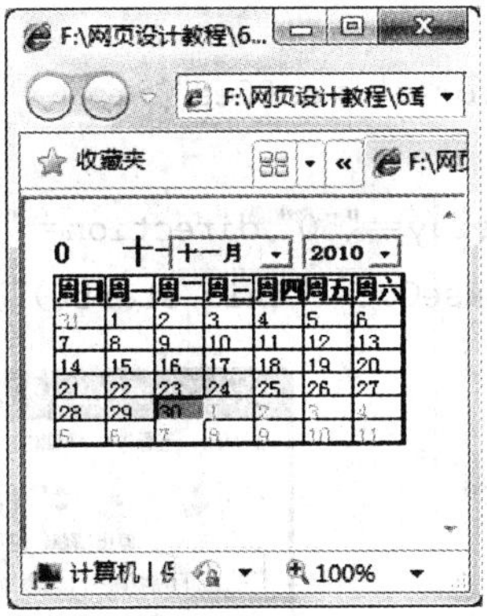

图 6-27

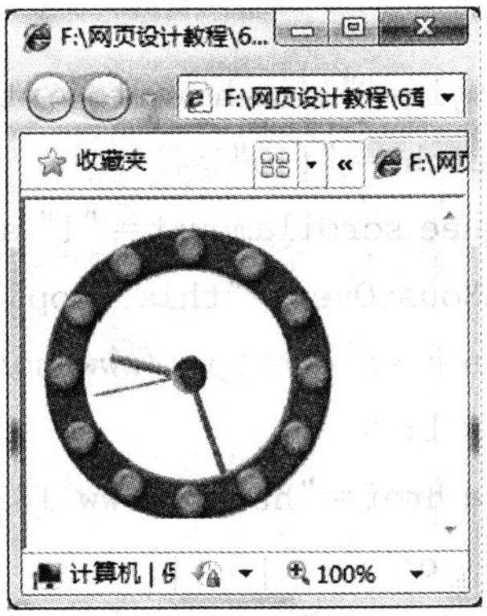

图 6-28

6.3.2 <marquee>标记

滚动字幕标记。能在屏幕上形成滚动的字幕。

格式：

```
<marquee direction="方向" behavior="方式" scrollamount="n" scrolldelay="m">
```

其中：

direction：字幕滚动的方向：left、right、up、down。

behavior：滚动的方式，scroll（从一端滚动到另一端）、alternate（往复滚动）、slide（从一端滚动到另一端停下来）。

scrollamount：每步滚动跨出的像素个数。

scrolldelay：每次滚动前停留延迟的时间(毫秒)。

loop：滚动的次数。

例 6－19 在网页中制作一个友情链接滚动框，当鼠标移近滚动框时暂停滚动，鼠标离开时继续滚动。

HTML 代码如下：

```
<html>
<body bgcolor="#FFFFFF" text="#000000">
<table width="176" bgcolor="#339999" align="center">
<tr>
<td height="17" align="center">
   <font color="#ffffff">友情链接</font>
</td>
</tr>
<tr style="line-height:18pt" bgcolor="#eeffee">
<td height="140">
<marquee scrollamount="1" scrolldelay="50" direction="up"
   onMouseOver="this.stop()" onMouseOut="this.start()">
   <a href="http://www.sohu.com">
搜狐</a><br>
   <a href="http://www.163.com">
网易</a><br>
   <a href="http://www.yahoo.com">
雅虎</a><br>
</marquee>
</td>
</tr>
</table>
</body>
</html>
```

浏览器中运行结果如图 6－29 所示。

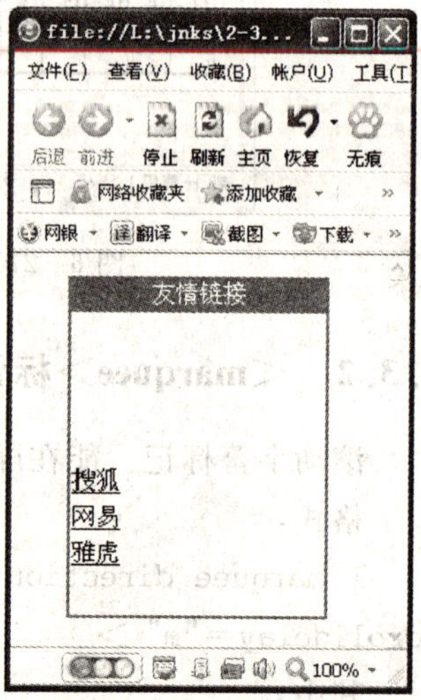

图 6－29 滚动字幕

习　题　6

一、单选题

1. 用于设置文本框显示宽度的属性是(　)。

A. Size　B. MaxLength　C. Value　D. Length

2. 若要产生一个 4 行 30 列的多行文本域，以下方法中正确的是(　)。

A. <input type="text" rows="4" cols="30" name="txt">

B. <TextArea rows="4" cols="30" name="txt">

C. <TextArea rows="4" cols="30" name="txt"></TextArea>

D. <TextArea rows="30" cols="4" name="txt"></TextArea>

3. 若要获得名为 login 的表单中，名为 txtuser 的文本输入框的值，以下获取方法中，正确的是(　)。

A. username=login. txtuser. value

B. username=document. txtuser. value

C. username=document. login. txtuser

D. username=document. login. txtuser. value

4. 以下标记符中，可用来创建对象的是(　)。

A. <object>　B. <embed>　C. <form>　D. <marquee>

5. 以下标记中，可用来产生滚动文字或图形的是(　)。

A. <scroll>　B. <marquee>　C. <textarea>　D. <iframe>

6. 在 marquee 标记中，用于表示滚动方向的属性是(　)。

A. direction　B. behavior　C. scrollamount　D. scrolldelay

7. 在 marquee 标记中，用于表示滚动范围宽度的属性是(　)。

A. direction　B. width　C. scrollamount　D. scrolldelay

8. 在 marquee 标记中，用于表示滚动区域内背景颜色的 style 属性是(　)。

A. background-position　B. background-color

C. background-image　D. background-attachment

9. 在 marquee 标记中，若要设置背景图片是否随文字一块滚动时，应当使用 style 属性中的(　)。

A. background-attachment　B. background-color

C. background-image　D. background-position

10. 可用来在一个网页中嵌入显示另一个网页内容的标记符是(　)。

A. <marquee>　B. <iframe>　C. <embed>　D. <object>

二、填空

根据页面显示效果图和网页中的元素说明，填写 HTML 文本中(n)处的空白。效果图如下

网页中的元素说明

类型	说明
图片	文件名："写字.gif"
"登录名"文本框	名称：login_name，尺寸：20 字符
密码框	名称：login_password，尺寸：20 字符
"类型"下拉列表框	文字列表项：商务用户、VIP 用户、免费用户
发送电子邮件超链接	邮件地址："vipmail@yoyo.net"
BBS 超链接	地址：http://bbs.yoyo.com

HTML 代码如下：

```
<html>
<head>
<title>yoyo 邮局主页</title>
</head>
<body>
<p>
<b><font color="#800080" face="宋体" size="5">yoyo 邮局</font></b>
</p>
<p>
    (1)    
```

```
</p>
<p align="left"></p>
<p align="left">用户登录</p>
<table >
<tr><td  height="16">
    <span align="right">
        登录名:
    </span>
    ____( 2 )____
    </td>
</tr>
</table>
<table>
<tr><td width="250" height="16">
    <span align="right">
        密  码:
    </span>
    ____( 3 )____
    </td>
  </tr>
</table>
<table>
<tr><td>
    <span>
        类型:
    </span>
    <select onchange="changeBackURL()" name="select">
        <option>商务用户</option>
        ____( 4 )____
        <option>免费用户</option>
    </select>
    </td>
</tr>
</table>
```

VIP 服务咨询箱：<u>　　(　5　)　　</u>
<a href="<u>http://bbs.yoyo.com</u>">参加 yoyo 社区讨论</a>
</body>
</html>

实　训　6

1. 设计一个用户注册界面(见图 6-30),要求如下：
(1) 标题、表单居中；
(2) 标题字:宋体、标题 3 号字；
(2) 输入密码时显示“ * ”号；
(2) 性别项默认选中“男”；
(3) 教育水平可选项为:博士、硕士、本科、大专、其他,默认选中大专；
(4) 表格背景色为浅灰,边框为 1；
(5) 表单提交方式为“POST”,提交给服务器端“chuli. asp”程序处理。

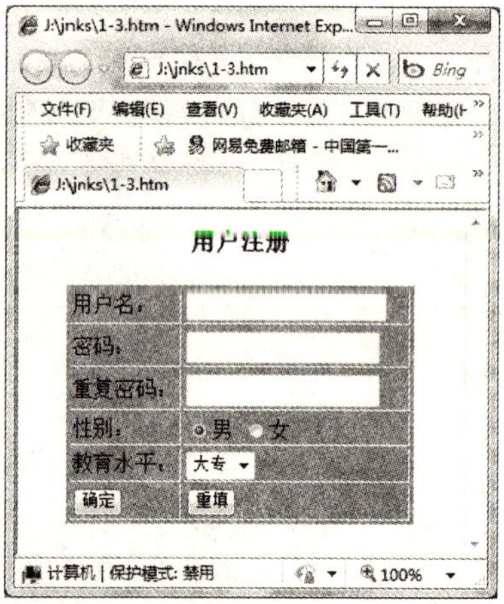

图 6-30

第 7 章　CSS 样式表

本章内容：

CSS 样式表；

简单选择器：标记、类、ID、伪类选择器；

复合选择器：并集、交集、后代选择器。

7.1　什么是样式表

CSS(Cascading Style Sheet)层叠样式表，1996 年由 W3C 组织制定，全称是层叠样式表。样式表是出版商用于管理出版物外观的一种方式，对网页来说，样式表用于控制格式，例如文字的字体、字号、颜色等。前面讲过，通过 HTML 标记的属性就可以定义文档的样式，为什么还要用 CSS 呢？这是因为，HTML 标记属性功能有局限性。例如文字只能定义 7 种字号，满足不了网页丰富多彩样式的需求；其次，HTML 标记只能在某个具体位置上定义，如果一个网页中有很多地方要进行同样的样式定义，或者不同网页要进行同样的样式定义就十分麻烦，而且也不便于修改。因此，就需要有一种新的、方便的样式定义的工具，于是 CSS 就产生了。层叠是指当同时引用多个样式时，将依据样式的层次处理，解决冲突。

HTML 语言重视文档的内容，而不是显示效果。最初的 HTML 标准不尽人意，在网页内容的排版布局上也有很多困难，非专业人员很难让网页按自己的构思和创意来显示信息。CSS 的出现就是为了弥补 HTML 在这方面的不足，实现对页面布局、字体、颜色、背景和其他图文效果更加精确的控制。只要对相应的代码做一些简单的修改，就可以改变同一页面的不同部分，或者页数不同的网页的外观和格式。

7.1.1　样式表的基本结构

样式表由样式规则组成，用以告诉浏览器如何显示一个网页文件。一个样式表可以包含多个规则，每个规则有着固定的格式，通常由两部分组成：选择符和样式。

选择符是设置规则的对象，通常是一个 HTML 的元素，例如<body>、<p>、<img>等。

样式是用来设置选择符的属性，用来描述选择符的显示效果。在网页中可以为一个显示对象设置多个属性，每个属性带一个值，属性与属性之间用“;”号分开。

样式表规则的格式如下

选择符{属性 1：值 1；属性 2：值 2；……}

例如：

p{color:red;font-size:20pt}

这个规则是用来设置<p>和</p>之间的字体颜色和字体大小。

使用范例

将样式表规则通过<style>标签插入页面：

```
<html>
<head>
  <title>CSS使用范例</title>
  <style type="text/css">
    <!--
    p{color:red;font-size:20pt}
    -->
  </style>
</head>
<body>
  <p>接天莲叶无穷碧，映日荷花别样红。</p>
</body>
</html>
```

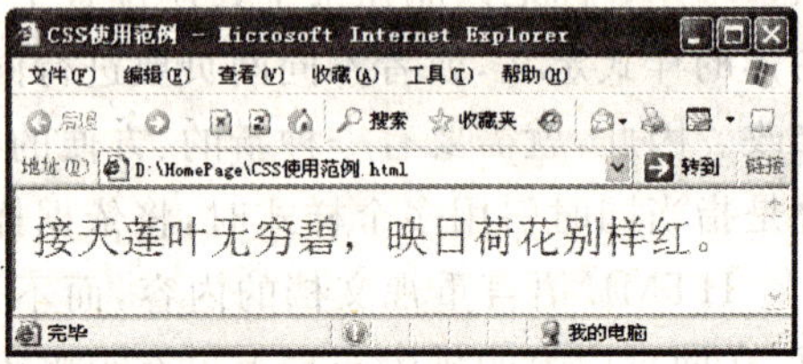

图 7-1 样式表的使用

显示结果

如图 7-1 所示的是使用样式表后的显示效果。

7.2 基本 CSS 选择器

定义网页元素的样式，首先要准确定位到该网页元素。一个网页中，同类网页元素一般都不只一个，而且网页元素往往会成嵌套结构。所以，准确定位网页元素就成为定义其样式的先决条件。为此，CSS 采用了选择器来定位网页元素，在选择器的后面用大括号里的内容来定义该网页元素的样式。

CSS 样式表的定义格式如下。

选择器 {属性 1:值 1;属性 2:值 2;…属性 n:值 n}

例如:p {font-size: 18px;font-style: italic;},"p"是选择器,{ }中的内容是<p>标记所在的段落文字的样式。其含义就是段落中的文字大小为 18 像素,字体为斜体(意大利体)。

注意,{ }中每一种属性与其值之间用":"隔开,各种样式属性之间以";"隔开。

选择器的作用就是帮助你准确地定位到被你选中的、想要设定样式的网页元素上。有些元素比较容易定位,有些元素代码互相嵌套,可能不容易定位。所以选择器就分为简单选择器和复合选择器。容易定位的地方用简单选择器,否则用复合选择器。所谓复合选择器就是若干简单选择器的组合。例如,在同一教室里同学直呼你的名字就可以找到你,这就是简单选择定位,你的名字就是简单选择器;而家里给你写信就必须写清××省××市××区××学院××班×××,这就是复合选择定位,信封上的地址、姓名就可以看成复合选择器。

下面,我们分别介绍一下这两种选择器的定义和使用方法。

简单选择器分为:标记选择器、类选择器、ID 选择器三种。

7.2.1　标记选择器

在 HTML 网页中,使用 HTML 的标记本身作为定位选择器,称为标记选择器。HTML 标记本来都有自己确定的样式(HTML 样式),但在 CSS 中可以再给这些标记增加新的样式,当新增的样式和原有样式冲突时,以新定义样式为准。例如,<p>标记用来表示段落,除此以外并无其他意义。但如果我们定义如下 CSS 样式

```
p {font-size: 18px;font-style: italic;}
```

此时,<p>标记除了表示一个段落外,文字的字号变成 18 像素大小,并向右倾斜。并且,同一页面中所有<p>标记的地方都会受到影响,变成相同的样式。

由此看来,标记选择器的定义格式为

标记名{样式}

所有的 HTML 标记符号都可以作为标记选择器。

例 7-1　HTML 标记选择器。

```
<html>
<head>
<title>标记选择器</title>
 <style type="text/css">
```

```
<! --
h1 {
    font-family: "华文楷体";
    font-size: 36px;
    color: #FF0000;
}
p{
    font-family: "隶书";
    font-size: 24px;
    color: #0000FF;
}
-->
 </style>
</head>
<body>
<h1>标记选择器</h1>
<p>HTML标记选择器</p>
<p>标记选择器会影响到整个文档</p>
</body>
</html>
```

效果如图 7-2 所示。

本例中可见,页面中<h1>标记中的文字不再是原来的 1 号标题字大小,而是变成了 36 像素大小、华文楷体,并且是红色的文字。

要注意一点,标记选择器的标记名不可随便起,必须是 HTML 中已有的标记名,或者说,只能在已有的 HTML 标记中选择标记选择器。

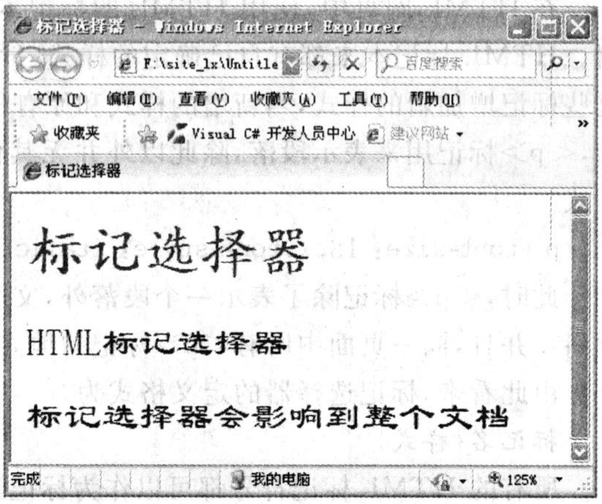

图 7-2 标记选择器

7.2.2 类选择器

上一节讲的标记选择器一旦定义,会影响到整个网页。例如页面中所有的<h1>标记中的文字都会变成红色、36 像素大小、华文楷体。那么,如果我们希望其中的某个<h1>标记中的文字不是红色而是蓝色，这时仅仅使用标记选择器就不够了，还需要引入类(class)选择器。

类选择器定义的格式如下

选择器.类名称{样式}

注意：类的名称可以随便起，这一点不同于标记选择器。但名字的含义尽量和它的内容接近，这样见到了名字就大概了解了它的样式。

例 7-2 页面中有 3 行文字，都使用<p>标记。但是每行文字的颜色不同，分别为红、绿、蓝色。

HTML 代码如下：

```
<html>
<head>
<title>类选择器</title>
<style>
   p.red{color:#F00;font-size:18px}
   p.green{color:#0F0;font-size:24px}
   p.blue{color:#00F;font-size:36px}
</style>
</head>
<body>
   <p class="red">类选择器 1</p>
   <p class="green">类选择器 2</p>
   <p class="blue">类选择器 3</p>
</body>
</html>
```

图 7-3 类选择器

运行效果如图 7-3 所示。

本例中定义了 3 个类选择器，.red、.green、.blue。.red 样式为红色、文字大小为 18px；.green 样式为绿色、文字大小为 24px；.blue 样式为蓝色、文字大小为 36px。这 3 种样式分别应用到 3 行<p>段落中。

7.2.3 ID 选择器

可以通过 ID 来指定，表示样式可以应用于具有该 ID 值的元素上。因为 HTML文档中元素的 ID 值是唯一的，所以选择器中可省略元素名。

如果在网页中使用 id 号来标识元素，则可以使用 ID 选择器来定位该元素。ID 选择器的定义格式如下：

```
#id号{样式}
```

注意，id 号必须是网页中有的，若无此 id 号，定义无效。

例 7-3 网页内有 3 行文字，3 个<p>标记的 id 号分别为 hang1、hang2、hang3，实现与例 6-2 同样的效果。

HTML 代码如下：

```
<html>
<head>
<title>类选择器</title>
<style>
    #hang1{color:#F00;font-size: 18px}
    #hang2{color:#0F0;font-size: 24px}
    #hang3{color:#00F;font-size: 36px}
</style>
</head>
<body>
    <p id="hang1">ID 选择器 1</p>
    <p id="hang2">ID 选择器 2</p>
    <p id="hang3">ID 选择器 3</p>
</body>
</html>
```

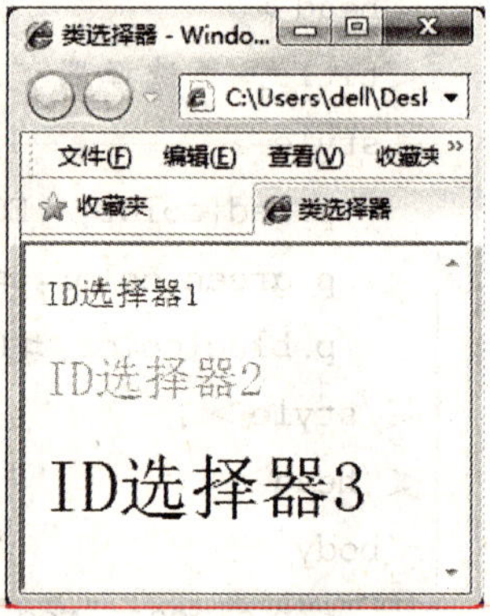

图 7-4 ID 选择器

代码运行效果如图 7-4 所示。

本例在 3 个<p>段落中分别定义了 3 个 ID 值 id="hang1"、id="hang2"、id="hang3"。然后，在 HTML 文档头部<style>标记中定义了样式，用的是 ID 选择器 #hang1、#hang2、#hang3。

请注意：只有先定义了 id 属性后才能定义 ID 选择器。换言之，不能定义不存在 id 号的 ID 选择器。

例 7-4 三种选择符使用综合举例。

HTML 代码如下：

```
<html>
<head>
<style>
p{color:red;font-family:"隶书"}
.BigFont {font-size: 200%}
#blueback {background-color: blue}
```

```
</style>
</head>
</body>
<P>西安翻译学院<span class="bigFont">信息工程系</span>
  <span id="blueback">电子商务专业</span>学生名单</p>
</body>
</html>
```

浏览器显示结果如图 7-5 所示。

图 7-5 CSS 三种选择符及其应用

7.3 在 HTML 中使用 CSS 样式表的方法

根据在 HTML 文档中的引入方式和作用范围的不同，CSS 样式表分为 3 类：嵌入式、头部式、外部式。下面依次介绍这 3 种样式表。

7.3.1 嵌入式

嵌入式是将样式表用在<body>标签和</body>标签之间，主要在 HTML 标签中引用，用于临时设置某个 HTML 元素的样式。

格式：

```
Style="属性名:属性值"
```

例如，若使某行文字为蓝色：

```
<p align="center" style="color:#00F" >嵌入式样式表</p>
```

其中，align="center"是<p>的对齐属性，文字居中。这里将样式表作为<p>标记的属性一样对待，定义文字的颜色为蓝色。这种样式只在本句中有效。

例 7-5 CSS 内嵌式应用举例。

HTML 代码如下：

```
<html>
<head>
<title>CSS 内嵌式应用</title>
```

```
</head>
<body>
<p style="font-family:'华文琥珀'; font-size:36px; color:#FF0000">
  CSS的内嵌式应用
</p>
</body>
</html>
```

效果如图 7-6 所示。

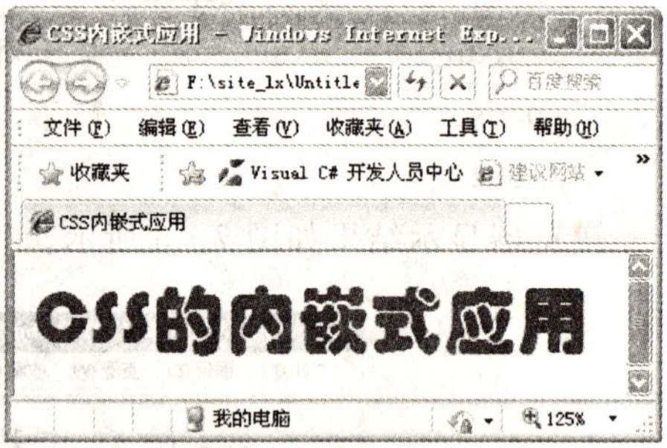

图 7-6　CSS 内嵌式应用

7.3.2　头部式

通过<style>标签嵌入在 HTML 文档的头部，一般位于<head>标签和</head>标签之间。头部式样式表对整个 HTML 文档都有效，用来设置整个文档页面的样式。

格式：

```
<style>
  样式列表
</style>
```

为了将样式表定义代码和 HTML 代码区分开，一般要使用<style>标记，头部式样式定义最为典型。前面学过的嵌入式样式也要用 style 关键字，但不作为标记。

例 7-1、例 7-2、例 7-3、例 7-4 都是头部式样式定义的实例。

7.3.3　外部式

当在很多网页里都要使用相同的样式时，可采用外部样式表。外部样式表，是将样式表建立在一个专门的文本文件中，该文件的文件名随便起，但扩展名必须是“.css”。使用时再链接到 HTML 文档中。

例 7-6　链接外部 CSS 文件

建立样式表文件 yangshi1.css 如下：

```
h1 {
color: #0000FF;
}
p {
color: #FF0000;
text-decoration: underline;
```

```
}
```

建立网页文件 6-6.HTML，将以上 CSS 文件链接其中，方法如下：

```
<html>
<head>
<title>链接式</title>
<link href="lianjieshi.css" rel="stylesheet" type="text/css">
</head>
<body>
  <h1>CSS 标题</h1>
  <p>这是正文</p>
</body>
</html>
```

效果如图 7-7 所示。

图 7-7 链接 CSS 文件

本例中 HTML 网页文件要使用 lianjie.css 样式文件中定义的样式，则在网页头部(<head>…</head>)输入

```
<link ref = stylesheet href = "lianjie.css" type="text/css">
```

这种方式就是链接，将样式表链接到网页，该网页就可以使用样式表了。

还可以用导入的方法使用外部样式表。其格式为在头部写上如下语句

```
<style>
   @import "liajie.css";
</style>
```

两种方法都可以使用外部样式表。将样式单独定义为一个文件，使用链接或嵌入的方法调用样式表，这种方法不受网页限制，只要定义好一个样式表文件，任何网页都可以使用。这就可以使整个网站的各个网页都使用同一个样式表，这样带来的好处是整个网站风格统一，网站维护、修改容易。同时，由于外部样式表实现了网页结构和表现的分离，最适合当前网页设计的主流要求。所以，目前绝大多数实用网站都使用外部式样式表。

7.4 复合选择器

实际的网页中大部分用的是复合选择器。复合选择器分为交集选择器、并集选择器、后代选择器三种。

7.4.1　交集选择器

交集选择器是由两个选择器直接连接构成，其结果是选中二者各自元素范围的交集。其原理如图 7-8 所示。

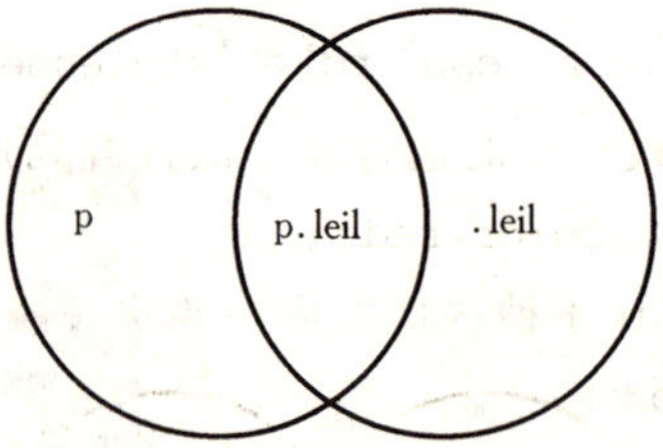

图 7-8　交集示意图

注意:交集选择器实际上是标记选择器的扩充，目的是为了设置在同一页面中标记相同而位置不同的内容的样式。

例 7-7　交集选择器

HTML 代码如下：

```
<html>
<head>
<title>交集选择器</title>
<style>
    p{color:#00f;font-size:48px;font-family:"华文琥珀"}
    p.red{color:#F00;font-size:18px}
    p#pl{color:#0F0;font-size:36px}
</style>
</head>
<body>
    <p class="red">选择器 1</p>
    <p>选择器 2</p>
    <p id="pl">选择器 3</p>
</body>
</html>
```

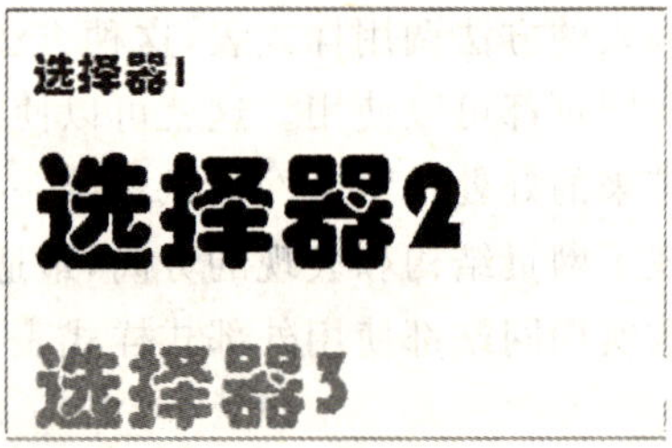

图 7-9　交集选择器

效果如图 7-9 所示。

由上例可见，交集选择器是由两个选择器直接连接构成。前边的选择器必须是标记，后面的选择器则可以是类选择器或 ID 选择器。两个相连的选择器之间不能有空格，必须连续书写，例如 p. red 或 p＃p1。

回顾前几个例子可以发现，交集选择器的效果大都可以由简单选择器实现，故实际应用中其作用不大。

7.4.2　并集选择器

并集选择器就是将样式一样的选择器一次性并列声明。例如：

```
.ys1，.leil，b，＃ts {color:red}
```

其中，. ys1，. leil，b，＃ts 4 种选择器成为并集选择器。

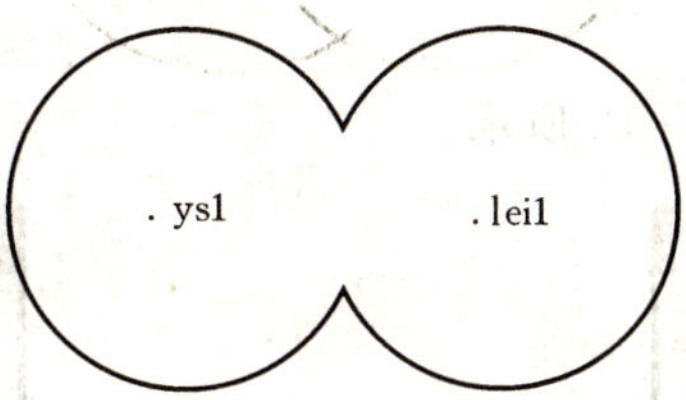

图 7－10　并集选择器

并集选择器中并列声明的选择器类型是任意的。既可以是标记选择器、类选择器、ID 选择器，也可以是简单选择器、复杂选择器，或这些选择器的组合。

例 7－8　链接前后文字为 24 号字、黑色、无下划线，当鼠标移到链接文字上时变红色字、黄底、有下划线。

HTML 代码如下：

```
<html>
<head>
<meta http-equiv="Content-Type" content="text/html"
charset="utf-8" />
<title>并集选择器</title>
  <style type="text/css">
a:link,a:visited {
    font-size: 24px;
    text-decoration: none;
    color: #000000;
}
a:hover {
    font-size: 24px;
```

```
        color: #ff0000;
        text-decoration: underline;
        background-color: #ffff00;
    }
  </style>
</head>
<body>
<a href="http://www.163.com">网易</a>
</body>
</html>
```

效果如图 7-11、图 7-12 所示。

图 7-11 链接前、后为字为黑色，无下划线

图 7-12 鼠标覆盖时字为红色、黄底，有下划线

本例中链接前、后效果一样，故可用同一个样式，采用并集方式定义。

```
a:link,a:visited {
    font-size: 24px;
    text-decoration: none;
    color: #000000;
}
```

7.4.3 后代选择器

在网页中标记元素嵌套是常有的事，有时嵌套得很深，为了对这些被嵌套的网页元素制定样式，可以使用后代选择器。后代选择器的写法就是把外层的标记写在前面，内层的标记写在后面，之间用空格分隔。

例 7-9 后代选择器

HTML 代码如下：

```
<html>
<head>
    <meta http-equiv="Content-Type" content="text/html; charset=utf-8" />
    <title>后代选择器</title>
<style>
    p span{color:#0000ff}
    p span b{color:#ff0000}
</style>
</head>
<body>
<p>这是外层文字<span>这是中间层的文字(蓝色)<b>这是最内层的文字(红色)</b> 颜色不一样,</span>看得出来。</p>
</body>
</html>
```

效果如图 7-13 所示。

图 7-13 后代选择器

本例中,最外层标记为 p(父选择器),中间层为 span(子选择器),最内层为 b(孙子选择器)。所以要选定中间层使其中文字变蓝时,应使用后代选择器 p span{color:#0000ff};当选定最内层使其文字变红时,应当用 p span b{color:#ff0000}。

7.4.4 伪元素选择器

伪元素选择器是指对同一 HTML 元素的各种状态或其所包括的部分内容的样式的一种定义方式。最常用的伪元素选择器就是对于超链接标记<a>的各种不同状态下的样式的定义,这些状态包括正常超链接状态(link)、访问过后(visited)、光标移动到超链接文字上(hover)、选中超链接(active)等。

使用伪元素定义样式的格式如下：

HTML 标记：伪元素{样式}

例如：a:link,a:visited {font-size:12px;text-decoration: none;}

a:active{color:blue}

a:hover{color:red}

例 7-10 选择器综合例。有一网页 xuanzeqi.html 如图 7-14 所示，其代码清单已列出。请说明本例如何使用 CSS 样式表？CSS 样式表中使用了哪些选择器？其作用如何？

图 7-14 选择器综合举例

HTML 代码如下：

```
<! DOCTYPE html PUBLIC "-//W3C//DTD XHTML 1.0 Transitional//EN"
"http://www.w3.org/TR/xhtml1/DTD/xhtml1-transitional.dtd">
<html>
<head>
<title>选择器练习 </title>
<link href="css1.css" rel="stylesheet" type="text/css" media=
```

```
"all" />
    </head>
    <body>
    <div id="container">
    <div id="header">
      <div id="menu">
        <ul>
          <li><a href="#">首页</a></li>
              <li class="menuDiv"></li>
              <li><a href="#">旅游</a></li>
              <li class="menuDiv"></li>
              <li><a href="#">休闲</a></li>
              <li class="menuDiv"></li>
              <li><a href="#">登山</a></li>
              <li class="menuDiv"></li>
              <li><a href="#">论坛</a></li>
              <li class="menuDiv"></li>
              <li><a href="#">关于</a></li>
          </ul>
        </div>
      <div id="banner">
     </div>
     </div>
     <div id="pagebody">
     </div>
     <div id="footer">
     </div>
    </div>
    </body>
    </html>
```

样式表文件CSS1.CSS内容如下：

```
/*基本信息*/
body {font: 12px Tahoma; margin: 0px; text-align: center; background:
#FFF;}
```

```
a:link,a:visited {font-size:12px;text-decoration: none;}
a:hover{}
/* 页面层容器 */
#container {width:730px;height:600px;margin:10px auto}
/* 页面头部 */
#header {
    background:url(logo.gif) no-repeat;
    position: absolute;
    margin:0px auto;
    padding:0px;
}
#menu {
    padding:20px 20px 0 0;
    position:relative ;
}
#menu ul {float:right;list-style:none;margin:0px;}
#menu ul li {float: left; display: block; line-height: 30px; margin: 0 10px}
#menu ul li a:link, #menu ul li a:visited {font-weight:bold;color:#666}
#menu ul li a:hover{}
.menuDiv {width:1px;height:28px;background:#999}
#banner {background:url(banner.jpg) 0 30px no-repeat;width:730px;margin:auto; height:240px; border-bottom:5px solid #EFEFEF;clear:both}
/* 页面主体 */
# pagebody {width: 730px; margin: 0 auto; height: 400px; background:#ebf6ff}
/* 页面底部 */
# footer {width: 730px; margin: 0 auto; height: 50px; background:#a8beff}
```

本例 body 页面中，放置一个容器 container，在该容器中，从上至下分为页面头 header、页面主体 pagebody 和页面底部 footer 3 部分。页面头中，又有菜单 menu 和 banner 两部分。如图 7-15 所示。相应的 CSS 代码分为基本信息、页面层容器、页面头部(含 menu 和 banner)、页面主体和页面底部等 5 个部分。

基本信息中定义了页面的共同信息。

body {font: 12px Tahoma; margin: 0px; text-align:center;background: #FFF;}

该语句定义整个页面文字大小为 12px,外边距为 0px,居中对齐,背景色为白色。

a:link,a:visited {font-size:12px;text-decoration: none;}

该语句用的是并集选择器,前后两个选择器都是伪元素选择器。a:link,a:visited 表示通常情况下和访问过后超链接文字的样式,使用 12px 大小的文字,不要下划线。

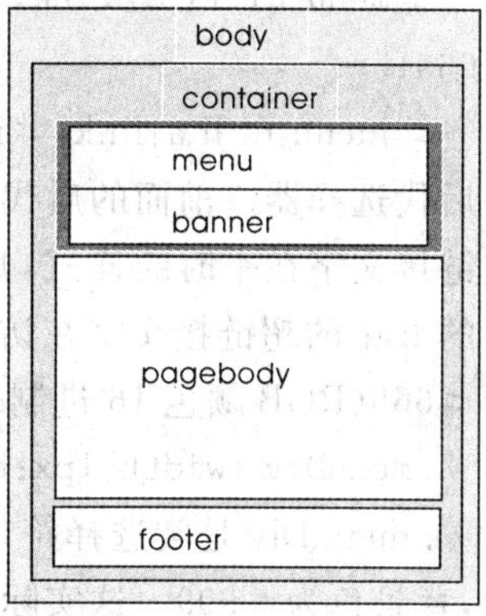

图 7-15

页面容器样式:# container {width: 730px; height:600px;margin:10px auto}定义了整个页面的宽为 730px、高为 600px,外边距上下为 10px,左右边距自动,此处为水平对齐方式居中。

页面头部样式代码:

```
#header {
    background:url(logo.gif) no-repeat;
    position: absolute;
    margin:0px auto;
    padding:0px;
}
```

头部 DIV 以 logo.gif 为背景图片,绝对定位方式,外边距上下为 0px,左右自动,即水平方向居中对齐。内边距为 0px。

头部分为 menu 和 banner 两部分。

menu 是菜单部分,是由无序列表<ul>和<li>实现的。其样式:

#menu {padding:20px 20px 0 0;position:relative ;}

整个菜单内边距上、右、下、左分别为 20px, 20px, 0, 0。

#menu ul {float:right;list-style:none;margin:0px;}

menu ul 是后代选择符,表示菜单中 ul 部分右浮动,其具体列表项前面不要任何符号。内边距上、右、下、左 4 个方向值相同,都是 0px。

#menu ul li {float: left; display: block; line-height: 30px; margin: 0 10px}

#menu ul li 是后代选择器,表示 id 号是 #menu 的容器中无序列表 ul 中所有 li 的列表项左浮动,块即元素,行高 30px;外边距上下为 0px;左右为 10px。

```
#menu ul li a:link,#menu ul li a:visited {font-weight:bold;color:#666}
```

#menu ul li a:link,#menu ul li a:visited 是两个并集选择器,每个选择器又是后代选择器。前面的后代选择器是说在 id 号是 menu 的容器中,ul 下的 li 中的超链接文字在平时的样式,后面的后代选择器是说在 id 号是 menu 的容器中,ul 下的 li 中的超链接文字在访问过后的样式,这两种样式相同,都是文字加粗,颜色为#666(RGB 颜色 16 进制表示法)。

```
.menuDiv {width:1px;height:28px;background:#999}
```

.menuDiv 是类选择符,它定义了一个容器(DIV)的宽度只有 1 像素,高 28 像素,背景色为#999。这实际上是画了一条竖直竖线,使得个菜单项之间有一条间隔线。

在 DIV 中使用图片,一般不采用插入的方法,而是采用将图片作为背景的处理办法。下面看对 banner 的处理。

```
#banner
{   background:url(banner.jpg) 0 30px no-repeat;
    width:730px;
    margin:auto;
    height:240px;
    border-bottom:5px solid #EFEFEF;
    clear:both
}
```

此处将 banner.jpg 图片以背景的形式放入页面。上下内边距为 0px,左右内边距为 30px,图片不重复。Banner DIV 的宽度为 730px,高度为 240px,外边距自动,下边框宽度 5px、实线、颜色为#efefef(RGB6 位 16 进制数颜色表示法)。最后,清除(结束)浮动效果。

页面主体是网页的主要部分,页面对主要内容都放在此处。其样式为:

```
#pagebody {width: 730px; margin: 0 auto; height: 400px; background:#ebf6ff}
```

页面主体宽 730px,注意此处宽度不能超过 container 宽度。因为这里是示范,故先假定其高度仅仅为 400px。

页面底部一般存放版权信息,其样式为

```
#footer {width: 730px; margin: 0 auto; height: 50px; background:#a8beff}
```

7.5　使用工具创建样式表

使用 Dreamweaver 8 制作 CSS 样式非常容易，其步骤如下。

1. 打开 CSS 面板

方法是，在菜单栏选择：窗口/CSS 样式，如图 7-16 所示。

打开后的 CSS 面板如图 7-17 所示。其右下角有四个按钮，其中，是新建 CSS 样式，是修改 CSS 样式，是删除 CSS 样式，是向页面插入 CSS 外部样式表文件。

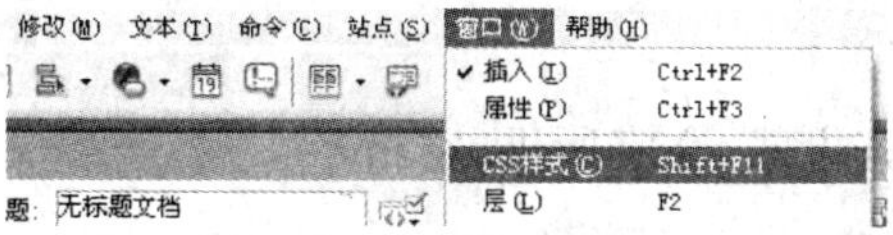

图 7-16　打开 CSS 面板

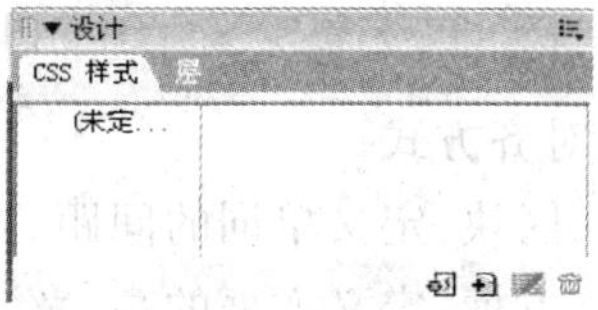

图 7-17　CSS 面板

2. 建立 CSS 样式表文件

单击新建 CSS 样式表按钮，打开“新建 CSS 样式”对话框如图 7-18 所示。

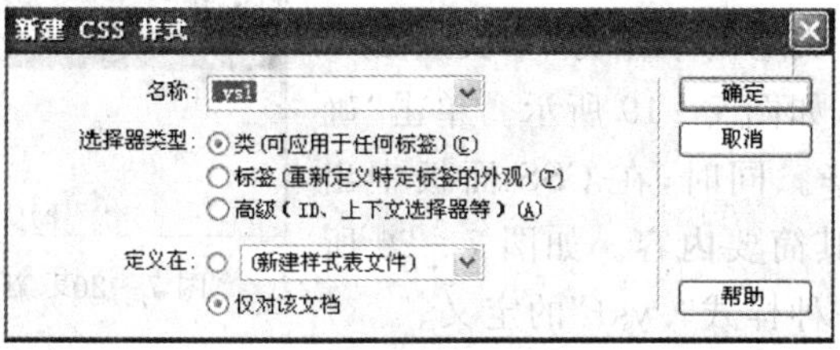

图 7-18　新建 CSS 对话框

在这个对话框中，可以创建类选择器、HTML 标签选择器、ID 选择器和超链接样式，可以命名样式，并可确定样式定义的位置：仅在该文档中或是外部样式文件中。例如，我们定义类选择器样式，名称为. ys1，仅在当前文档中使用，如图 7-18所示。单击“确定”按钮，打开图 7-19“. ys1 的样式定义”对话框。

“样式定义”对话框中可具体定义样式，共分八类：类型、背景、区块、方框、边框、列表、定位、扩展。

其中，各类包括如下内容的定义。

类型：定义字体、字大小、粗细、样式、颜色、修饰等；

背景：定义背景的颜色、背景图片、背景图片的填充方式、滚动字幕背景是否滚

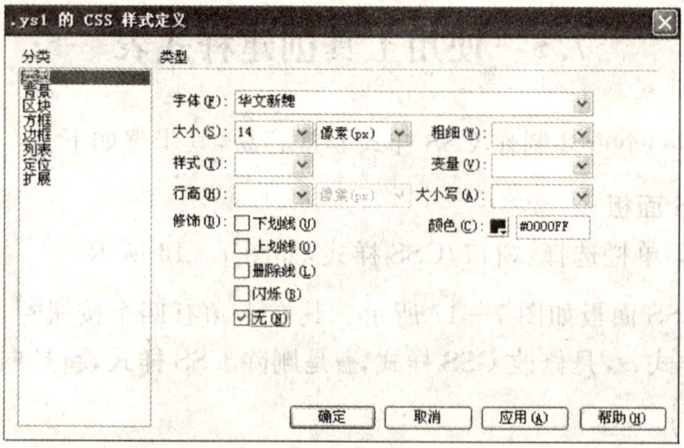

图 7－19　具体定义样式的内容

动、对齐方式；

区块：定义单词的间距、字母间距、对齐方式、文字所进、空格；

方框：定义方框的高、宽、填充色、边框；

边框：定义边框的样式、宽度和颜色；

列表：定义列表的类型、列表符号图像；

定位：定义定位的类型、可见性、高、宽、溢出处理、定位、剪辑方式；

扩展：定义分页、光标视觉效果、滤镜效果。

例如，我们定义文字的字体为“华文新魏”，字号为 14 号，蓝色，如图 7－19 所示。单击“确定”后样式定义完毕。同时，在 CSS 面板中出现“. ys1”的名字及其简要内容。如图 7－20 所示。至此，完成了一种样式“. ys1”的定义。

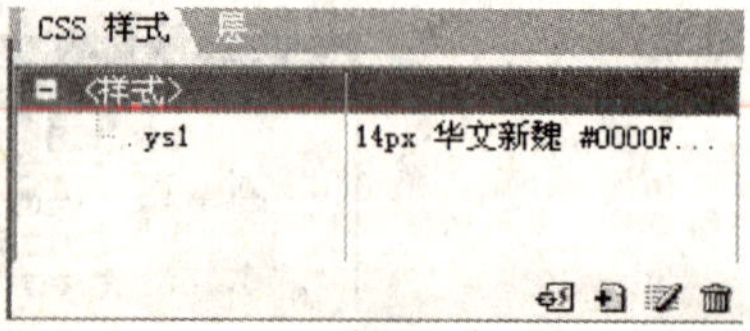

图 7－20　新建的样式. ys1

说明：

(1) 当定义样式的选择器为 HTML 选择器时，样式名称可以从“标签”下拉列表框中选择，如图 7－21 所示。

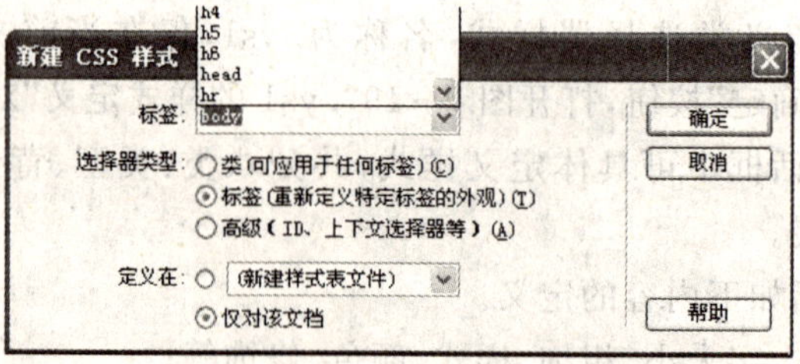

图 7－21　定义 HTML 选择器样式

(2) 当定义"ID"选择器样式或超链接样式时，在"选择器(符)类型："中，选择"高级(ID、上下文选择器等)"，如图7-22所示。

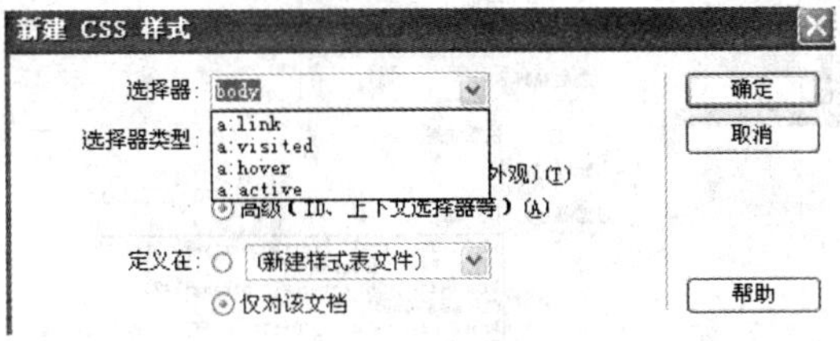

图7-22　定义超链接选择器样式

(3) 当定义外部式样式时，在新建样式表中"定义在："处选择"新建样式表文件"，如图7-23。单击"确定"按钮后，打开"保存样式表文件"对话框，如图7-24所示。给文件命名、保存后，开始创建，如图7-19所示。

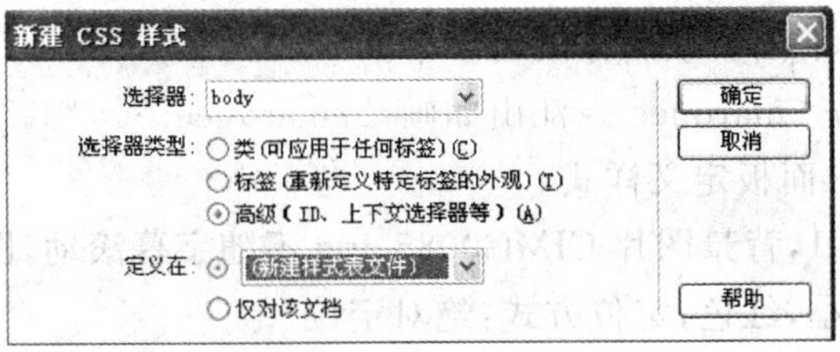

图7-23　创建外部样式文件

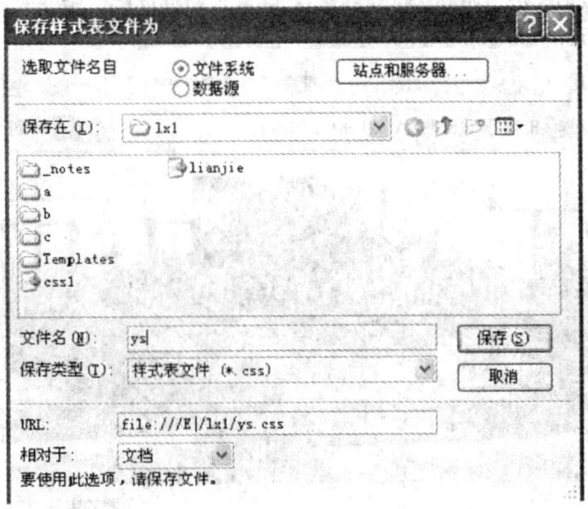

图7-24　保存样式表文件

(4)创建具有特殊效果的样式，如各种滤镜效果的样式时，选择"扩展"类型，在"过滤器"下拉列表中列出了17种滤镜的效果，如图7-25所示。

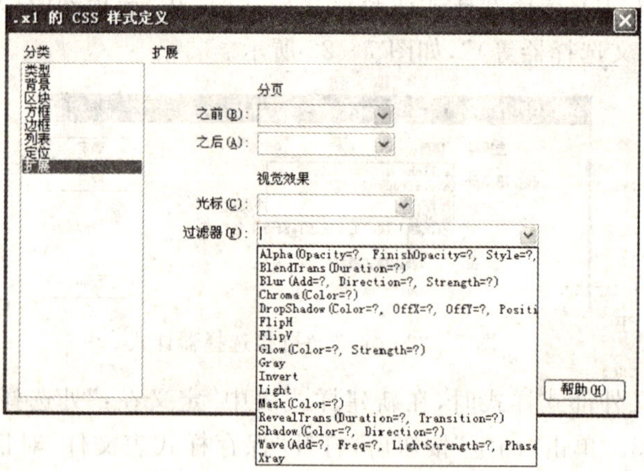

图 7－25 CSS 滤镜

例 7－11 按下面要求制作滚动字幕。

(1) 输入代码<marquee >江山如画</marquee>;

(2) 使用 CSS 面板定义样式。

样式名称:.ys1,背景图片 CIMG0085.jpg 不随字幕滚动,图片高 6cm;文字为华文行楷,3cm 大小,红色;定位方式:绝对定位。

其显示结果如图 7－26 所示。

图 7－26

制作方法有两种:代码法和工具法。

1. 代码法

<html>

```
<head>
<style type="text/css">
.ys1 {
background-image： url(jnks/CIMG0085.jpg)；
background-attachment：fixed；
position：absolute；
font-size：3cm；
color：＃FF0000；
height：6cm；
}
</style>
</head>
<body >
<marquee class="ys1">江山如画</marquee>
</body>
</html>
```

2. 工具法

(1) 在“代码”视图下输入代码：<marquee >江山如画</marquee>；

(2) 打开 CSS 面板，新建样式.ys1，如图 7-27 所示，具体定义如下：

设置字体为“华文行楷”、字号大小为 3cm、红色。

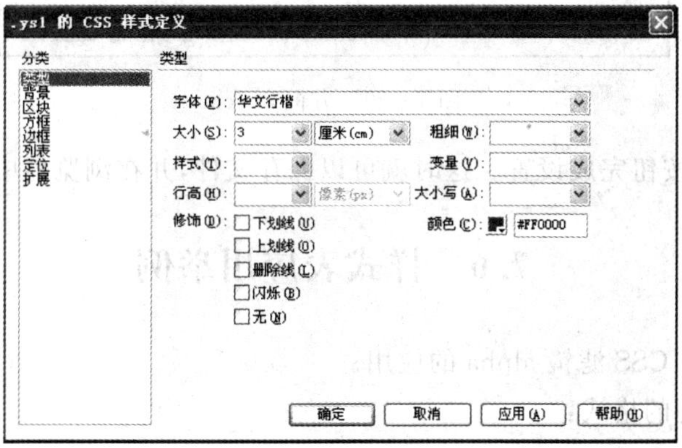

图 7-27　文字大小 3cm

然后在“分类”窗口选择“背景”，设置“附件”为固定，设置背景图像如图 7-28 所示。

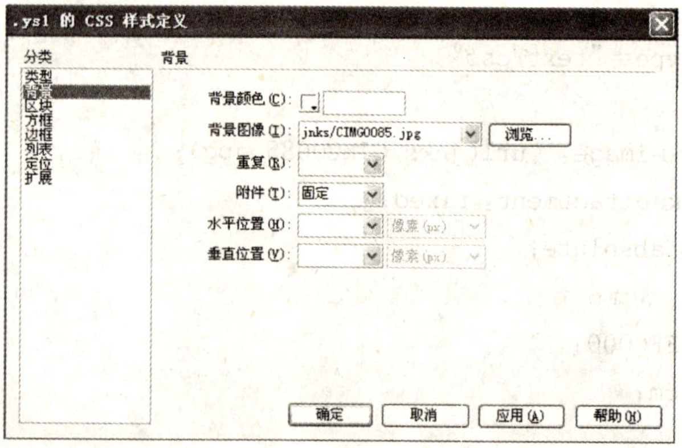

图 7－28　附件:固定

再在“分类”窗口选择方框,设置高度为 6cm,如图 7－29 所示。

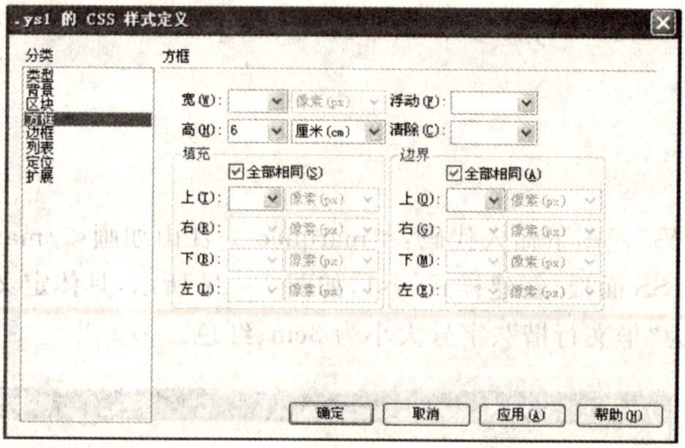

图 7－29　方框高 6cm

按“确定”按钮完成设置。这时就可以保存文件,并在浏览器中显示了。

7.6　样式表应用举例

例 7－12　CSS 滤镜 alpha 的应用。

alpha 滤镜的格式:

filter:alpha(opacity＝n1,finishopacity＝n2,style＝n3,startX＝n4,startY＝n5,finishX＝n6,finishY＝n7)

其中

opacity:代表不透明度等级,可选值从 0 到 100,0 代表完全透明,100 代表完全不透明。

style：参数指定了透明区域的形状特征。其中 0 代表统一形状；1 代表线形；2 代表放射状；3 代表长方形。

finishopacity：是一个可选项，用来设置结束时的透明度，从而达到一种渐变效果，它的值也是从 0 到 100。

startX 和 startY 代表渐变透明效果的开始坐标，finishX 和 finishY 代表渐变透明效果的结束坐标。

如：选取 style = 2，opacity = 100，finishopacity＝0，startX＝50，startY＝50，finishX＝100，finishY＝100。

图 7－30　alpha 滤镜

其效果如图 7－30 所示。

HTML 代码如下：

```
<html>
<head>
<style type="text/css">
.xh {filter: alpha(opacity=100, finishOpacity=0, style=2, startX=
50, startY=50, finishX=100, finishY=100);}
</style>
</head>
<body>
<img src="jnks/CIMG0084_1.jpg" width="266" height="200" class=
"xh">
</body>
</html>
```

工具法制作方法：

(1) 插入图片；

(2) 打开 CSS 面板，新建样式 .xh，打开图 7－24 对话框，在“过滤器”中选 alpha，输入参数即可。

例 7－13　金属字：滤镜 mask 和 shadow 的应用。

HTML 代码如下：

```
<html>
<head>
<style>
```

```
.x {position: absolute; top: 20; width: 400;
  filter: mask (color=#ff00000) shadow (color=#000000,
direction=135) ;}
</style>
</head>
<body>
<div class="x" style="width: 458; height: 121">
<p style="font-family:隶书;font-size:80pt;font-weight:bold;color:
#336699;">
<i>烈火金刚</i></p>
</div>
</body>
</html>
```

图 7－31　mask＋shadow 滤镜的应用

本章小结

本章介绍了 CSS 选择器的类型和定义方法，以及使用工具定义 CSS 样式的方法。CSS 规则是由选择器、属性和属性值三者构成的。

习　题　7

1. 若要在样式独立的样式文件中定义一个样式 myText，使具具有该样式的正文字体为"Arial"，字体大小为 9pt，行间距为 13.5pt，以下定义方法中，正确的是(　)。

A. <style>
.myText{font-family:arial;font-size:9pt;line-height:13.5pt}
</style>

B. .myText{font-family:arial;font-size:9pt;line-height:13.5pt}

C. <style>
.myText{fontName:arial;fontSize:9pt;lineHeight:13.5pt}
</style>

D. <style>
.myText{font-name:arial;font-size:9pt;line-height:13.5pt}
</style>

2. 在 CSS 样式中能够产生波纹效果的滤镜是(　)。

A. alpha　　B. wave　　C. blur　　D. dropshadow

3. 在 CSS 样式中能够改变图片透明度效果的滤镜是(　)。

A. alpha　　B. wave　　C. blur　　D. dropshadow

4. 在 CSS 样式中能够产生模糊效果的滤镜是(　)。

A. alpha　　B. wave　　C. blur　　D. dropshadow

5. 在 CSS 样式中能够产生阴影效果的滤镜是(　)。

A. alpha　　B. wave　　C. blur　　D. dropshadow

6. 在 CSS 样式中能够使图片垂直翻转的滤镜是(　)。

A. flipH　　B. mask　　C. filpV　　D. glow

7. 在 CSS 样式中能够产生遮罩效果的滤镜是(　)。

A. flipH　　B. mask　　C. filpV　　D. glow

8. 在 CSS 样式中能够产生光晕效果的滤镜是(　)。

A. flipH　　B. mask　　C. filpV　　D. glow

9. 下列选择器定义正确的是(　)。

A. .ys1{color=＃ff0000;fontsize=30px;}

B. ys1,ys2{font-size:30px color:＃fff000}

C. ys1 ＃h1{background-color:＃00ff00;border:1px dashed ＃0000ff}

D. ＃food ul li ,＃life ul li{font-size=30px color=＃f0f0f0f}

10. 说明下列样式选择器的类型和具体含义

A. p{color:＃ff0000}

B. .ys1{font-size:25px;}

C. ＃f1 ul li,＃f2 ul li{list-style:none;}

D. ＃menu ul li a:link,＃menu ul li a:visited {font-weight:bold; color:＃666}

实　训　7

下面是用代码实现圆角矩形的几种方法。输入程序,运行结果。分析各种圆角矩形实现的异同点和技巧。

1. 简洁圆角矩形

```
<html xmlns="http://www.w3.org/1999/xhtml">
<head>
<title>圆角矩形 1</title>
<style>
```

```
.b1,.b2,.b3,.b4,.b1b,.b2b,.b3b,.b4b,.b{display:block;overflow:hidden;}
.b1,.b2,.b3,.b1b,.b2b,.b3b{height:1px;}
.b2,.b3,.b4,.b2b,.b3b,.b4b,.b{border-left:1px solid #999;border-right:1px solid #999;}
.b1,.b1b{margin:0 5px;background:#999;}
.b2,.b2b{margin:0 3px;border-width:2px;}
.b3,.b3b{margin:0 2px;}
.b4,.b4b{height:2px;margin:0 1px;}
.d1{background:#F7F8F9;}
</style>
</head>
<body>
<div>
  <b class="b1"></b>
  <b class="b2 d1"></b>
  <b class="b3 d1"></b>
  <b class="b4 d1"></b>
  <div class="b d1">
<font style="font-size:26px;color:red; margin:0px 10px;">简洁型css圆角矩形</font>
  </div>
  <b class="b4b d1"></b>
  <b class="b3b d1"></b>
  <b class="b2b d1"></b>
  <b class="b1b"></b>
</div>
</body>
</html>
```

2. 3D圆角矩形

```
<html xmlns="http://www.w3.org/1999/xhtml">
<head>
  <title>圆角矩形2</title>
  <style>
```

```
.yjjx{background:transparent;width:40%;}
.yjjx h1,.yjjx p{margin:0 10px;}
.yjjx h1{font-size:2em;color:#fff;}
.yjjx p{padding-bottom:0.5em;}
.yjjx .b1,.yjjx .b2,.yjjx .b3,.yjjx .b4,.yjjx .b1b,.yjjx .b2b,.yjjx .b3b,.yjjx .b4b{display:block;overflow:hidden;font-size:1px;}
.yjjx .b1,.yjjx .b2,.yjjx .b3,.yjjx .b1b,.yjjx .b2b,.yjjx .b3b{height:1px;}
.yjjx .b2{background:#ccc;border-left:1px solid #fff;border-right:1px solid #eee;}
.yjjx .b3{background:#ccc;border-left:1px solid #fff;border-right:1px solid #ddd;}
.yjjx .b4{background:#ccc;border-left:1px solid #fff;border-right:1px solid #aaa;}
.yjjx .b4b{background:#ccc;border-left:1px solid #eee;border-right:1px solid #999;}
.yjjx .b3b{background:#ccc;border-left:1px solid #ddd;border-right:1px solid #999;}
.yjjx .b2b{background:#ccc;border-left:1px solid #aaa;border-right:1px solid #999;}
.yjjx .b1{margin:0 5px;background:#fff;}
.yjjx .b2, .yjjx .b2b{margin:0 3px;border-width:0 2px;}
.yjjx .b3, .yjjx .b3b{margin:0 2px;}
.yjjx .b4, .yjjx .b4b{height:2px; margin:0 1px;}
.yjjx .b1b{margin:0 5px; background:#999;}
.yjjx .boxcontent{display:block;background:#ccc;border-left:1px solid #fff;border-right:1px solid #999;}

</style>
</head>
<body>
  <div class="yjjx">
    <b class="b1"></b>
            <b class="b2"></b>
```

```
                <b class="b3"></b>
                <b class="b4"></b>
        <div class="boxcontent">
            <h1>3D 圆角矩形</h1>
        </div>
          <b class="b4b"></b>
                <b class="b3b"></b>
                <b class="b2b"></b>
                <b class="b1b"></b>
    </div>
    </body>
    </html>
```

3. 略带菱形的圆角矩形

```
    <html xmlns="http://www.w3.org/1999/xhtml">
    <head>
      <title>圆角矩形 3</title>
      <style>
    .yjjx{background:transparent; width:40 % ;}
    .yjjxh1, .yjjxp {margin:0 10px;}
    .yjjxh1 {font-size:2em; color: #fff;}
    .yjjxp {padding-bottom:0.5em;}
    .yjjx.b1, .yjjx.b2, .yjjx.b3, .yjjx.b4 {display:block; overflow:hid-
den; height:1px;font-size:1px;}
    .yjjx.b2, .yjjx.b3, .yjjx.b4 {background: # e0cea3; border-left:1px
solid #fff; border-right:1px solid #fff;}
    .yjjx.b1 {margin:0 4px; background: #fff;}
    .yjjx.b2 {margin:0 4px; height:2px;}
    .yjjx.b3 {margin:0 3px;}
    .yjjx.b4 {margin:0; height:1px; border-width:0 3px 0 3px;}
    .yjjx.boxcontent {display:block; background: # e0cea3; border:0 solid
#fff; border-width:0 1px;}
      </style>
    </head>
    <body>
```

```
<div class="yjjx">
  <b class="b1"></b>
  <b class="b2"></b>
  <b class="b3"></b>
  <b class="b4"></b>
  <div class="boxcontent">
          <h1>略带菱形的css圆角矩形</h1>
  </div>
  <b class="b4"></b>
  <b class="b3"></b>
  <b class="b2"></b>
  <b class="b1"></b>
</div>
</body>
</html>
```

4. 特殊圆角矩形

```
<html xmlns="http://www.w3.org/1999/xhtml">
<head>
  <title>圆角矩形4</title>
  <style>
.yjjx {background:transparent; width:40%;}
.yjjx h1, .yjjx p {margin:0 10px;}
.yjjx h1 {font-size:2em; color:#fff;}
.yjjx p {padding-bottom:0.5em;}
.yjjx .b1, .yjjx .b2, .yjjx .b3, .yjjx .b4 {display:block; overflow:
hidden;font-size:1px;}
.yjjx .b1, .yjjx .b2, .yjjx .b4 {height:1px;}
.yjjx .b2, .yjjx .b3 {background:#d66; border-left:1px solid #fff;
border-right:1px solid #fff;}
.yjjx .b4 {background:#d66; border-left:4px solid #fff; border-
right:4px solid #fff;}
.yjjx .b1 {margin:0 2px; background:#fff;}
.yjjx .b2 {margin:0 1px; border-width:0 1px;}
.yjjx .b3 {height:2px; margin:0;}
```

```
.yjjx .b4 {margin:0 2px;}
.yjjx .boxcontent {display:block; background: #d66; border-left:1px solid #fff; border-right:1px solid #fff; margin:0 5px; }
</style>
</head>
<body>
<div class="yjjx">
<b class="b1"></b><b class="b2"></b><b class="b3"></b><b class="b2"></b><b class="b4"></b>
<div class="boxcontent">
<h1>特殊css圆角矩形</h1>
</div>
<b class="b4"></b><b class="b2"></b><b class="b3"></b><b class="b2"></b><b class="b1"></b>
</div>
</body>
</html>
```

5. 反向圆角矩形

```
<html xmlns="http://www.w3.org/1999/xhtml">
<head>
<title>圆角矩形5</title>
<style>
.yjjx {background: transparent; width:40%;}
.yjjx h1, .yjjx p { margin:0 10px; }
.yjjx h1 { font-size:2em; color: #fff; }
.yjjx p { padding-bottom:0.5em; }
.yjjx .b1, .yjjx .b2, .yjjx .b3, .yjjx .b4 { display:block; overflow:hidden; font-size:1px; }
.yjjx .b1, .yjjx .b2, .yjjx .b3 {height:1px; }
.yjjx .b2, .yjjx .b3 {background: #fc0; border-left:1px solid #fff; border-right:1px solid #fff; }
.yjjx .b4 {background: #fc0; border-left: 1px solid #fff; border-right:1px solid #fff;}
.yjjx .b1 {margin:0; background: #fff;}
```

```
.yjjx .b2 {margin:0 1px; border-width:0 2px;}
.yjjx .b3 {margin:0 3px;}
.yjjx .b4 {height:2px; margin:0 4px;}
.yjjx .boxcontent {display:block;  background: #fc0; border-left:1px
solid #fff; border-right:1px solid #fff; margin:0 5px;  }
  </style>
</head>
<body>
<div class="yjjx">
  <b class="b1"></b>
  <b class="b2"></b>
  <b class="b3"></b>
  <b class="b4"></b>
  <div class="boxcontent">
    <h1>反向 css 圆角矩形</h1>
  </div>
  <b class="b4"></b>
  <b class="b3"></b>
  <b class="b2"></b>
  <b class="b1"></b>
</div>
</body>
</html>
```

第 8 章　网页的 CSS 布局

本章内容：

盒子模型；

标准流；

盒子的浮动；

盒子的定位；

DIV+CSS 布局方法；

DIV+CSS 布局各种方法的分析。

网页布局排版就是把各种网页元素摆放在页面的指定的位置上。这些网页元素包括 logo、banner、导航条、文字、图片等。不同的网页有不同的布局，一般情况下如何布局都是随网页内容和作者的创意而定。早期的网页布局通常是使用表格来实现的。通过表格的嵌套可以实现很复杂的布局，不过布局过后的后台代码已经很复杂了，很难读懂。表格布局的缺点还不止如此，缺少灵活性，一旦完成网页再想修改布局是很困难的。为了改变这种状况，现在的网页一般都采用 CSS 布局方法。

8.1　盒子模型

网页中的每个元素（文字或图像等）都占据着一定的页面空间。我们可以想象这个空间是一个盒子（box），如图 8-1 所示。

8.1.1　盒子模型结构

盒子中间放着网页元素（例如文字“楷”），盒子边框（border）有一定宽度，网页元素和盒子内边框之间的距离称为内间距（padding），盒子外边框与别的盒子相邻还有一定的外间距（margin）。

网页的 CSS 布局就是把这些盒子摆放好，以便达到预期的效果。所以，学习

CSS 布局首先应当了解单个的盒子(box)模型，了解盒子内部及盒子之间的一些特点。然后再了解正常情况下页面是如何自动摆放每个盒子的位置的。正常情况下，文档元素(文字、图像等)按顺序一个个排列起来，就像小河里的水流一样，即所谓标准文档流(Normal Document Stream)，这是我们首先要了解的概念。然后，当我们了解了盒子的浮动(float)和定位(position)方法之后，就可以随心所欲地布局网页元素了。

盒子(box)是网页排版布局的最基本单元。盒子里面可以装文字、图像等网页元素，盒子模型的结构如图 8-1 所示。下面，通过一个实例来验证一下盒子的构造或盒子模型。

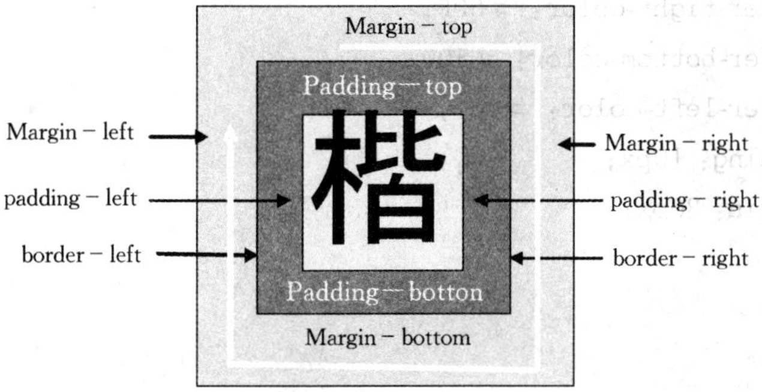

图 8-1 盒子模型

图 8-2 原始图片

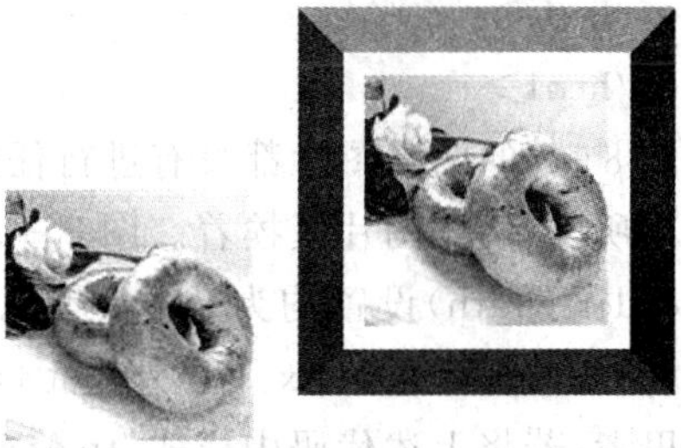

图 8-3 第 2 张图片设置边框、内边距、外边距

例 8-1 假如我们现在网页里插入 2 张相同的图画，两张图片紧挨着，如图 8-2所示。为了看清盒子模型，现在对后 1 张画加上 CSS 样式，设定它的边框宽(border width:20px)，上、右、下、左 4 个边框的颜色分别为：# 999、# 00f、# f00、# c00，内边距(padding:10px)，外边距(margin:10px)之后，变成了图 8-3。

HTML 代码如下：

```
<html>
```

```
<head>
  <title>盒子模型</title>
<style type="text/css">
.tp {
    border-top-width: 20px;
    border-right-width: 20px;
    border-bottom-width: 20px;
    border-left-width: 20px;
    border-top-color: #999;
    border-right-color: #00F;
    border-bottom-color: #F00;
    border-left-color: #C00;
    padding: 10px;
    margin: 20px;
}
</style>
</head>
<body>
<img src="img/15.jpg" width="110" height="110" />
<img src="img/15.jpg" width="110" height="110" class="tp"/>
</body>
</html>
```

图 8-2 的两张图片都没有进行任何设置，即默认边框宽度、内边距、外边距都是零。所以，两张图片紧挨着。图 8-3 中第 2 张图片的上、右、下、左 4 个边框宽度(border width)设置均为 20px，颜色分别为＃999、＃00f、＃f00、＃c00。4 个内边距(padding)均为 10px，4 个外边距(margin)均为 20px。

思考：若将上述代码中样式 .tp 修改如下，效果是否一样？

```
.tp {
    border-width: 20px;
    border-color: #999 #00f f00 #c00;
    padding: 10px;
    margin: 20px;
}
```

8.1.2　盒子属性的简写形式

(1) 盒子的属性可以用多种方式简写。可以给出 1 个、2 个、3 个、4 个参数值。以边框宽度为例。

boeder-width:20px;表示上、右、下、左 4 个边框均为 20px。

border-width:10px 20px;表示上、下边框宽 10px,左右边框宽 20px。

border-width:10px 20px 30px;表示上边框宽 10px,左、右边框宽 20px,下边框宽 30px。

border-width:10px 20px 10px 30px;表示上、右、下、左边框宽分别为 10px、20px、10px、30px。切记按顺时针方向即上、右、下、左的顺序。

归纳一下:

1 个参数,表示上下左右;

2 个参数,表示上下、左右;

3 个参数,表示上、左右、下;

4 个参数,表示上、右、下、左。

以上简写方法在 CSS 中有普遍性,各种属性简化表示基本如此。

(2) 还有一种简化写法,就是在同一行中标出同一元素的不同属性。例如

border:2px green dashed;

上边样式表示 4 条边都是宽 2px、绿色、虚线。

8.2　标准流

标准文档流(Normal Document Stream)简称文档流。它是指在平常情况下,即不使用人为的排版、定位等 CSS 规则时,网页元素默认的排列规则。

网页元素按其在页面中占位的情况分为行内元素(in line)和块级元素(block level)。

8.2.1　行内元素

在同一行内按顺序排列的元素称为行内(in line)元素。文字可在一行中一个挨一个的排列,是最典型的行内元素。<a>、<img>、<b>、<span>等都是行内元素。他们的共同特点是能和别的元素共同排列在一行,不单独占有行。当到达行尾时自动折行排列。每一行的长度取决于其父容器的宽度。

8.2.2 块级元素

每一个元素都要独占一行的称为块级元素。如：<li>、<div>、<table>等。不管块级元素本身宽度是多少，它的占位符(由虚线框标出)一直延伸到该行的末尾。每一行的长度取决于其父容器的宽度。

例 8-2 块级元素与行内元素

HTML 代码如下：

```
<html>
<head>
<title>块级元素与行内元素</title>
</head>
<body>
  <h2>块级元素 DIV</h2>
  <div><img src="img/15.jpg" width="110" height="110" />
</div>
  <div><img src="img/15.jpg" width="110" height="110" />
</div>
  <div><img src="img/15.jpg" width="110" height="110" />
</div>
  <h2>行内元素 Span</h2>
  <span><img src="img/15.jpg" width="110" height="110" />
</span>
  <span><img src="img/15.jpg" width="110" height="110" />
</span>
  <span><img src="img/15.jpg" width="110" height="110" />
</span>
</body>
</html>
```

效果如图 8-4 所示。

从效果图中看到，块级元素的盒子会在水平方向上自动延伸，直至一行的最右端为止，如虚线所示。这是块级元素的特点，虚线所包含的范围就是该块级元素所占的位置。行内元素可在同一行内排列多个。

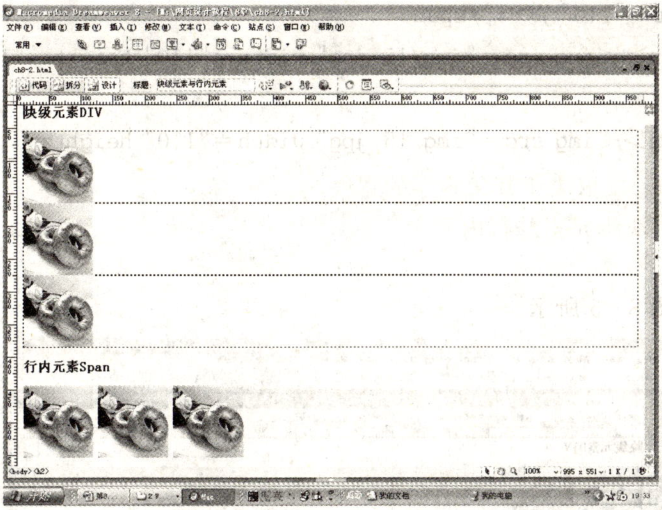

图 8-4　块级元素与行内元素

8.2.3　行内元素与块级元素的相互转换

可以使用盒子的 display 属性来实现块级元素和行内元素的相互转换。

例 8-3　将例 8-2 中头两个 div 块级元素的 dsplay 属性设为 inline；将第 1 个 span 行内元素的 display 属性设为 block。观察其效果。

HTML 代码如下：

```
<html>
<head>
<title>块级元素与行内元素</title>
</head>
<body>
  <h2>块级元素 DIV</h2>
  <div style="display:inline"><img src="img/15.jpg" width=
"110" height="110" /></div>
  <div style="display:inline"><img src="img/15.jpg" width=
"110" height="110" /></div>
  <div><img src="img/15.jpg" width="110" height="110" />
</div>
  <h2>行内元素 Span</h2>
  <span style="display:block"><img src="img/15.jpg" width=
```

```
"110" height="110" /></span>
        <span><img src="img/15.jpg" width="110" height="110" />
</span>
        <span><img src="img/15.jpg" width="110" height="110" />
</span>
    </body>
    </html>
```

效果如图 8－5 所示。

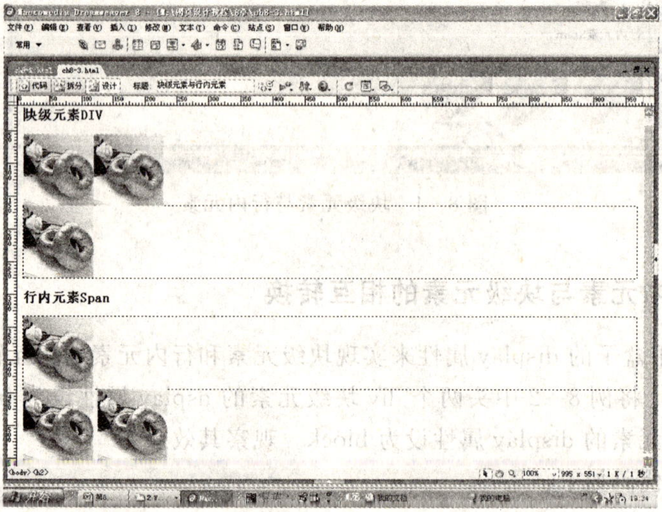

图 8－5　display 属性转换块级元素和行内元素

8.2.4　在标准流中盒子间距离的计算

在标准流中两个盒子之间的位置关系有水平并排放置、垂直上下放置或者内外嵌套放置 3 种情况。这时，计算两个盒子的距离实际上就是计算二者的margin。这里有一定规则。

(1) 行内元素间水平间隔(margin)的计算

两个行内元素只能在一行中并排放置，二者之间的距离就是相邻外边距之和。

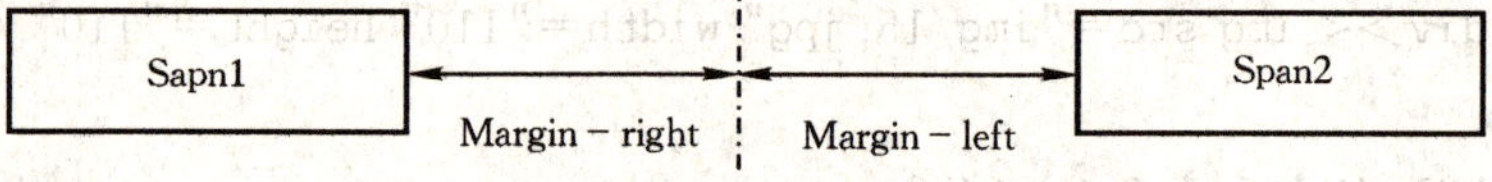

图 8－6　行内元素之间的距离是外边距之和

(2)块级元素间垂直距离的计算

两个块级元素不可能处在一行，故只能有垂直方向的距离。两个块级元素之间在垂直方向上的距离，等于二者 margin 中的最大者。注意，不是二者之和。

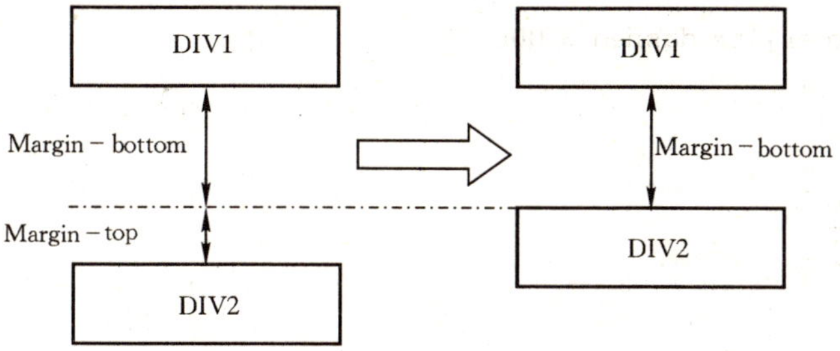

图 8－7　块级元素之间的距离取大

(3)嵌套盒子间距离的计算

两个盒子嵌套，外面的盒子成为“父”盒子，包在里面的称为“子”盒子。在网页布局中，DIV 标记形成嵌套的情况很普遍，往往有多层嵌套，即形成“祖父”、“父”、“子”，甚至更复杂的情况。

子块级元素也会在水平方向上自动延伸。不过，延伸的界限不是网页边界，而是父盒子的限制位置。

例 8－4　盒子嵌套

HTML 代码如下：

```
<html>
<head>
<title>父子块的边距算法</title>
<style type="text/css">
<!--
.father{                              /* 父 div */
    background-color:#a0c8ff;
    text-align:center;
    font-family:Arial, Helvetica, sans-serif;
    font-size:12px;
    padding:10px;
    border:1px solid #000000;
    margin:20px;
}
```

```
.son{                              /* 子 div */
    background-color:#ffee00;
    margin:30px 10px 20px 0px;
    padding:15px;
    border:1px dashed #000093;
}
-->
</style>
</head>

<body>
    <div class="father">
        <div class="son">子 div</div>
    </div>
</body>
</html>
```

运行效果如图 8-8 所示。

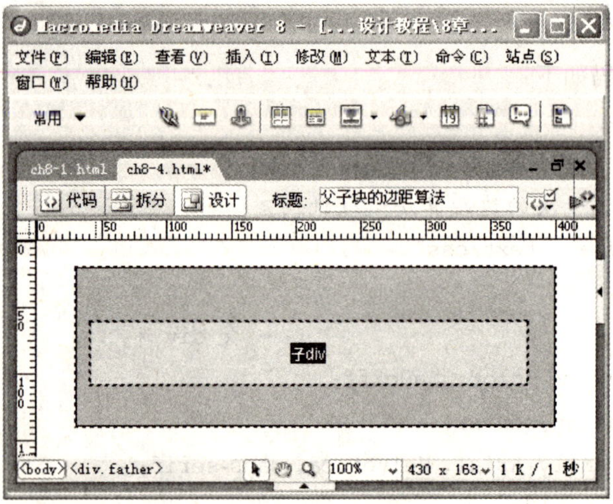

图 8-8 父子盒子嵌套原图

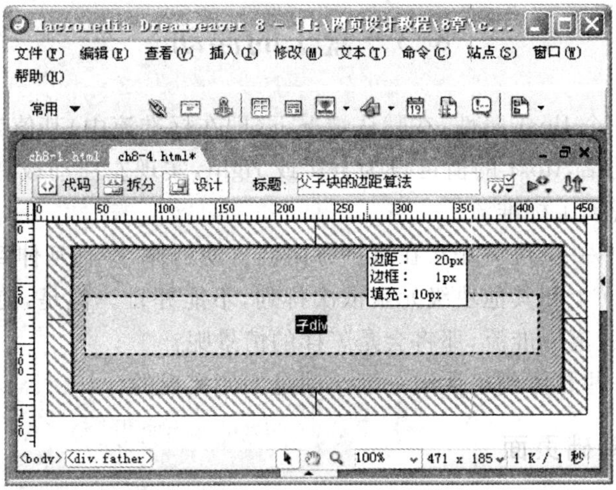

图 8-9　父盒子的 border 为 1、padding 为 10、margin 为 20

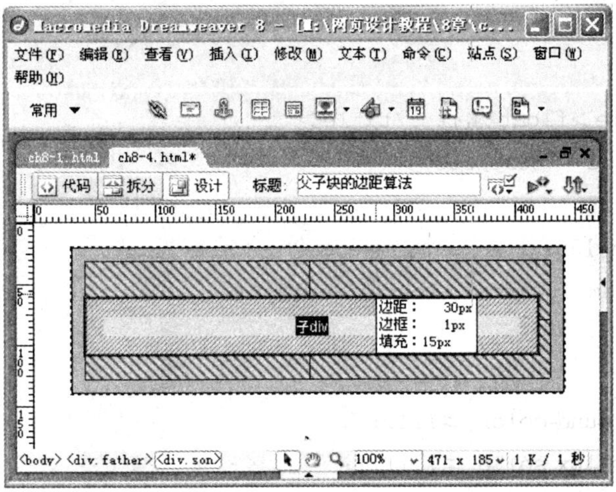

图 8-10　子盒子的 border 为 1、padding 为 15、margin 为 30 10 20 0

由以上 3 图可见，子 DIV 盒子到父 DIV 上边框的距离为：子 margin-top＋父 padding-top，而不是二者取一个大的，即 30px＋10px＝40px；二者右边距为子 margin-right＋父 padding-right ，即 10px＋10px＝20px；二者下边距为子 margin-bottom＋父 padding-bottom，即 20px＋10px＝30px；二者左边距为子 margin-left＋父 padding-left，即 10px。

8.3 盒子的浮动

CSS 中有一个 float 属性，在默认情况下（即在标准流中）其值为 none，不起作用。如果需要的话，float 的值可设为 left 或 right，实现左浮动或右浮动。元素向上层浮动后就脱离了标准流。

在标准流中，一个块级元素在水平方向会自动延伸，一直延伸到其父元素的边界；而在垂直方向上和其他块级元素依次排列，不能并排。但是，使用向上“浮动”方式后，该元素脱离标准流，那将会是怎样的情景呢？

下面通过一些具体例子认识一下浮动是如何实现的。

8.3.1 制作基础页面

先做一个基础页面，作为后面练习浮动的起始文件。文件名为 ch8-5. Html。

例 8－5 基础网页 ch8-5. html。

HTML 代码如下：

```
<html>
<head>
    <title>float 属性</title>
<style type="text/css">
body{
    margin:15px;
    font-family:Arial; font-size:12px;
    }
.father{
    background-color:#FFFFFF;
    border:1px solid #111111;
    padding:5px;
    }
.father div{
    padding:10px;
    margin:15px;
    border:1px dashed #111111;
    }
.father p{
```

```
        border:1px dashed #111111;
        background-color:#ff90ba;
        }
    .son1{
        background-color:#a0c8ff;
        }
    .son2{
        background-color:#FFee00;
        }
    .son3{
        background-color:#00FF66;
        }
    </style>
    </head>
    <body>
        <div class="father">
            <div class="son1">Box-1</div>
            <div class="son2">Box-2</div>
            <div class="son3">Box-3</div>
            <p>CSS 中有一个 float 属性,在默认情况下(即在标准流中)其值
为 none,不起作用。如果需要的话,float 的值可设为 left 或 right,块级元素就
会向其上级元素的左侧或右侧靠紧,上级元素盒子的宽度不再延伸,而是收缩,变
成行内元素。浮动属性在网页布局中起着非常重要的作用</p>
        </div>
    </body>
    </html>
```

运行效果如图 8－11 所示。

本例中使用了 DIV 嵌套。外层 DIV 使用类选择器(class="father"),其中包含 3 个 DIV 块级元素 box-1、box-2、box-3,以及一段文字。这都是为后边观察浮动效果做准备。

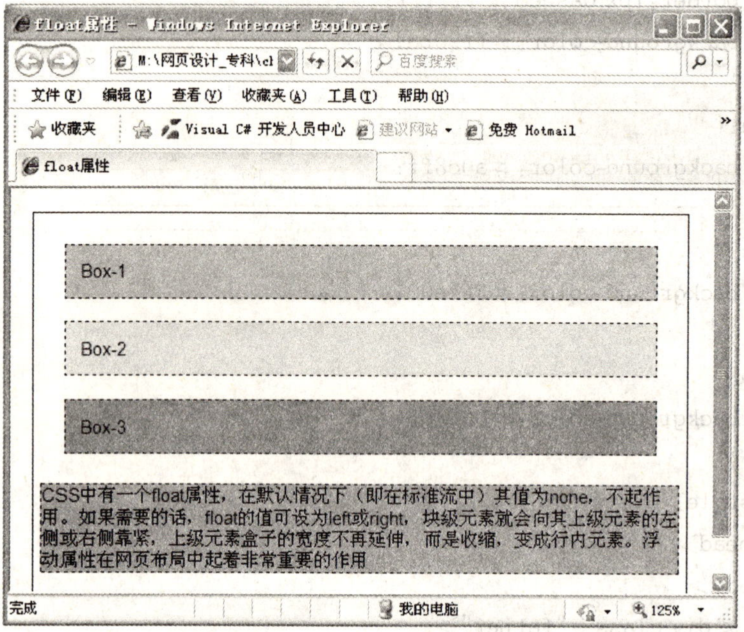

图 8-11　初始效果

8.3.2　设置 DIV 左浮动

1. 第一个 DIV 左浮动

在图 8-11 基础页面中，先让 box-1 左浮动，看看浮动后的效果。方法就是将 ch8-5.html 文件头部样式表中

```
.son1{ background-color:#0066CC}
```

改为：

```
.son1{background-color:#0066CC;float:left;
    }
```

效果图如 8-12 所示。

由此可见，第 1 个 DIV 盒子 box-1 向上左浮动后脱离标准流，不再遵守标准流的规则，box-1 盒子自身宽度已不再伸展，其宽度为仅仅能容下其中文字而已(图 8-13)。而标准流中的 DIV 盒子 box-2 取代了原 box-1 的位置(图 8-14)，box-1 浮动于 box-2 之上，box-1 和 box-2 的左边界重合。

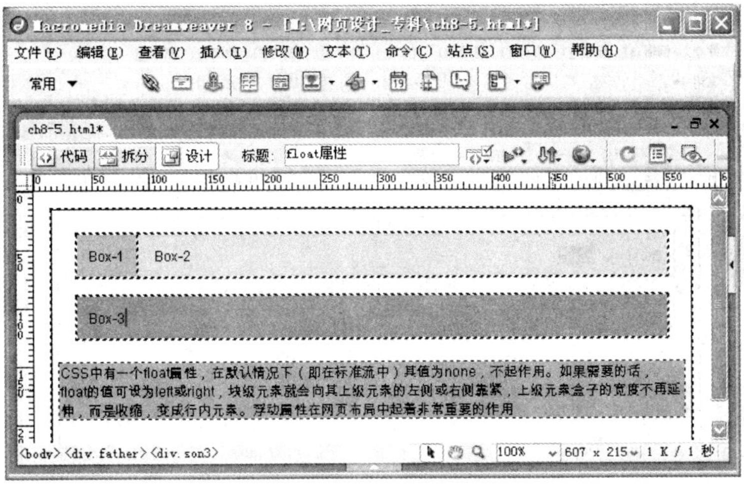

图 8-12　设置第 1 个盒子左浮动效果

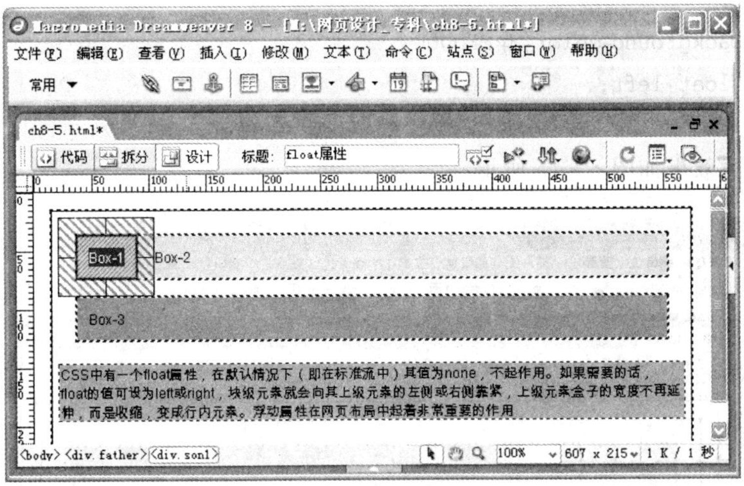

图 8-13　浮动后的 box-1

2. 设置第二个 DIV 浮动

接下来再让第 2 个盒子也左浮动。方法是再在上边第一步的基础上，修改样式.son2。将

```
.son2{ background-color:#FF0000; }
```

改为：

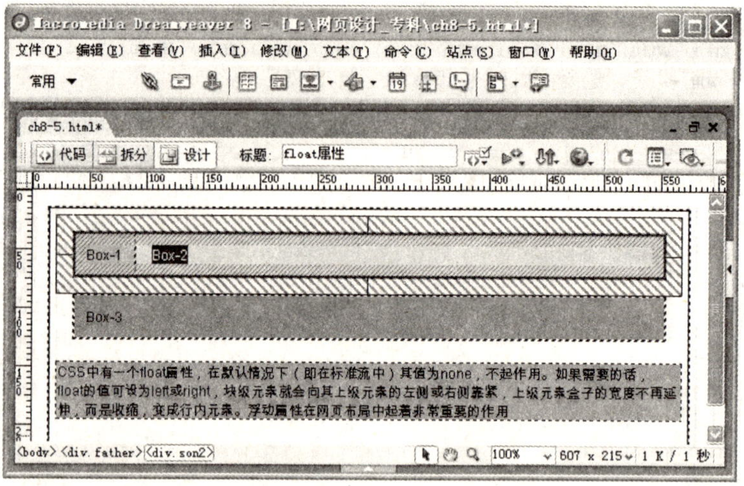

图 8-14　box-1 左浮动后的 box-2

```
.son2{
    background-color:#FF0000;
    float:left;
    }
```

修改后效果如图 8-15 所示。

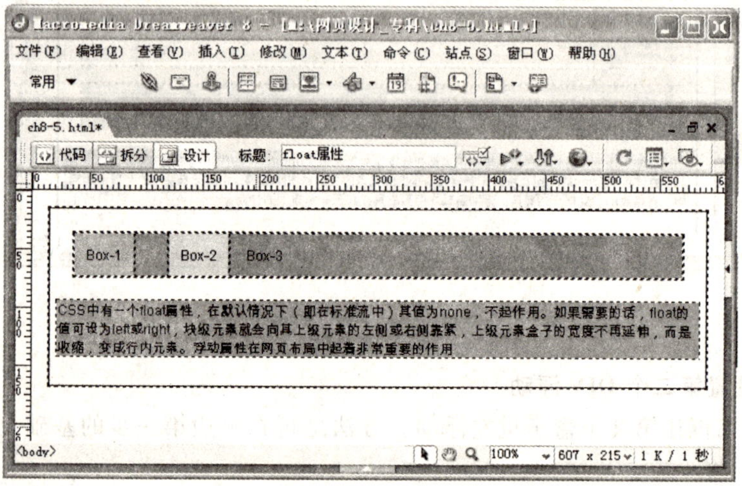

图 8-15　box-1、box-2 左浮动后效果

box-1、box-2 都左浮动以后，两者都脱离了文档流，向上浮动于 box-3 之上。这时，他们反而像行内元素一样顺序排列。以下分解图会看得更清楚。

3. 设置第 3 个 DIV 个浮动

接着上面的实验，再将最后一个 DIV 盒子 box-3 也左浮动。方法是在上一步的基础上，修改样式.son3。具体如下，将

```
.son3{
    background-color:#00FF66
    }
```

改为：

```
.son3{
    background-color:#00FF66;
    float:left;
    }
```

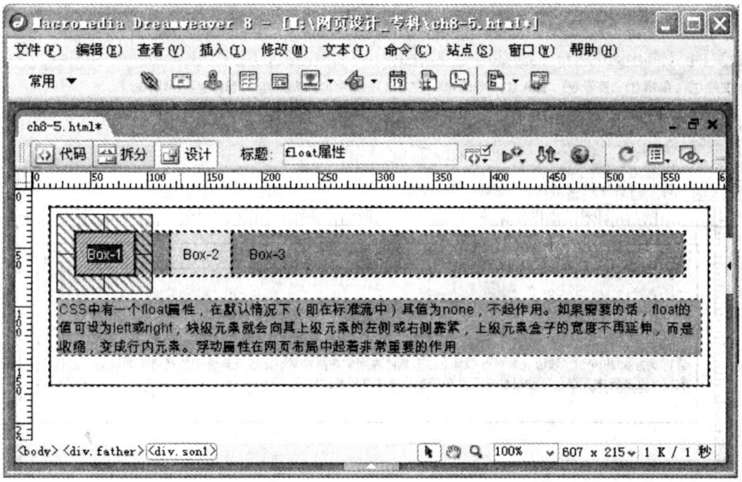

图 8-16　box-1 及其占位空间

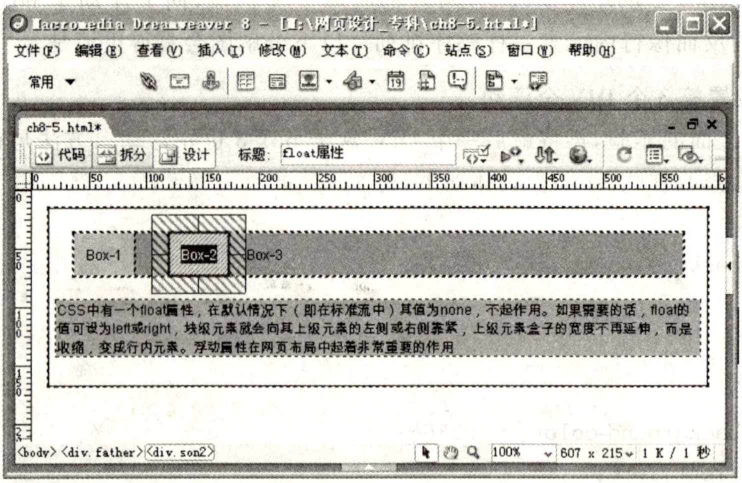

图 8-17　box-2 及其占位空间

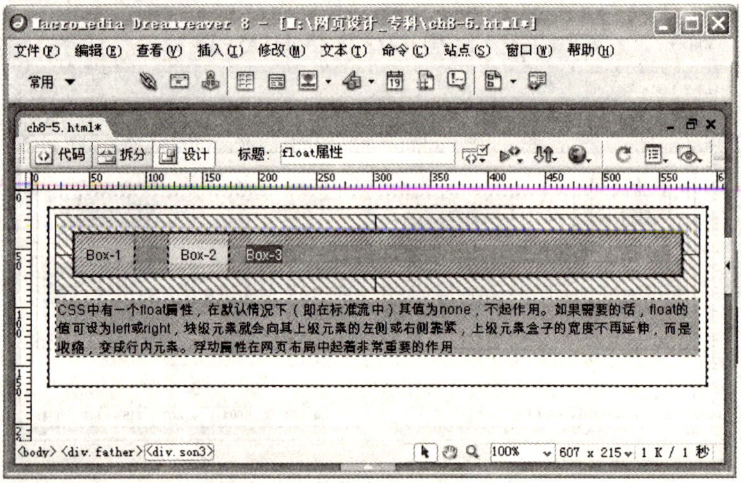

图 8-18　box-1、box-2 左浮动后，box-3 上移、占位情况

修改后的效果如图 8-19 所示。

3 个 DIV 盒子 box-1、box-2、box-3 全部左浮动后，<p>…<p>标记中的文字向上移动，接在 box-3 后面按行内元素方式排列。此时，3 个 DIV 盒子相当于 3 幅图片按顺序排列，其他文字则环绕在他们周围。

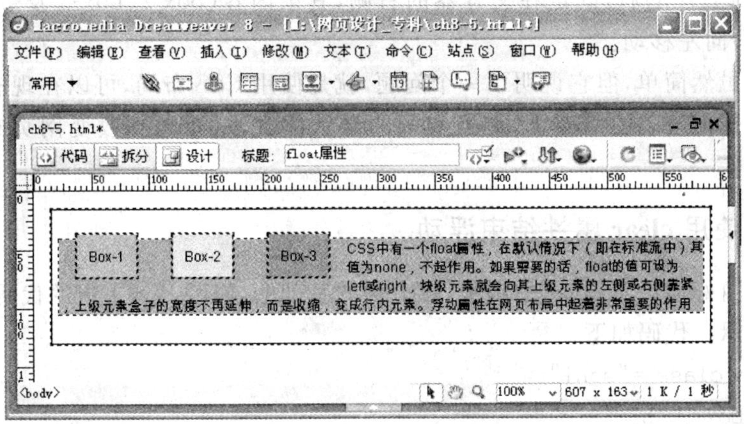

图 8-19　3 个 DIV 盒子全部左浮动

8.3.3　设置 DIV 右浮动

在上例的基础上，如果改变浮动的方向，例如，让 box-1 右浮动，即改变.son1 的样式如下

```
.son1{
    background-color:#0066CC;
    float:right;
    }
```

则效果如图 8-20 所示。

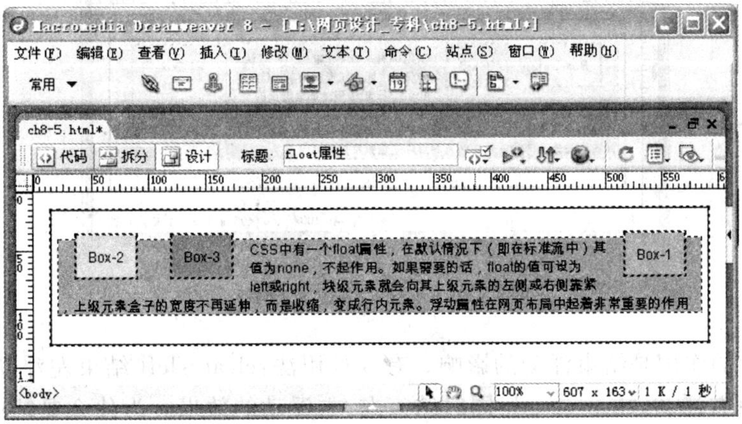

图 8-20　box-1 右浮动效果

box-1 右浮动后，固定在父容器的右侧，其余内容（box-2、box-3 及<p>标记中的文字）向左移动。

本例虽然简单，但它说明了一个问题，就是使用 CSS 布局，可以在现有HTML代码不作任何改动的情况下，调换盒子的显示位置，从而达到改变网页布局的目的。

8.3.4 使用 clear 属性结束浮动

为了更好地说明 clear 的用法，在上例的基础上，修改 Box-1 中的代码，使之实现 4 行显示。代码如下：

```
<div class="son1">
    Box-1<br/>
    Box-1<br/>
    Box-1<br/>
    Box-1
</div>
```

效果如图 8－21 所示。

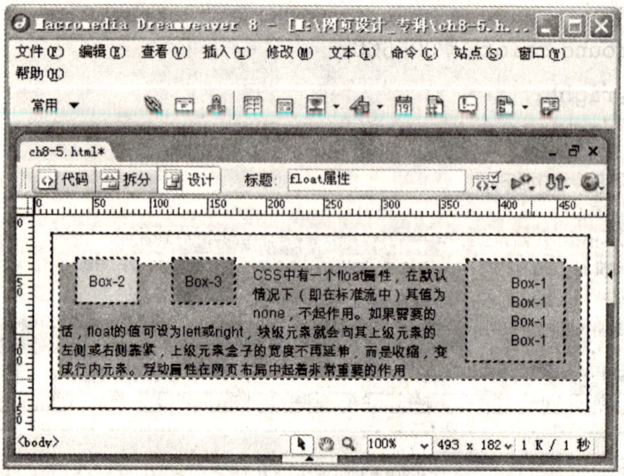

图 8－21　box-1 变成 4 行显示

clear 的作用是结束浮动的影响。有 3 种用法：clear ：left 结束左浮动，clear ：right 结束右浮动，clear ：both 同时结束左、右浮动的效果。为什么要结束浮动效果、什么时候结束浮动效果？我们以图 8－21 为例说明。

如果不想让文字环绕在浮动后的盒子周围，而是单独在新行显示，就必须在 p

段落中结束浮动的影响。具体方法是，修改 p 段落的样式表。

```
.father p{
    border:1px dashed #111111;
    background-color:#ff90ba;
    }
```

改为：

```
.father p{
    border:1px dashed #111111;
    background-color:#ff90ba;
    clear:left;
    }
```

这时，左浮动的效果在 p 盒子中消失了。效果如图 8-22 所示。

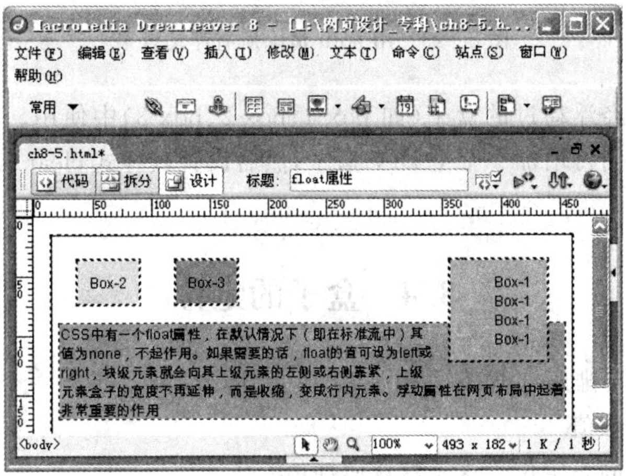

图 8-22　左浮动取消了，右浮动还在

如果要取消所有的浮动效果，则应修改.father p 样式表。

```
.father p{
    border:1px dashed #111111;
    background-color:#ff90ba;
    clear : both;
    }
```

修改后效果如图 8-23 所示。

注意：clear 方法只能在不需要浮动效果的盒子中使用。例如本例中的 p 盒

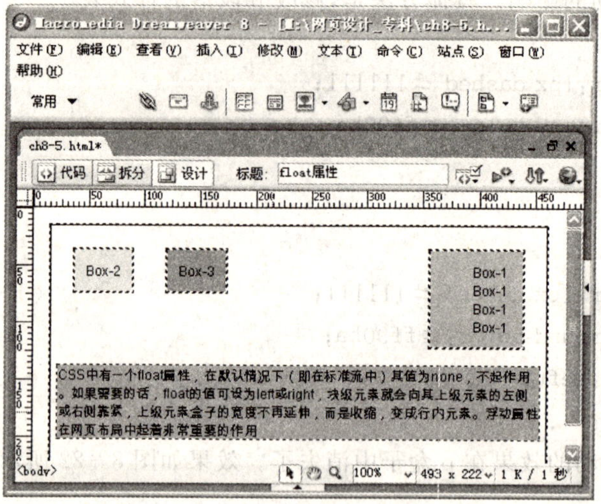

图 8-23　用 both 清除所有浮动效果

子，决不能在已经浮动过的盒子（如 box-1、box-2、box-3）中使用。有时候，为了结束浮动效果，专门再增加一个空 DIV 盒子，然后设置其样式 clear : both，以结束浮动的效果。

8.4　盒子的定位

在 CSS 中与排版布局有关的属性除了 float 之外，还有一个就是 position。position 有 4 个取值

（1）static：静态定位。这是默认属性值。

（2）relative：相对定位。它以盒子自身起始的位置为参照。例如以盒子起始位置的左上角为圆点，进行 X、Y 轴方向移位定位。

（3）absolute：绝对定位。绝对定位的基准是一个已经定位的祖先盒子。例如父盒子已经定位，则以父盒子的左上角为坐标原点，在 X、Y 轴方向发生移位以便定位。绝对定位的盒子脱离了标准流，因此不会影响其他兄弟盒子的定位。

（4）fixed：固定定位。固定定位的基准是浏览器窗框，其位置与浏览器内容无关，与父盒子无关。当拖动浏览器窗口的滚动条时，固定定位的盒子不动。

8.4.1　静态定位

静态定位（static）没有任何移动的效果，保持在原来的位置上。这是 position

默认的属性值，当 CSS 中没有设置 position 属性时，就是静态定位。前面讲的所有实例都没有设置 position 属性，所以都是静态定位。

例 8-6 静态定位页面，后面各定位例都是以其为基础的。

HTML 代码如下：

```
<html>
<head>
  <title>position 属性</title>
<style type="text/css">
body{
    margin:20px;
    font :Arial 12px;
}
#father{
    background-color:#a0c8ff;
    border:1px dashed #000000;
    padding:15px;
}
#block1{
    background-color:#fff0ac;
    border:1px dashed #000000;
    padding:10px;
}
</style>
</head>
<body>
    <div id="father">
        <div id="block1">Box-1</div>
    </div>
</body>
</html>
```

效果如图 8-24 所示。

注意：两个 DIV 盒子 father 和 block1 的颜色都是通过背景色设置的。若是图片也通过背景图片设置，一般不会通过插入图片的办法实现。

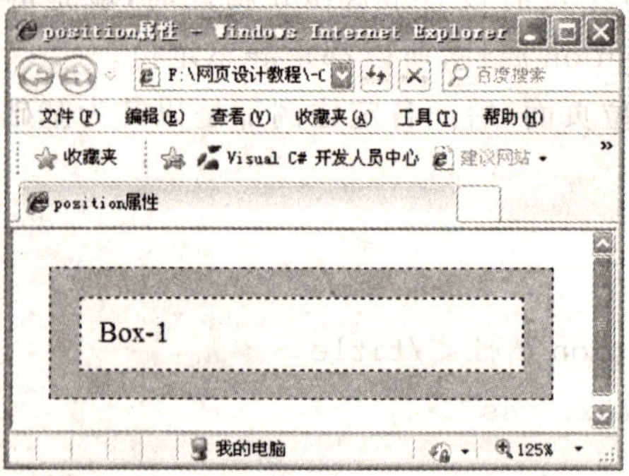

图 8-24 没有设置 position 属性时的状态

8.4.2 相对定位

相对定位(relative)方法是以盒子原来的位置为参照来定位的。例如,若以原来盒子的左上角为圆点,X 轴方向由 left 的值来确定;Y 轴方向由 top 的值来确定,left 与 top 的值可为正值,也可为负值,正值表示坐标的正方向,负值表示坐标的反方向。

圆点还可以任意确定,例如用 right 和 top 分别表示 X、Y 轴方向的值,则原点选的就是右上角。注意,选择不同的圆点,就选择了不同的坐标系,就有不同的正方向。

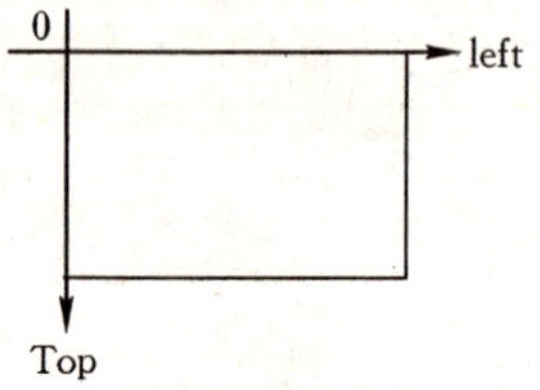

图 8-25 左上角坐标系

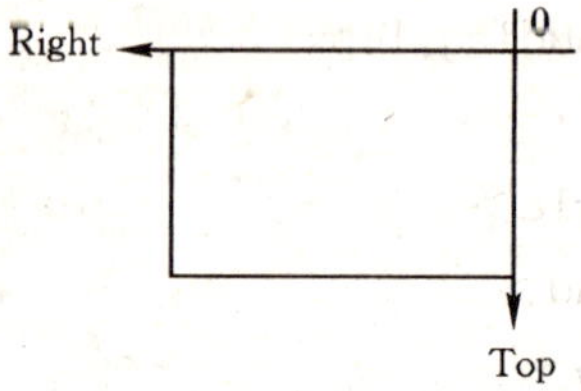

图 8-26 右上角坐标系

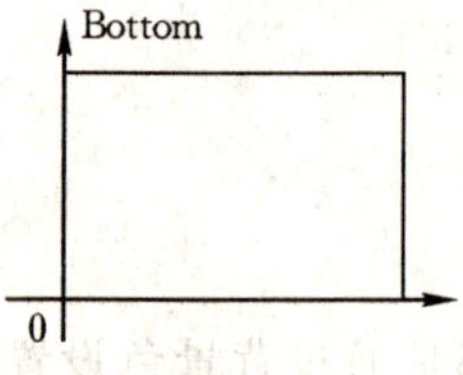

图 8-27 左下角坐标系

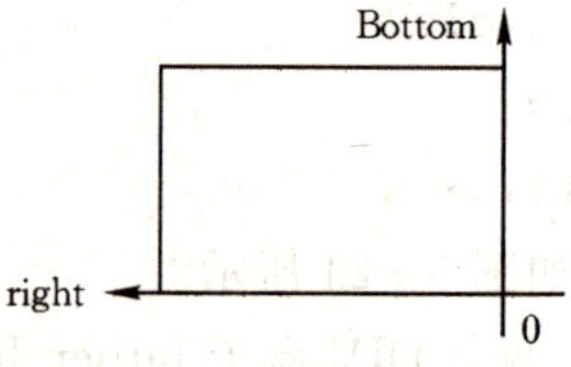

图 8-28 右下角坐标系

例 8－7　在例 8－6 中，block1 以左上角坐标系定位，X、Y 方向各移动 30px。具体方法，只要修改 CSS 样式表中 #block1 即可。

#block1 样式修改如下：

```
#block1{
    background-color:#fff0ac;
    border:1px dashed #000000;
    padding:10px;
    position:relative;
    left:30px;
    top:30px
}
```

修改后效果如图 8－29。

若采用右上角坐标系，X、Y 方向仍移动 30px。则 #block1 样式表修改如下：

```
#block1{
    background-color:#fff0ac;
    border:1px dashed #000000;
    padding:10px;
    position:relative;
    right:30px;
    top:30px
}
```

效果如图 8－30 所示。

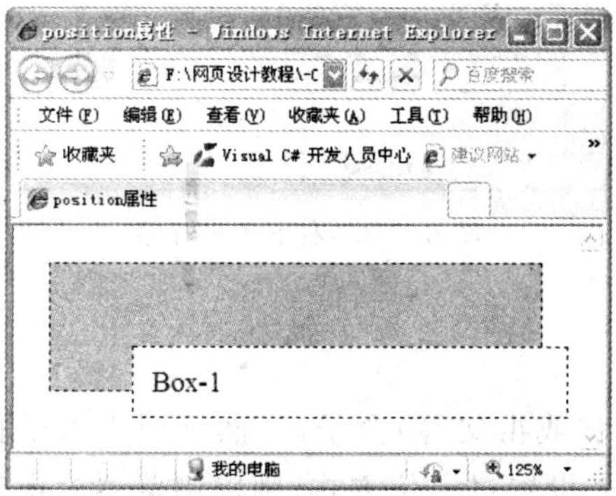

图 8－29　相对定位

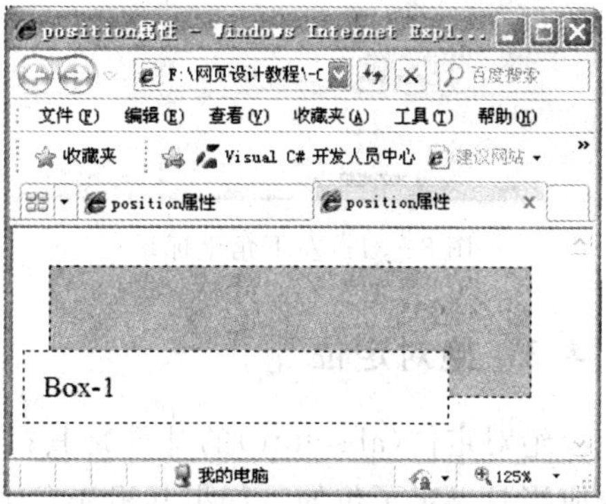

图 8－30　左上角坐标系

若采用左下角坐标系，X、Y 方向仍移动 30px。则 #block1 样式表修改如下：

```
#block1{
    background-color:#fff0ac;
    border:1px dashed #000000;
    padding:10px;
    position:relative;
    left:30px;
    bottom:30px  }
```

效果如图 8-31 所示。

若采用右下角坐标系,X、Y 方向仍移动 30px。则#block1 样式表修改如下:

```
#block1{
    background-color:#fff0ac;
    border:1px dashed #000000;
    padding:10px;
    position:relative;
    right:30px;
    bottom:30px  }
```

效果如图 8-32 所示。

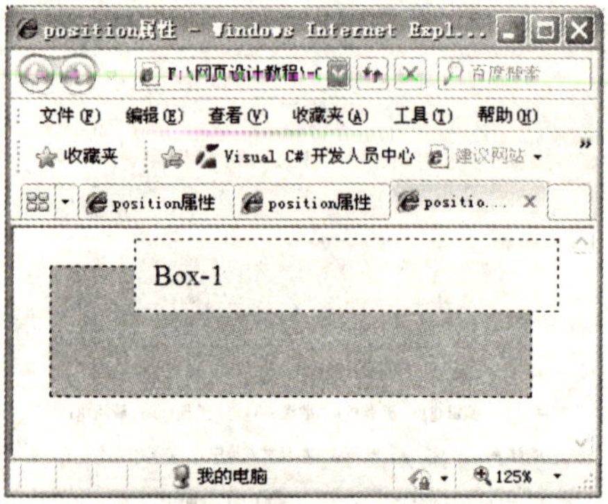

图 8-31 左下角坐标系

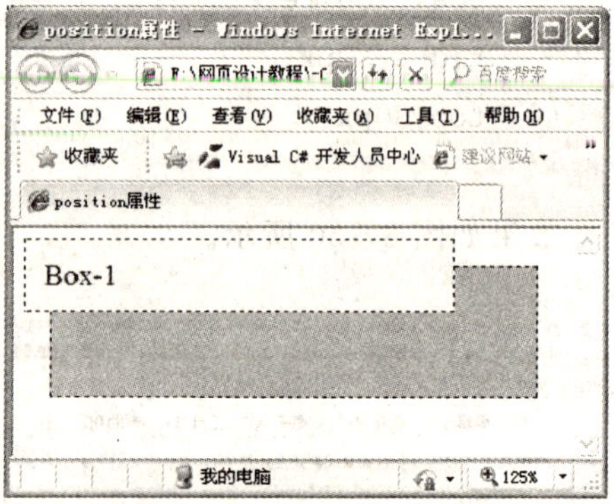

图 8-32 右下角坐标系

8.4.3 绝对定位

绝对定位(absolute)的基准是其祖先(父或祖父等)盒子,当然该祖先盒子自身应当是已定了位的。如果其祖先盒子都未设置过定位方式,则以浏览器为定位标准。绝对定位的盒子都脱离了标准流。

下面就以实例来说明绝对定位的原则。

1. 首先建立一个基础页面

例 8－8 基础页面文件。

HTML 代码如下：

```
<html>
<head>
<title>absolute 属性</title>
<style type="text/css">
body{
    margin:20px;
    font-family:Arial;
    font-size:12px;
}
#father{
    background-color:#a0c8ff;
    border:1px dashed #000000;
    padding:15px;
}
#father div{
    background-color:#fff0ac;
    border:1px dashed #000000;
    padding:10px;
    }
#block2{
}
</style>
</head>
<body>
    <div id="father">
        <div >Box-1</div>
        <div id="block2">Box-2</div>
        <div >Box-3</div>
    </div>
</body>
</html>
```

效果如图 8－33 所示。

由上图可见，本例中一个父 DIV 盒子里面有 3 个子 DIV 盒子，都是标准流方式排列，尚未定位。

2. 使用绝对定位

下面将第 2 个盒子 box-2 绝对定位，观察其效果。方法是修改例 8－8 中样式 #block2 如下：

```
#block2{
    position:absolute;
    top:0;
    right:0;
}
```

效果如图 8－34 所示。

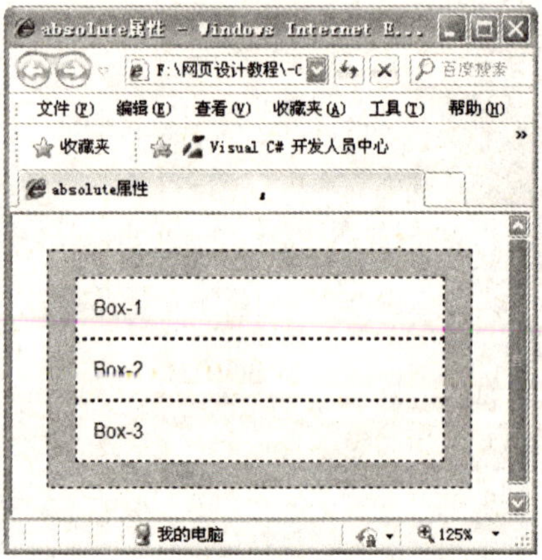

图 8－33　未设置定位的原始页面

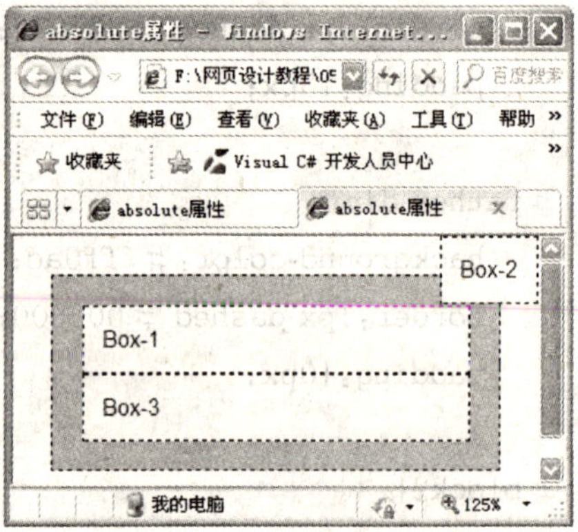

图 8－34　box-2 绝对定位

本例中只是对 box-2 进行了绝对定位操作，X、Y 方向位移全是 0px。由于其父盒子没有定过位，故它以浏览器右上角为基准定位。

若此时对其父盒子也定位，再看效果。方法是接上例修改样式 #father 如下：

```
#father{
    background-color:#a0c8ff;
    border:1px dashed #000000;
    padding:15px;
    position:relative;
}
```

效果如图 8－35 所示。

当父盒子设置了定位以后，box-2 就以父盒子为定位标准，回到了父 DIV 的右上角。

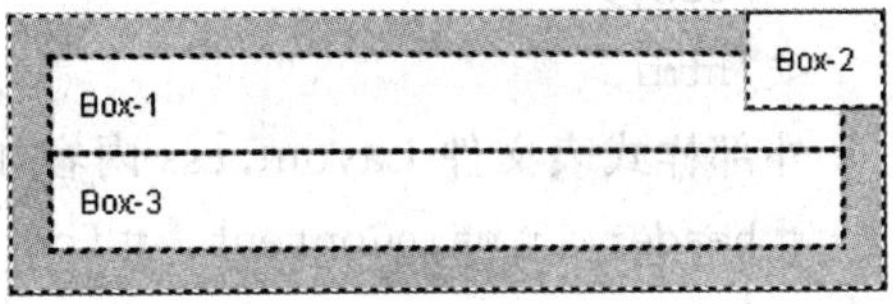

图 8－35　父盒子设置了定位

注意：在网页布局中所使用的方法之一就是绝对定位法。首先设置父盒子相对定位，这样，子盒子绝对定位就有了依据。

例 8－9　若要布局页面如图 8－36 所示，试用绝对定位法实现之。

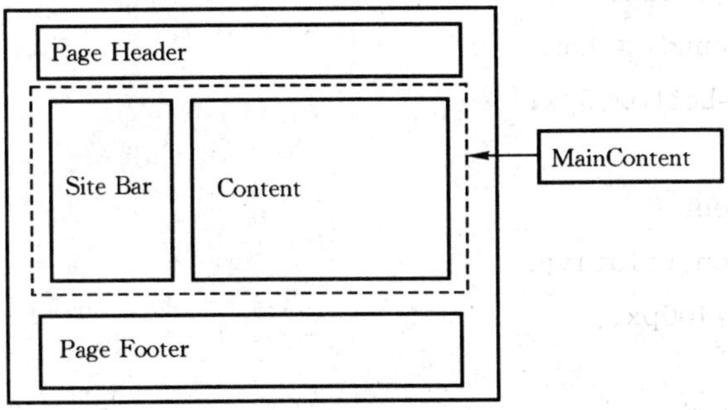

图 8－36　绝对定位布局

HTML 代码如下：

```
<html>
<head>
  <title>1+2+1</title>
  <link href="layout.css" rel="stylesheet" type="text/css" />
</head>
<body>
<div id="container">
  <div id="header">这是 Header</div>
  <div id="mainContent">
    <div id="sidebar">这是 sidebar</div>
    <div id="content">这是 content</div>
  </div>
  <div id="footer">这是 footer<span style="display:none">
  </span></div>
</div>
```

```
</body>
</html>
```

外部样式表文件 Layout. css 内容如下：

```
#header, #mainContent, #footer{
    margin:0 auto;
    width:760px
    }
#header {
    height:100px;
    background:#9c6;
    margin-bottom:5px;
    }
#mainContent {
    position:relative;
    height:400px;
    }
#sidebar {
    position:absolute;
    top:0;
    left:0;
    width:200px;
    height:398px;
    background:#cf9;
    }
#content {
    margin-left:202px;
    height:398px;
    background:#ffa;
    }
#footer {
    height:60px;
    background:#9c6;
    }
```

效果如图 8－37 所示。

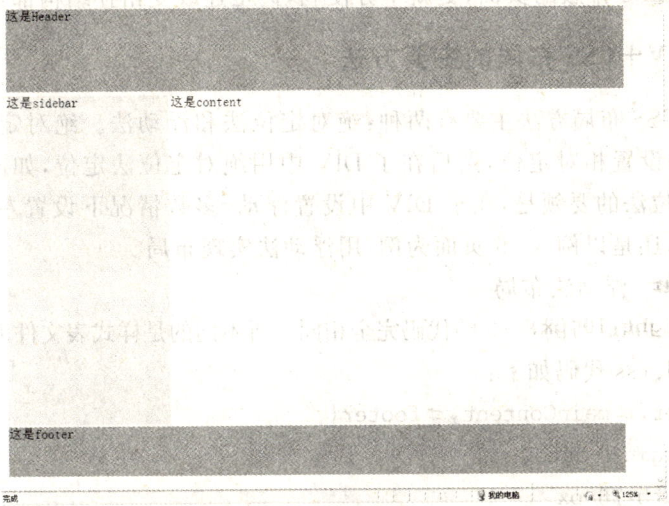

图 8-37　绝对定位布局

注意，本例中间部分(MainContent)使用了绝对定位法布局。首先，在父 DIV(MainContent)中用相对定位，这样其子 DIV(SideBar)就有了绝对定位的依据。设 sideBar 的 top:0px;left:0px;即与父 DIV 的左上角对齐。因为 sideBar 绝对定位后脱离了标准流，它的兄弟 DIV(content)布局时仍在标准流中，就当 sideBar 不存在一样。设置 content 的 margin-left: 202px; 正好让开 sideBar(宽度为 200px)，排在 sideBar 的右边，布局完成。

综上所述，绝对定位布局的法则是：相对父亲绝对子。

用绝对定位的方法布局的网页不会随窗口大小的改变而改变。

8.4.4　固定定位

position 属性的第 4 个取值是固定定位(fixed)。固定定位与绝对定位有些类似，区别在于基准不一样。固定定位的基准不是祖先元素，而是浏览器窗口。由于目前还没有被 IE6 支持，因此暂不介绍。

8.5　DIV＋CSS 布局方法

8.5.1　CSS 排版的观念

CSS 排版是最近几年内才发展起来的新观念。它将页面首先在整体上进行<DIV>标记分块处理，然后对各块进行 CSS 定位，最后再在各块中添加相应的内容。通过 CSS 排版的页面，更新十分便利，甚至连改变拓扑结构都很容易。

8.5.2 DIV+CSS 布局的主要方法

DIV+CSS 布局方法主要有两种：绝对定位法和浮动法。绝对定位法就是先在父 DIV 中设置相对定位，然后在子 DIV 中用绝对定位法定位，如同例 8－8 所示。浮动定位法的要领是，在子 DIV 中设置浮动，多数情况下设置左浮动（float：left）。下面，还是以例 8－9 页面为例，用浮动法实现布局。

例 8－10 浮动法布局

例 8－10.html 与例 8－9 的代码完全相同。所不同的是样式表文件 Layout1.css。

Layout1.css 代码如下：

```
#header,#mainContent,#footer{
    margin:0 auto;
    width:760px
    }
#header {
    height:100px;
    background:#9c6;
    margin-bottom:5px;
    }
#mainContent {
    height:400px;
    }
#sidebar {
    float:left;
    width:200px;
    height:398px;
    background:#cf9;
    }
#content {
    float:left;
    height:398px;
    width:558px;
    background:#ffa;
    }
```

```
#footer {
    height:60px;
    background:#9c6;
    clear:both;}
```

效果如图 8-38 所示。

图 8-38 浮动法布局

本例中不涉及绝对定位或相对定位。只要在子 DIV 中设置其浮动。例如本例 id 号为 sidebar 的样式为

```
#sidebar{
    float:left;
    width:200px;
    height:398px;
    background:#cf9;
    }
```

设置本 DIV 左浮动,并指明宽 200px、高 398px,背景色为#cf。

设置 id 号为 content 的 DIV 容器样式为:

```
#content {
    float:left;
    height:398px;
    width:558px;
```

```
    background:#ffa;
}
```

设置本 DIV 左浮动，高 398px、宽 558px，背景色 #ffa。

注意：这两个 DIV 的宽度之和不能超过其父 DIV（#mainContent）的宽度 760px。

最后，在不浮动的 #footer div 中，消除浮动的影响（clear: both;）。

8.5.3 网页布局实例

最后以一电子商务网站的为例，讲述一下网页布局的一些具体做法和技巧。这些技巧包括 DIV 浮动、DIV 中图片的显示、如何制作导航条等。

例 8-11 《红色旅游》网站

图 8-39 《红色旅游》网站主页

《红色旅游》网站结构如图 8-40 所示。

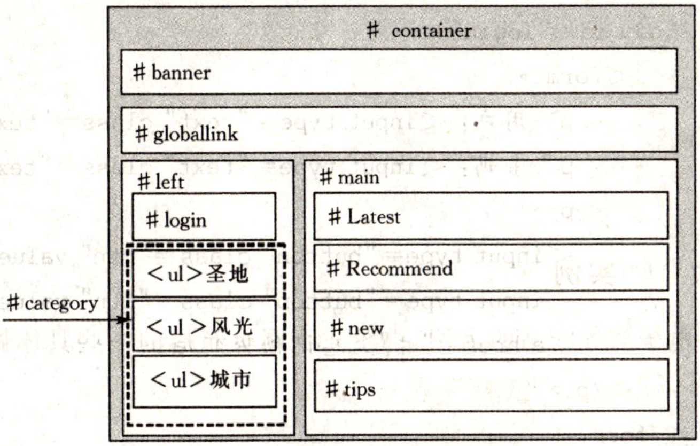

图 8-40　DIV 布局结构图

红色旅游网站主页 index. html 代码

```
<html>
<head>
<title>旅游</title>
<link href="style.css" rel="stylesheet" type="text/css" />
</head>
<body>
    <div id="container">
    <div id="banner"></div>
    <div id="globallink">
        <ul>
            <li><a href="#">首页</a></li>
            <li><a href="#">周边旅游</a></li>
            <li><a href="#">国内旅游</a></li>
            <li><a href="#">名胜古迹</a></li>
            <li><a href="#">自然风光</a></li>
            <li><a href="#">国外旅游</a></li>
            <li><a href="#">导航</a></li>
        </ul>
        <br>
    </div>
```

```
<div id="left">
    <div id="login">
        <form>
            <p>用户：<input type="text" class="text"></p>
            <p>密码：<input type="text" class="text"></p>
            <p>
              <input type="button" class="btn" value="登录">
              <input type="button" class="btn" value="注册">
              <a href="#">忘记秘密</a>
            </p>
        </form>
</div>
<div id="category">
    <h4><span>革命圣地</span></h4>
    <ul>
        <li><a href="#">延安</a></li>
        <li><a href="#">西柏坡</a></li>
        <li><a href="#">瑞金 </a></li>
        <li><a href="#">遵义</a></li>
        <li><a href="#">南昌</a></li>
        <li><a href="#">广州</a></li>
        <li><a href="#">一大会址</a></li>
        <li><a href="#">红岩纪念馆 </a></li>
    </ul>
    <h4><span>自然风光</span></h4>
    <ul>
        <li><a href="#">华山</a></li>
        <li><a href="#">泰山</a></li>
        <li><a href="#">衡山</a></li>
        <li><a href="#">恒山</a></li>
        <li><a href="#">峨眉山</a></li>
        <li><a href="#">千岛湖</a></li>
        <li><a href="#">天山</a></li>
        <li><a href="#">天池</a></li>
```

```
            </ul>
            <h4><span>推荐城市</span></h4>
            <ul>
                <li><a href="#">古城西安 </a></li>
                <li><a href="#">山城重庆 </a></li>
                <li><a href="#">日光城拉萨</a></li>
                <li><a href="#">牡丹城洛阳</a></li>
                <li><a href="#">花城广州</a></li>
                <li><a href="#">泉城济南</a></li>
                <li><a href="#">春城昆明</a></li>
            </ul>
        </div>
    </div>
    <div id="main">
        <div id="rmtj">
          <a href="#"> <img src="天安门.jpg" width="240"
height="141" /></a>
          <a href="#"></a> _ <img src="ya.jpg" width="238"
height="140" />
        </div>
        <div id="recommend">
            <ul>
                <li><a href="#"><img src="rj.jpg" width="75"
height="75" /><br>
              瑞金</a></li>
                <li><a href="#"><img src="hj.jpg" width="75"
height="75"><br>
              红井</a></li>
                <li><a href="#"><img src="dls.jpg" width="75"
height="75"><br>
              井冈纪念碑</a></li>
                <li><a href="#"><img src="jgs.jpg" width="75"
height="75"><br>
            巍巍井冈</a></li>
```

```
            <li><a href="#"><img src="hs.jpg" width="75"
height="75" /><br>
          会师</a></li>
            <li><a href="#"><img src="ldq.jpg" width="75"
height="75"><br>
          泸定桥</a></li>
            <li><a href="#"><img src="zy.jpg" width="75"
height="75"><br>
          遵义</a></li>
            <li><a href="#"><img src="nnw.jpg" width="75"
height="75"><br>
          南泥湾</a></li>
        </ul>
        <br>     </div>
    <div id="new">
        <ul>
            <li><a href="#">
                <img src="0U396U3x086g4yls.jpg" width="75"
height="75">
                <br>言子墓</a>
            </li>
            <li><a href="#"><img src="a.jpg" width="75"
height="75"><br>
                白马涧生态园</a>
            </li>
            <li><a href="#">
              <img src="2t64oluiModl9g54s.jpg" width="75" height
="75"><br>
                徐达墓</a>
            </li>
            <li>
              <a href="#">
                <img src="205U1753x0DsV4ys.jpg" width="75"
height="75">
```

```
          <br> 莫愁湖</a>
        </li>
      </ul>
      <br>     </div>
  <div id="tips">
      <ul>
        <li><a href="#">巴比伦空中花园 </a></li>
        <li><a href="#">亚历山大灯塔 </a></li>
        <li><a href="#">罗德港巨人雕像 </a></li>
        <li><a href="#">宙斯神像</a></li>
        <li><a href="#">阿尔忒弥斯神庙</a></li>
        <li><a href="#">摩索拉斯陵墓</a></li>
        <li><a href="#">埃及金字塔</a></li>
        <li><a href="#">秦始皇陵兵马俑 </a></li>
      </ul>
      <br> 
    </div>
  </div>
</div>
</body>
</html>
```

其样式文件 style. css 代码

```
 body{
   margin:1px 0px 0px 0px;
   padding:0px;
   text-align:center;
   font-size:12px;
   font-family:Arial, Helvetica, sans-serif;
 }
 #container{
   position:relative;
   margin:0px auto 0px auto;
   width:701px;
   height:auto;
```

```
  text-align:left;
  background-color: #FF8080;
}
#banner{
  width:700px;
  height:164px;
  background-image: url(hsly.jpg);
}

#globallink{
  margin:0px; padding:0px;
}
#globallink ul{
  list-style:none;
  padding:0px; margin:0px;
}
#globallink li{
  float:left;
  text-align:center;
  width:100px;
}
#globallink a{
  display:block;
  padding:9px 6px 11px 6px;
  background:url(button1.jpg) no-repeat;
  margin:0px;
}
#globallink a:link, #globallink a:visited{
  color: #630002;
  text-decoration:none;
}
#globallink a:hover{
  color: #FFFFFF;
  text-decoration:underline;
```

```
  background:url(button1_bg.jpg);

  /* 替换背景图片 */
}

#left{
  width:180px;
  float:left;

  margin:1px 0px 0px 0px;
}
#login{
  background: url(yh.jpg) no-repeat;
  padding:55px 0px 10px 0px;
  margin:0px 1px;
}
#login form{
  padding:0px; margin:0px;
}
#login p{
  margin:0px; text-align:left;
  padding:5px 0px 0px 25px;
}
#login p input{
  font-family:Arial, Helvetica, sans-serif;
  font-size:12px;
}
#login form input.text{
  border-bottom:1px solid #000000;
  border-left:none; border-right:none;
  border-top:none;
  padding:0px; width:90px;
}
#login form input.btn{
```

```
    border:1px solid #000000;
    background-color:#ffeff0;
    height:17px; padding:0px;
}
#login p a:link, #login p a:visited{
    color:#333333;
    text-decoration:none;
}
#login p a:hover{
    color:#000088;
    text-decoration:underline;
}

#category{
    background: url(cs.jpg) no-repeat;
    padding:55px 0px 40px 0px;
    margin:0px 1px;
}
#category h4{
    margin:0px 18px 0px 18px;
    padding:3px 0px 1px 5px;
    background-color:#ffd1d1;
    font-size:12px;
}
#category ul{
    list-style:none;
    margin:0px;
    padding:5px 22px 15px 22px;
}
#category ul li{
    padding:2px 0px 2px 16px;
    border-bottom:1px dashed #999999;
    background:url(icon1.gif) no-repeat 5px 7px;
}
```

```
#category ul li a:link, #category ul li a:visited{
  color:#000000;
  text-decoration:none;
}
#category ul li a:hover{
  color:#666666;
  text-decoration:underline;
}
#main{
  float:left;
  width:518px;
  margin:1px 0px 0px 2px
}
#latest{
  background: url(rm.jpg) no-repeat;
  padding:35px 0px 0px 0px;
}
#latest img{
  border:none;
  padding-left:1px;
}
#recommend{
  background: url(dh.jpg) no-repeat;
  margin:5px 0px 0px 0px;
  padding:35px 0px 0px 0px;
  background-color:#FFFFFF;
}
#recommend br, #new br, #tips br{
  display:block;
  clear:both;
  margin:0px; padding:0px;
}
#recommend ul, #new ul{
  list-style:none;
```

```
    margin:0px;
    padding:5px 5px 5px 8px;
  }
  #recommend ul li, #new ul li{
    text-align:center;
    float:left;
    width:125px;
  }
  #recommend ul li img, #new ul li img{
    border:none;
    margin:5px 0px 3px 0px;
    padding:0px;
  }
  #recommend ul li a:link,#recommend ul li a:visited, #new ul li a:
link,#new ul li a:visited{
    color:#666666;
    text-decoration:none;
  }
  #recommend ul li a:hover, #new ul li a:hover{
    color:#d20005;
    text-decoration:underline;
  }
  #new{
    background: url(xw.jpg) no-repeat;
    margin:5px 0px 0px 0px;
    padding:35px 0px 0px 0px;
    background-color:#FFFFFF;
  }
  #tips{
    background: url(bd.jpg) no-repeat;
    margin:5px 0px 0px 0px;
    padding:35px 0px 0px 0px;
    background-color:#FFFFFF;
  }
```

```
#tips ul{
  list-style:none;
  margin:0px;
  padding:5px 5px 5px 30px;
}
#tips ul li{
  background:url(icon2.gif) no-repeat 5px 6px;
  padding:1px 0px 1px 12px;
  float:left;
  width:220px;/* 指定宽度 */
}
#tips ul li a:link,#tips ul li a:visited{
  color:#222222;
  text-decoration:none;
}
#tips ul li a:hover{
  color:#d20005;
  text-decoration:underline;
}
```

网页内容全部在 body 中。所以首先定义 body 样式

```
body{
    margin:1px 0px 0px 0px;
    padding:0px;
    text-align:center;
    font-size:12px;
    font-family:Arial, Helvetica, sans-serif;
}
```

关键是设置整个网页的文字大小为 12px,英文字体 Arial,对齐方式居中,又定义了内边距为 0px,外边距上、右、下、左分别为 1px、0、0、0。

网页将所有的内容都放在 DIV 容器中,共 11 个 DIV。ID 号为#container 的是最外层的 DIV,所有其他 DIV 全部放在其中。#container 下面有 4 个 DIV,分别为# banner、# globallink、# left、# main; # left 下包含 2 个 DIV: # login、#category; #main 下包含 4 个 DIV: # latest、# recommend、# new、# tips 嵌套的树状结构如图 8-41 所示。

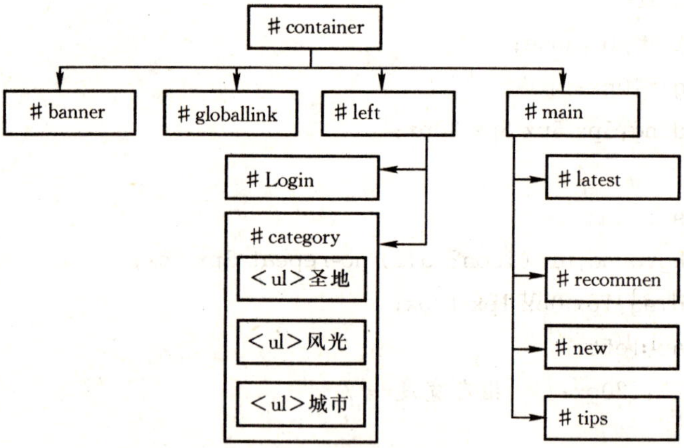

图 8-41 div 嵌套结构图

图中可见，#container 容器(DIV)在最上方，它包含了其他所有的 DIV。作为布局的基础，它的样式定义为：

```
#container{
  position:relative;
  margin:0px auto 0px auto;
  width:701px;
  height:auto;
  text-align:left;
  background-color: #FF8080;
}
```

设置宽度 701px，这就设计好网页的宽度，下面 DIV 布局的宽度不能超过这个限度。实际上页面宽度为 700px，多 1px 是为了使右边框出现一条竖边线。这就决定网页是在浏览器中部宽 700px 的宽度中。外边距：margin：0px auto 0px auto；上下 0px，左右居中。

#banner 是网页的横幅，是插入的一幅画，方法是<div id="banner"><img src="banner.jpg"> </div>。

#globallink 是网站的导航条，要求不仅能够超链接，而且在鼠标操作导航条时有不同的样式要求。导航条一般都是用无序列表实现的。下面结合代码讲解其中的技巧。

```
#globallink{
   margin:0px; padding:0px;
```

```
}
#globallink ul{
    list-style:none;
    padding:0px; margin:0px;
}
#globallink li{
    float:left;
    text-align:center;
    width:100px;
}
#globallink a{
    display:block;
    padding:9px 6px 11px 6px;
    background:url(button1.jpg) no-repeat;
    margin:0px;
}
#globallink a:link, #globallink a:visited{
    color:#630002;
    text-decoration:none;
}
#globallink a:hover{
    color:#FFFFFF;
    text-decoration:underline;
    background:url(button1_bg.jpg) no-repeat;
    /* 替换背景图片 */
}
```

图 8-42　无序列表

我们知道，无序列表的原始样式是定好的，如图 8-42 所示。

若要将图 8-42 样式改变成水平导航条，首先要去掉列表前面的符号(此处为“·”)。然后要将原来纵向排列的各列表项水平排列。

```
#globallink ul{
    list-style:none;
    padding:0px; margin:0px;
}
```

其中 list-style:none;就是去掉列表前面的符号。注意，该样式设置在 ul，对其中各列表项全部适用,不用再对每个 li 项设置了。

对于每个具体的列表项,再按下面样式

```
#globallink li{
    float:left;
    text-align:center;
    width:100px;
}
```

每个列表项都左浮动(float:left;),这样就水平排列了。另外注意,每个列表项宽度为 100px,这就是说,共有 7 个列表项,总共 700px,正好和 #container 容器的宽度相同。同时,也为后面为实现菜单动画的图片制定好了宽度。

菜单动画是指当鼠标处在不同的状态下,导航菜单有不同的表现。具体实现代码如下:

```
#globallink a{
    display:block;
    padding:9px 6px 11px 6px;
    background:url(button1.jpg) no-repeat;
    margin:0px;
}
```

超链接(a)平时背景图片为 button1.jpg,将列表项文字转换成块级元素(display:block;),列表项文字块间无外边距(margin:0px;),用以保证 7 个超链接文字块列表项总共为 700px。超链接前、后样式一样。

```
#globallink a:link, #globallink a:visited{
    color:#630002;
    text-decoration:none;
}
```

颜色为(RGB)#630002,无下划线(text-decoration:none;)。

当鼠标指针指向(或浮于)超链接链接列表项时,样式发生变化。

```
#globallink a:hover{
    color:#FFFFFF;
    text-decoration:underline;
    background:url(button1_bg.jpg) no-repeat;
    /* 替换背景图片 */
}
```

背景图片切换为 button1_bg.jpg,由于颜色较深,文字变成白色(color:

＃FFFFFF;)，无下划线(text-decoration:underline;)。

本例的导航条设计有普遍意义，应用很广泛。各种网页的导航条基本上都用此方法实现。再发展一步，不仅是导航条，很多连续显示的图片、文字或图文交叉显示的地方都可用此方法实现。

再下来就是 2 个内容 DIV(＃left 和＃main)。＃left 位于网页内容区的左侧，＃main 位于内容区的右侧。2 个 DIV 布局都采用左浮动，二者宽度之和不能超过 700px。

＃left 中包含一个登录界面(＃login)，1 个站内分类搜索界面(category)。其样式如下：

```
#left{
    width:180px;
    float:left;
    background:#FFFFFF url(leftbottom.jpg) no-repeat bottom;
    margin:1px 0px 0px 0px;
}
#login{
    background:url(login.jpg) no-repeat;
    padding:55px 0px 10px 0px;
}
#login form{
    padding:0px; margin:0px;
}
#login p{
    margin:0px; text-align:left;
    padding:5px 0px 0px 25px;
}
#login p input{
    font-family:Arial, Helvetica, sans-serif;
    font-size:12px;
}
#login form input.text{
    border-bottom:1px solid #000000;
    border-left:none; border-right:none;
    border-top:none;
    padding:0px; width:90px;
```

```
}
#login form input.btn{
    border:1px solid #000000;
    background-color:#ffeff0;
    height:17px; padding:0px;
}
#login p a:link, #login p a:visited{
    color:#333333;
    text-decoration:none;
}
#login p a:hover{
    color:#000088;
    text-decoration:underline;
}
#category{
    background:url(category.jpg) no-repeat;
    padding:55px 0px 40px 0px;
}
#category h4{
    margin:0px 18px 0px 18px;
    padding:3px 0px 1px 5px;
    background-color:#ffd1d1;
    font-size:12px;
}
#category ul{
    list-style:none;
    margin:0px;
    padding:5px 22px 15px 22px;
}
#category ul li{
    padding:2px 0px 2px 16px;
    border-bottom:1px dashed #999999;
    background:url(icon1.gif) no-repeat 5px 7px;
}
```

```
#category ul li a:link, #category ul li a:visited{
    color: #000000;
    text-decoration:none;
}
#category ul li a:hover{
    color: #666666;
    text-decoration:underline;
}
```

#main 容器是内容的主区域。其样式为

```
#main{
    float:left;
    width:518px;
    margin:1px 0px 0px 2px
}
#latest{
    background:url(latest.jpg) no-repeat;
    padding:35px 0px 0px 0px;
}
#latest img{
    border:none;
    padding-left:1px;
}
#recommend{
    background:url(recommend.jpg) no-repeat;
    margin:5px 0px 0px 0px;
    padding:35px 0px 0px 0px;
    background-color: #FFFFFF;
}
#recommend br, #new br, #tips br{
    display:block;
    clear:both;
    margin:0px; padding:0px;
}
#recommend ul, #new ul{
```

```
        list-style:none;
        margin:0px;
        padding:5px 5px 5px 8px;
    }
    #recommend ul li, #new ul li{
        text-align:center;
        float:left;
        width:125px;
    }
    #recommend ul li img, #new ul li img{
        border:none;
        margin:5px 0px 3px 0px;
        padding:0px;
    }
    #recommend ul li a:link, #recommend ul li a:visited, #new ul li a:link, #new ul li a:visited{
        color:#666666;
        text-decoration:none;
    }
    #recommend ul li a:hover, #new ul li a:hover{
        color:#d20005;
        text-decoration:underline;
    }
    #new{
        background:url(new.jpg) no-repeat;
        margin:5px 0px 0px 0px;
        padding:35px 0px 0px 0px;
        background-color:#FFFFFF;
    }
    #tips{
        background:url(tips.jpg) no-repeat;
        margin:5px 0px 0px 0px;
        padding:35px 0px 0px 0px;
        background-color:#FFFFFF;
```

```
}
#tips ul{
    list-style:none;
    margin:0px;
    padding:5px 5px 5px 30px;
}
#tips ul li{
    background:url(icon2.gif) no-repeat 5px 6px;
    padding:1px 0px 1px 12px;
    float:left;
    width:220px;/* 指定宽度 */
}
#tips ul li a:link,#tips ul li a:visited{
    color:#222222;
    text-decoration:none;
}
#tips ul li a:hover{
    color:#d20005;
    text-decoration:underline;
}
```

8.6 各种 CSS 布局方法的分析

当前流行的网站基本上都是用 DIV+CSS 布局。对于各种不同结构的网页可以使用不同的 CSS 布局方法;即使是同一个网页也可以使用多种 CSS 布局的方法。下面,我们通过具体的实例介绍这些方法。

8.6.1 1-2-1 布局

这种布局方法就是将网页分为上、中、下 3 部分,中间的部分又分为左、右两部分,故称 1-2-1 布局,如图 8-43 所示。

1-2-1 布局 HTML 结构代码如下:

```
<html xmlns="http://www.w3.org/1999/xhtml">
<head>
<meta http-equiv="Content-Type" content="text/html; charset=
```

图 8-43 1-2-1 布局

```
gb2312" />
    <title>1-2-1 布局</title>
    <link href="lmr_files/1-2-1a.css" rel="stylesheet" type="text/
css" />
    </head>
    <body>
    <div id="container">
        <div id="banner"></div>
        <div id="content">
            <div id="left"></div>
            <div id="main"></div>
        </div>
        <div id="footer"></div>
    </div>
    </body>
    </html>
```

CSS代码如下。

布局方法1:绝对定位法

```
body {
    margin: 0px;
    padding: 0px;
```

```
}
#container {
    margin:0 auto;
    background-color: #999900;
    height:600px;
    width:600px;
}
#banner {
    background-color: #33CC99;
    height: 98px;
    width:600px;
    margin-bottom:2px;
}
#content {
    height: 450px;
    width:600px;
    position:relative;
}
#content #left {
    background-color: #999999;
    height: 450px;
    width: 150px;
    position:absolute;
    top:0px;
    left:0px;
}
#content #main {
    height: 450px;
    width:448;
    background-color: #FFFF00;
    margin-left:152px;
}
#footer{
    height:48px;
```

```
    margin-top:2px;
    width:600px;
    background-color: #33CC99;
}
```

该例中定位主要体现在中间部分(content)。

```
#content {
    height: 450px;
    width:600px;
    position:relative;
}
```

content 高 450px,宽 600px,采用相对定位(position:relative;)。其中包含左(left)和右(main)两个子容器。

左容器与其父容器(content)高度相同(450px),宽度为 150px,使用绝对定位。

```
#content #left {
    background-color: #999999;
    height: 450px;
    width: 150px;
    position:absolute;
    top:0px;
    left:0px;
}
```

左容器与其父容器(content)的左上角对齐(top:0px; left:0px)。

右容器也与其父容器(content)同高(450px),宽 450px,左、右容器宽度之和(150px+450px)不能超过父容器的宽度(600px),右容器使用绝对定位。

```
#content #main {
    height: 450px;
    width:448;
    background-color: #FFFF00;
    position: absolute;
    top:0px;
    left:150px;
}
```

右容器(main)的左上角坐标(top:0px;left:150px;)紧挨着左容器(left)的右上角(top:0px;left:149px)。Main 宽度定为 448px 而不是 500px,是因为留出 2px

以便背景色透出，形成红色的边框。

用定位法布局还有一些方法，如父容器和左容器参数不变，用右上角坐标系，设定右容器(main)的右顶点坐标为(top:0px;right:0px;)：

```
#content #main {
    height: 450px;
    width:448;
    background-color: #FFFF00;
    position: absolute;
    top:0px;
    right:0px;
}
```

再如，父容器和左容器参数不变，通过设定右容器的左边距(margin:150px;)达到布局的效果。

```
#content #main {
    height: 450px;
    width:448;
    background-color: #FFFF00;
    margin-left:152px;
}
```

由此可见，达到同样效果的方法是很多的。不论用什么方法，只要效果相同，都是对的。

思考：

若用左上、右上、左下、右下角坐标系来布局 1-2-1 结构页面，代码应如何写。

布局方法 2：浮动定位法

```
body {
    margin: 0px;
    padding: 0px;
}
#container {
    margin:0 auto;
    background-color: #ffd8d9;
    height: 600px;
    width: 600px;
}
```

```
#banner {
    background-color: #33CC99;
    height: 98px;
    width:600px;
vmargin-bottom:2px;
}
#content {
    height: 450px;
    width:600px;
}
#content #left {
    background-color: #999999;
    height: 450px;
    width: 150px;
    float:left;
}
#content #main {
    float:left;
    height: 448px;
    margin-left: 2px;
    background-color: #FFFF00;
}
#footer{
    height:48px;
    width:600px;
    margin-top:2px;
    background-color: #33CC99;
}
```

该浮动法是通过设置父容器(content)的两个子容器(left 和 main)都左浮动(float:left;),从而实现左、右排列布局的。

HTML 代码如下:

```
#content #left {
    background-color: #999999;
    height: 450px;
```

```
    width: 150px;
    float:left;
}
#content #main {
    float:left;
    height: 448px;
    margin-left: 2px;
    background-color: #FFFF00;
}
```

同样,用浮动法实现同样的效果,这并不是唯一的方法。我们还可以设置右容器 main 右浮动,效果也是一样。

```
#content #main {
    float:right;
    width:448px;
    height:448px;
    background-color: #FFFF00;
}
```

8.6.2 1-3-1 布局

这种布局是分上、中、下 3 部分,中间再分为左、中、右 3 部分,故称 1-3-1 布局,如图 8-44 所示。

图 8-44 1-3-1 布局

HTML 代码如下：

```
<html xmlns="http://www.w3.org/1999/xhtml">
<head>
<title>1-3-1 布局</title>
<meta content="text/html; charset=gb2312" http-equiv=Content-Type>
<link rel=stylesheet type=text/css href="lmr_files/1-3-1a.css">
<meta name=GENERATOR content="MSHTML 8.00.7600.16385">
</head>
<body>
<div id=container>
  <div id=banner></div>
  <div id=content>
    <div id=left></div>
    <div id=middle></div>
    <div id=right></div>
  </div>
  <div id=footer></div>
</div>
</body>
</html>
```

CSS 布局代码如下：

1. 定位布局法

```
body {
    margin: 0px;
    padding: 0px;
}
#container {
    margin:0 auto;
    background-color: #990099;
    height: 600px;
    width: 700px;
}
#banner {
```

```
    background-color: #33CC99;
    height: 100px;
    width: 700px;
}
#content {
    height: 450px;
    width: 700px;
    position:relative;
}
#content #left {
    background-color: #999999;
    height: 450px;
    width: 150px;
    position:absolute;
    top:0px;
    left:0px;
}
#content #middle {
    background-color: #3399CC;
    height: 450px;
    width: 350px;
    margin-left: 152px;
    position: absolute;
}
#content #right {
    height: 450px;
    width: 196px;
    margin-left: 504px;
    background-color: #FFFF00;
    position: absolute;
}
#footer{
    height:48px;
    margin-top:2px;
```

```
    background-color：#33CC99；
}
```

该方法是将父容器(content)下的子容器分为3个(left、middle和right)，content相对定位(position:relative;)，3个子容器绝对定位(position: absolute;)；left容器和父容器左对齐(top:0px;left:0px;)，middle容器通过设定左边距(margin-left: 152px;)与left紧挨着(left宽度为150px)；而right容器又通过设定左边距(margin-left: 504px;)，与middle容器紧挨着(left宽度＋middle宽度为150px＋350px＝500px)。

对于1-3-1结构的定位法布局，我们会有更多的、更灵活的布局方法，以上只是方法之一。具体可参考1-2-1结构定位法布局的方法。

2. 浮动布局法

```
body{
    padding-bottom:0px;
    margin：0px；
    padding-left：0px；
    padding-right：0px；
    padding-top：0px；
}
#container {
    margin：0px auto；
    width：700px；
    height：600px；
    background-color：#990099；
}
#banner {
    background-color：#33cc99；
    width：700px；
    margin-bottom：2px；
    height：98px；
}
#content {
    width：700px；
    height：450px；
}
```

```
#content #left {
    background-color: #999999;
    wight: 150px;
    height: 450px;
    float: left;
}
#content #middle {
    background-color: #3399cc;
    width: 350px;
    height: 450px;
    margin-left: 2px;
    float: left;
}
#content #right {
    background-color: #ffff00;
    width: 196px;
    height: 450px;
    margin-left: 2px;
    float: left;
}
#footer {
    background-color: #33cc99;
    margin-top: 2px;
    height: 48px;
}
```

这里采用的方法是，父容器(content)下 3 个子容器(left、middle 和 right) 都采用左浮动(float: left;)，从而达到横排 3 个容器的目的。其实，还有很多方法可以达到同样的横排效果，具体可参考 1-2-1 浮动排序方法。

以上是页面宽度固定，即页面宽度不随屏幕宽度变化影响的情况。这种网页比较适合中、小网站及页面信息不是非常多的情况。有些网站，如搜狐、新浪等门户网站及大型电子商务网站，信息量很大，页面要占满整个屏幕。这时，网页就随着屏幕的宽度改变而实时变化，这时 CSS 布局又有新的特点，使用新的方法。

8.6.3 1-2-1 全屏布局

图 8－45 1-2-1 全屏布局

这时 HTML 结构代码如下：

```
<! DOCTYPE html PUBLIC "-//W3C//DTD XHTML 1.0 Transitional//EN" "http://www.w3.org/TR/xhtml1/DTD/xhtml1-transitional.dtd">
<html xmlns="http://www.w3.org/1999/xhtml">
<head>
<meta http-equiv="Content-Type" content="text/html; charset=gb2312" />
<title>1-2-1 布局</title>
<link href="lmr_files/1-2-1qpa.css" rel="stylesheet" type="text/css" />
</head>
<body>
<div id="container">
    <div id="banner"></div>
    <div id="content">
        <div id="left"></div>
        <div id="main"></div>
    </div>
    <div id="footer"></div>
</div>
</body>
```

```
</html>
```

CSS 代码如下：

1. CSS 定位法布局

```
body {
    margin: 0px;
    padding: 0px;
}
#container {
    margin:0 auto;
    background-color: #ffd8d9;
    height: 600px;
    width: 100% ;
}
#banner {
    background-color: #33CC99;
    height: 98px;
    width:100% ;
    margin-bottom:2px;
}
#content {
    width:100% ;
    height: 450px;
    position:relative;
}
#content #left {
    background-color: #999999;
    height: 450px;
    width: 150px;
    position:absolute;
    top:0px;
    left:0px;
}
#content #main {
    height: 450px;
```

```
    width:100%-460;
    background-color: #FFFF00;
    position: absolute;
    top:0px;
    left:152px;
}
#footer{
    height:48px;
    margin-top:2px;
    background-color: #33CC99;
}
```

2. CSS 浮动法布局

```
body {
    margin: 0px;
    padding: 0px;
}
#container {
    margin:0 auto;
    background-color: #ffd8d9;
    height: 600px;
    width: 100% ;
}
#banner {
    background-color: #33CC99;
    height: 98px;
    margin-bottom:2px;
}
#content {
    height: 450px;
    position:relative;
}
#content #left {
    background-color: #999999;
    height: 450px;
```

```
    width: 150px;
    float:left;
}
#content #main {
    float:left;
    height: 450px;
    margin-left: 2px;
    background-color: #FFFF00;
}
#footer{
    height:48px;
    margin-top:2px;
    background-color: #33CC99;
}
```

本章小结

本章介绍了 CSS 中盒子模型的重要概念，明确了盒子的宽(width)、高(height)、边框(border)、内边距(padding)、外边距(margin)以及盒子之间的关系；学习了标准文档流的概念；学习了盒子的浮动和定位的概念。这些都是当今网站设计的重要技术，是 Web 2.0 重要的组成部分。

习　题　8

1. 计算题

页面效果及代码如下。试计算出 a、b、c、d、e、f、g、h、i、j、k、l、m、n、o、p、q、r、s、t、u、v、w、x 的值。

网页代码

```
<! DOCTYPE html PUBliC "-//W3C//DTD XHTML 1.0 Transitional//EN" "http://www.w3.org/TR/xhtml1/DTD/xhtml1-transitional.dtd">
<html xmlns="http://www.w3.org/1999/xhtml">
<head>
<meta http-equiv = " Content-Type" content = " text/html; charset = gb2312" />
<title>盒子模型的计算题</title>
<style type="text/css">
```

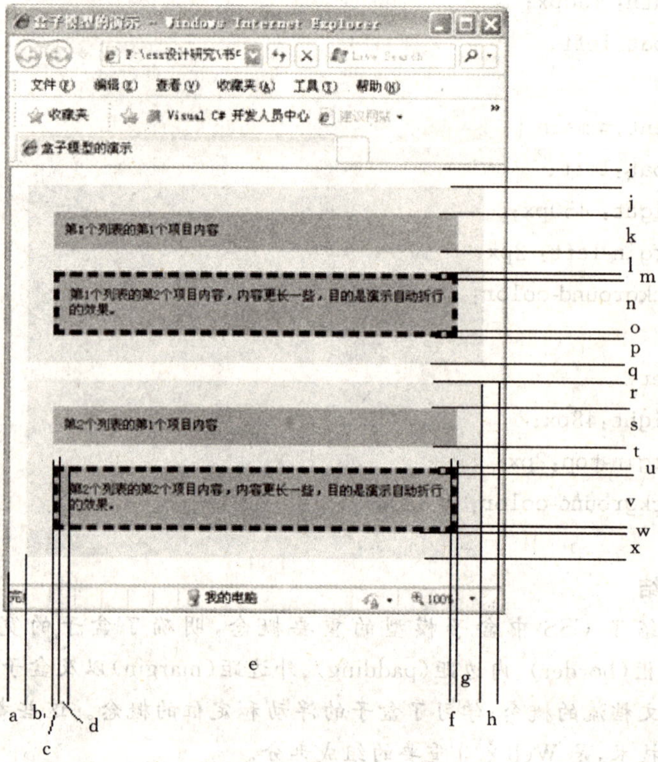

图 8-46 计算题

```
body{
    margin:0 0 0 0;
    font-family:宋体;
    font-size:12px;

    }
  ul  {
   background: #ddd;
   margin: 15px 15px 15px 15px;
   padding: 5px 5px 5px 5px;
                              /* 没有设置边框 */
  }
li  {
```

```
    color: black;                      /* 黑色文本 */
    background: #aaa;                  /* 浅灰色背景 */
    margin: 20px 20px 20px 20px;       /* 外边距 20 像素 */
    padding: 10px 0px 10px 10px;       /* 右侧内边距为 0,其余 10 像素 */
    list-style: none                   /* 取消项目符号 */
                                       /* 未设置边框 */
  }
  li.withborder {
    border-style: dashed;
    border-width: 5px;                 /* 设置边框为 5 像素 */
    border-color: black;
    margin-top:20px;
  }
</style>
  </head>
  <body>
    <ul>
      <li>第 1 个列表的第 1 个项目内容</li>
      <li class="withborder">第 1 个列表的第 2 个项目内容,内容更长一些,目的是演示自动折行的效果。</li>
    </ul>
    <ul>
      <li>第 2 个列表的第 1 个项目内容</li>
      <li class="withborder">第 2 个列表的第 2 个项目内容,内容更长一些,目的是演示自动折行的效果。</li>
    </ul>
  </body>
</html>
```

2. 编写代码实现下面页面布局

A.

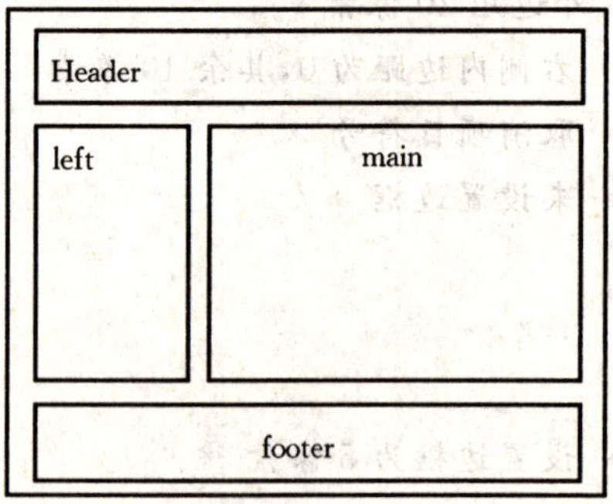

图 8-47

B.

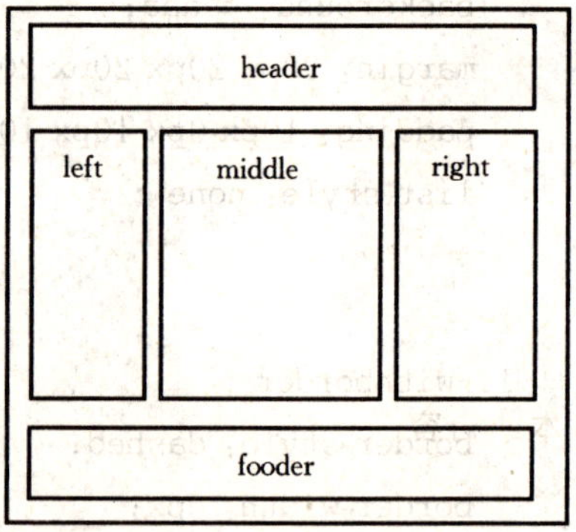

图 8-48

第 9 章　JavaScript 脚本语言

本章内容：

JavaScript 简介；

常量、变量、表达式；

顺序结构、选择结构、循环结构；

函数；

对象；

数组。

HTML 是一种静态的语言，严格的说，它只是由一对对告诉浏览器如何显示内容的标记的集合。为了让网页具有动态的效果，就需要脚本(Script)语言来组织。就像有了演员还要有剧本才能拍戏一样。Web 编程中常用的脚本有 JavaScript、VBScript 等，JavaScript 常用于浏览器端，VBScript 多用于服务器端。

JavaScript 语言在 Web 开发技术中占有重要的地位。它广泛地应用在网页动态效果开发、网上游戏开发中。特别是当今流行的 AJAX (Asynchronous JavaScript and XML)技术中，起着决定性的作用。

本章主要介绍 JavaScript 的基本语法及其简单应用。

9.1　JavaScript 简介

9.1.1　什么是 JavaScript

JavaScript 是一种基于对象的、事件驱动的具有安全性能的脚本语言。一般情况下，它是通过嵌入到 HTML 语言中的小程序来实现动态效果的。

9.1.2　在网页中使用 JavaScript

在网页中嵌入和使用脚本语言，必须将代码放入＜script＞＜/script＞标记之间，以便区别于 HTML 的标记。Script 代码块可嵌入到 HTML 文档的任意地方，既可放在头部(head)，也可以放在主体(body)中。

嵌入格式为

```
<script language="javascript">
    …(代码)
</script>
```

例 9-1 在网页中弹出一个对话框，内有问候话，如图 9-1 所示。单击确定对话框消失。

HTML 代码如下：

```
<html>
<body>
<script language="javascript">
    alert("你好!");
</script>
</body>
</html>
```

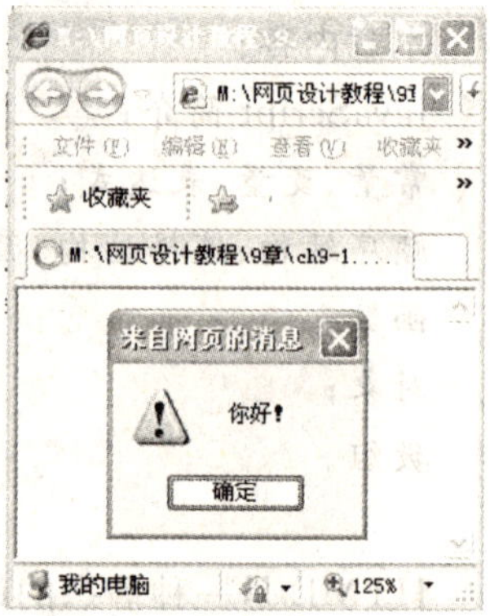

图 9-1

说明：JavaScript 语句后须使用“；”。如果由多条语句构成一个语句成份时，整个语句成份要用{ }括起来。

9.1.3 在多个网页中使用 JavaScript 代码

在实际开发中，若一段 JavaScript 代码要在多个网页中使用，可以像使用 C 语言中头文件一样，将 JavaScript 代码单独保存在一个文本文件中(扩展名为 .js)，当网页中需要使用该段代码时，可用<script>标记的 SRC 属性，引入该代码文件。

例如，建立一个 JavaScript 脚本文件 Date.js，在 HTML 文件中引用该脚本文件时，语句为

```
<script language="JavaScript" src="Date.js"></script>
```

注意，该语句一般放在头部。

9.2 常量、变量、运算符与表达式

JavaScript 中有 4 种数据类型。

(1) 数值(整数、实数)

(2) 字符串型

(3) 逻辑型

(4) 未定义型(空值)

9.2.1 常量

JavaScript 的常量主要有以下几种。

(1) 整型常量。如 12,365。

(2) 实型常量。如 3.14,123.456。

(3) 逻辑型常量:true 和 false。

(4) 字符串常量:"abc","你好!"。

(5) 空值(即 null)

9.2.2 变量

JavaScript 变量可事先定义,也可不定义直接使用。

在 JavaScript 中,变量定义有隐式与显式两种方式。隐式定义就是直接给变量赋一个值,就等于定义了一个变量。显式定义则必须用 var 语句来定义,格式如下:

Var 变量 1[=值 1][,变量 2[=值 2]…]

例如:

```
A="student";
Var x;
Var y=0, n=1, m;
```

9.2.3 运算符

(1) 算术运算符:+、-、*、/、%(求余)、++、--

例如:

```
x=2;  //"="为赋值,将 2 赋给变量 x
y=x++ ;  //y=3
y-- ;  //y=2
7 % 2  //其值为 1
```

(2) 关系运算符:>、<、>=、<=、==、!=、===、!==

(3) 逻辑运算符:&&(与)、||(或)、!(非)

例 9-2 输出 4>6 || "a"<="b"的结果。

HTML 代码如下:

```
<html>
<body>
```

```
<script language="javascript">
  alert(4>6 || "a"<="b");
</script>
</body>
</html>
```

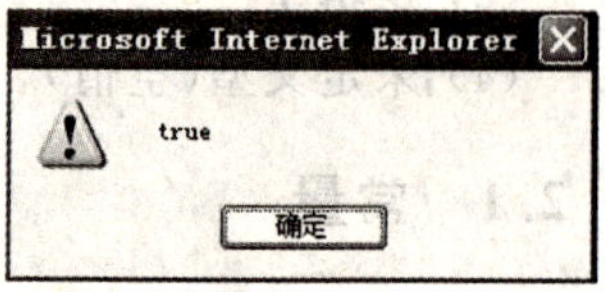

图 9-2

结果显示(图 9-2)。

表达式(4>6 || "a"<="b")中,4>6 为假,"a"<="b"为真,真和假或运算,结果为真。

(4) 字符运算符

字符串连接运算符"+ ",可以连接两个字符串。当"+"两边的数据不全是字符型数据时,该运算符首先将非字符型数据转换为字符型,然后再做连接运算。

例如:

"2"+"本书"的值为"2 本书"。

2+"本书"的值也是"2 本书"。"+"运算符首先将数字型 2 转换为字符型"2",然后再与后面的字符串连接。

9.2.4 表达式

表达式就是由运算对象和运算符按一定规则组成的式子。如:3 * 2>3+2 && 5>=3。在一个表达式中可能有各种类型的运算,那么,先算什么,后算什么?这就要了解 JavaScript 中各种运算的优先级。下表说明了运算的优先次序,序号小的先计算。

表 9-1 JavaScript 运算的优先级

优先级别	运算	优先级别	运算
1	!,++,-- ,~	6	&
2	*,/,%	7	^
3	+,-	8	|
4	<,>,<= ,>=	9	&&
5	== ,! =	10	||

9.3 程序的流程控制

任何一种算法语言,都有三种程序结构:顺序结构、选择结构、循环结构。JavaScript 也不例外。

9.3.1　顺序结构

顺序结构就是程序按前后自然顺序一条条执行。

例 9-3　顺序结构程序举例。

```
<html>
<body>
<script language="javascript">
  alert("你好!");
  alert("再见!");
</script>
</body>
</html>
```

程序执行结果

先执行第一条语句:alert("你好!"),显示如图 9-3 所示。

单击"确定"后,执行第 2 条语句:alert("再见!");结果显示如图 9-4 所示。单击"确定"按钮,程序运行结束。

图 9-3

图 9-4

9.3.2　选择结构

晚饭后做什么? 没风就去打羽毛球,有风就去散步。生活中经常有这种需要经判断再去选择的情况。可以用框图的方式表达判断,例如:

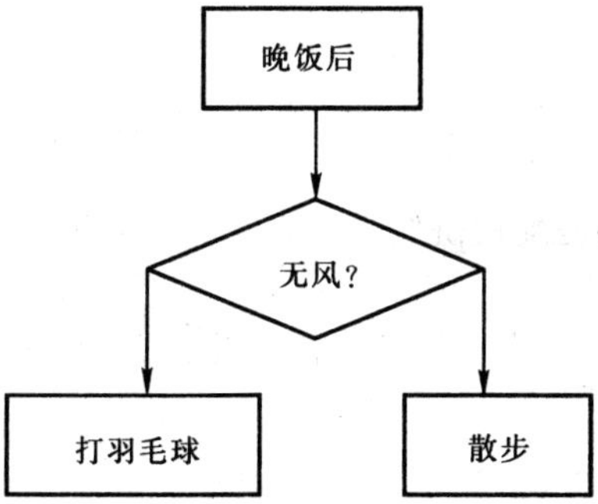

图 9-5

用计算机语言表达：

```
If (无风)
  打羽毛球
Else
  散步
```

选择结构就是先判断再去选择的结构，格式如下

格式一：

```
if(条件)
{
  语句;
}
```

例如：if (bz==true) {b++ ;}

例 9-4 周期性改变透明度，实现图片淡入、淡出效果。如图 9-6(a)和(b)所示。

(a) (b)

图 9-6

HTML 代码如下：

```
<html>
<head>
<script language="JavaScript">
  var bc = 1;
  var bz = true;
function jb()
{
  if(bz==true) {bc++;}
```

```
  if(bc==100) {bc--;bz=false;}
  if(bc==10) {bc++;bz=true;}
  if(bz==false) {bc--;}
  tul.filters.alpha.opacity= bc;
  setTimeout("jb()",50);
}
</script>
</head>
<body onload="jb()">
  <img src="CIMG0085.jpg" name="tul" style="filter: alpha (opacity=0) ">
</body>
</html>
```

本例中在网页中插入一张图像。设置图像名称为"tul",对其使用 CSS 的 alpha滤镜,设滤镜的不透明度(opacity)为 0,即起始时不可见。当页面被浏览器加载时运行 JavaScript 函数"jb()"。该函数周而复始地改变图像的不透明度,即 tul.filters.alpha.opacity 的值从 0 开始,每次加 1,一直加到 100;然后再从 100 逐渐降到 10,就这样循环往复进行。在循环的过程中,为了保障不透明度变化的方向(增大或减小),程序中设置了方向标志 bz。当 bz 为 true 时,不透明度的值增大,即 if(bz==true) {bc++;};反之,当 bz 为 false 时,不透明度减小,即 if(bz==false) {bc--;}。当不透明度增大到 100 的时候,将方向标志由 true 改变为 false ,即 if(bc==100) {bz=false;};当不透明度减小到 10 时,将方向标志 bz 的值由 false 改为 true,即 if(bc==10) {bz=true;}。程序始终按着增大、下转弯、减小、上转弯这 4 个过程循环,由 4 条 if 语句来实现。

格式二

```
if (条件)
  {语句 1;}
else
  {语句 2;}
```

例 9-5　用表单输入两个数,按大小顺序(降序)在第三个文本框中输出。

HTML 代码如下:

```
<html>
<script language="JavaScript">
function js(y)
```

```
{
var n1,n2;
n1=eval(y.a1.value);
n2=eval(y.a2.value);
if(n1>n2)
  y.s.value=n1+","+n2;
else
  y.s.value=n2+","+n1;
}
</script>
<body>
<form name="x">
第一个数:<input type="text" name="a1"><br>
第二个数:<input type="text" name="a2"><br>
排序结果:<input type="text" name="s"><br>
<input type="button" value="排序" onClick="js(x)">
<input type="reset" value="清除">
</form>
</body>
</html>
```

浏览器输出如图 9-7 所示。

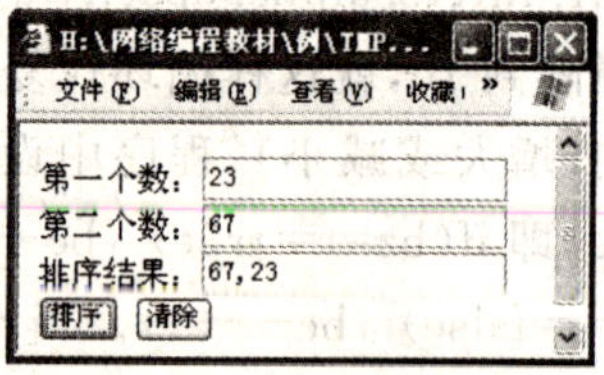

图 9-7　二数排序

例 9-6　用表单输入身份证号。浏览器端验证，如果没有输入数据，弹出警告框提示，并且不提交表单。如果输入了数据，警告框显示数据，并提交表单。

HTML 代码如下：

```
<html>
<script language="JavaScript">
function jc(y)
{
if(y.sfzh.value ==="")
  {
alert( "身份证号不能为空!");
  }
    else
```

```
    {
      alert (y.sfzh.value);
    }
}
</script>
<body>
<form  name="x">
  <table>
    <tr>
      <td align="right">身份证号</td>
      <td><input  type="text" id="sfzh" ></td>
    </tr>
    <tr>
      <td colspan="2" align="center">
        <input type="button"  value="提交" onClick="jc(x)">
        <input type="reset"  value="重置">
    </td>
    </tr>
  </table>
</form>
</body>
</html>
```

浏览器显示如图 9-8 所示。

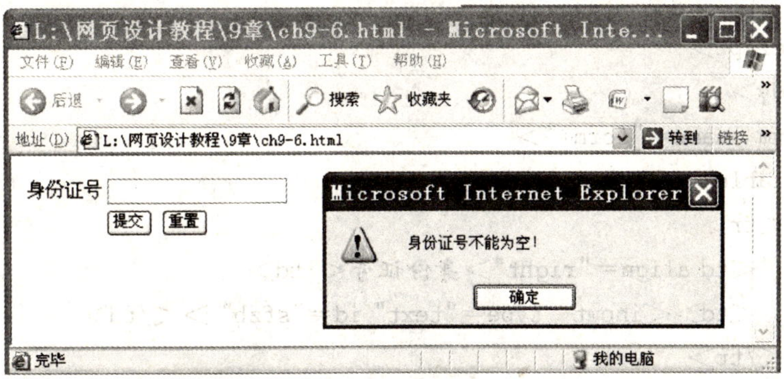

图 9-8 输入不能为空

格式三

```
if(条件 1)
    {语句 1;}
Else if(条件 2)
    {语句 2;}
Else
    {语句 3;}
```

例 9-7 在例 4-5 验证输入是否为空的基础上，再增加验证身份证号位数，若是 15 位或 18 位数时，表单提交；否则，弹出警告框提示，且不提交表单。

HTML 代码如下：

```
<html>
<script language="JavaScript" for="form1" event="onsubmit()">
if(sfzh.value == "")
    {
    alert( "身份证号不能为空！\\n");
    }
else if((sfzh.value.length! =15)&&(sfzh.value.length! =18))
    {
    alert("身份证号位数有错!");
    }
else
    {
    alert (sfzh.value);
    }
</script>
<body>
<form  name="form1">
  <table>
    <tr>
      <td align="right">身份证号</td>
      <td><input  type="text" id="sfzh" ></td>
    </tr>
    <tr>
      <td colspan="2" align="center">
```

```
        <input type="submit"  value="提交">
        <input type="reset"  value="重置"></td>
    </tr>
  </table>
</form>
</body>
</html>
```

程序执行后浏览器显示如图 9－9 所示。

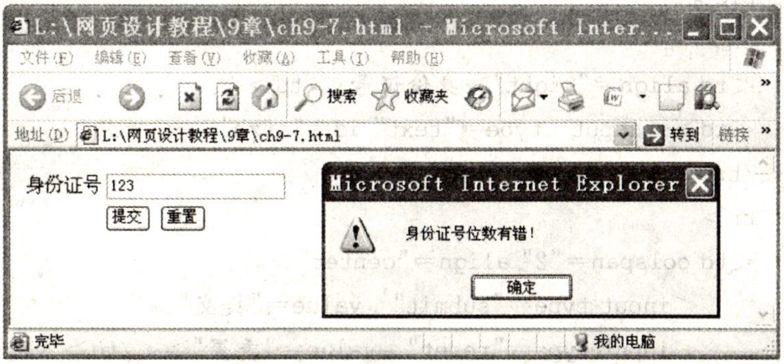

图 9－9 输入不能为空，同时身份证号位数也必须正确

例 9－8 身份证号不能含字母。

HTML 代码如下：

```
<html>
<script language="JavaScript"  for="form1" event="onsubmit()">
if(sfzh.value == "")
    {
    alert( "身份证号不能为空！\\n");
    }
else if((sfzh.value.length! =15)&&(sfzh.value.length! =18))
    {
    alert("身份证号位数有错!");
    }
    else if(isNaN(sfzh.value))
      {
        alert("身份证号不能含字母!");
```

```
        }
        else
        {
          alert (sfzh.value);
        }
</script>
<body>
<form  name="form1">
  <table>
    <tr>
      <td align="right">身份证号</td>
      <td><input  type="text" id="sfzh" ></td>
    </tr>
    <tr>
      <td colspan="2" align="center">
        <input type="submit"  value="提交">
        <input type="reset"  value="重置"></td>
    </tr>
  </table>
</form>
</body>
</html>
```

运行结果如图 9-10 所示。

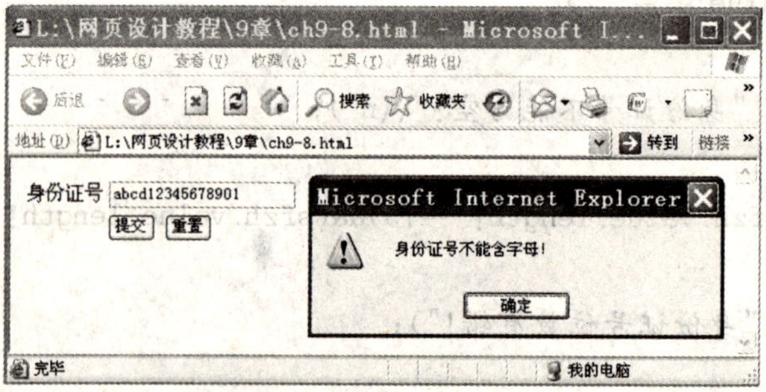

图 9-10 不能含字母

9.3.3　循环结构

1. For 循环

格式

```
For(初值;循环条件;步长)
{
  循环体;
}
```

例 9-9　用 for 循环语句编程,输出 1-7 号字符串"江山如此多娇"。

HTML 代码如下:

```
<html>
<body>
<script laguage="javascript">
for(var i=1;i<=7;i++)
{
  document.write("<font size="+i+">江山如此多娇"+"</font><br>");
}
</script>
</body>
</html>
```

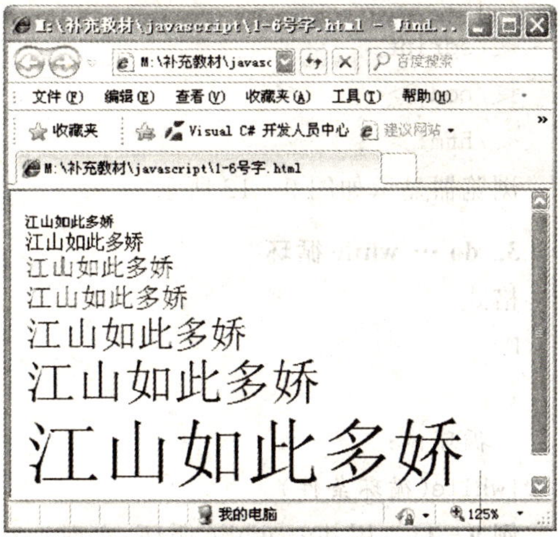

图 9-11

浏览器显示如图 9-11 所示。

本例中输出语句是:document.write(),这是文档对象的写方法。它可以向浏览器输出一个字符串,该字符串中可以包括普通字符、HTML 的标记和变量。浏览器会自动识别并执行其中的 HTML 标记。要特别注意字符串表达式的写法,这是编程的难点。例如,本例中字符串:"<font size="+i+">江山如此多娇"+"</font>
",由 3 个"+"号将 4 部分内容联结成一个完整的字符串,即字符串+变量+字符串+字符串。所以,如果将最后两个字符串合并,即字符串+变量+字符串,效果将会是一样的。即最终字符串可写成:"<font size="+i+">江山如此多娇</font>
"。

2. While 循环

格式

```
While(循环条件)
{
循环体;
}
```

例 9-10 用 while 循环语句编程,用 1-6 号标题输出字符串“江山如此多娇”。

HTML 代码如下:

```
<html>
<body>
<script language="JavaScript">
var i=1;
while (i<7)
{
  document.write("<h"+i+">江山如此多娇</h"+i+"><br>");
  i++;
}
</script>
</body>
</html>
```

浏览器显示如图 9-12 所示。

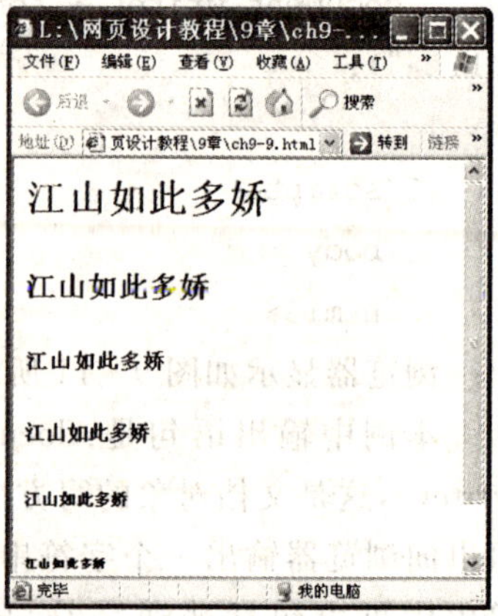

图 9-12

3. do … while 循环

格式

```
Do
{
  循环体;
}while(循环条件)
```

例 9-11 用 do…while 循环,实现 1-7 号字显示字符串“江山如此多娇”。

HTML 代码如下:

```
<html>
<body>
<script language="javascript">
var i=1;
```

```
do
{
  document.write("<h"+i+">江山如此多娇</h"+i+"><br>");
  i++;
}while(i<7)
</script>
</body>
</html>
```

浏览器显示如图 9-12 所示。

9.4 函数

与其他程序设计语言类似，JavaScript 的函数是一组封装起来的语句，这组语句能够协同完成一项或一系列任务。调用这组程序时，只需要写出它的名字，同时给它传送相关的值。从形式上看，函数是一组被命名的代码块，块中的语句作为一个整体被引用和执行。

9.4.1 函数的定义与调用

在 JavaScript 中定义一个函数，必须以 function 关键字开头，函数名跟在关键字后边，接着是函数的参数列表和函数所执行的代码段。函数定义格式如下：

```
function 函数名([参数列表])
{
    程序代码段;
    [return 表达式;]
}
```

其中

(1) 参数列表为函数将要接收调用该函数的程序传递进来的参数，各参数变量之间用“,”隔开。如果函数只是执行某种动作，并不传输数据则参数可省略。方括号“[ ]”表示可选可不选。

(2) 如果主程序要求函数返回一个结果值，就要使用 return 语句。如果不需要返回结果值就不需要 return 语句。

(3) 调用函数的方法，就是直接写出函数的名字。

例如，在例 9-4 中，曾经定义过函数 jb()。

```
function jb()
```

```
{
  if(bz==true) {bc++;}
  if(bc==100) {bc--;bz=false;}
  if(bc==10) {bc++;bz=true;}
  if(bz==false) {bc--;}
  tul.filters.alpha.opacity= bc;
  setTimeout("jb()",50);
}
```

该函数仅仅是执行动作，并不需要传递任何数据。因此，函数列表为空。

在上面函数代码中，递归调用了函数 jb()。其语句为 setTimeout("jb()",50)。

9.4.2 全局变量和局部变量

根据变量的作用范围，JavaScript 中的变量又可分为全局变量和局部变量。全局变量是在所有函数之外的脚本中定义的变量，其作用域是这个变量定义之后的所有语句。局部变量是定义在函数之内的变量，只在该函数中有效。

下面，我们通过一个实例来说明。

例 9-12 定义一个全局变量和局部变量，让它们同名。在函数中输出变量的值。

HTML 代码如下：

```
<html>
<body>
<script language="javascript">
var m="我是全局变量的值";
function show()
{
   m="我是局部变量的值";
}
show();
alert(m);
</script>
</body>
</html>
```

图 9-13 局部变量

程序执行结果如图 9-13 所示。

该程序中先定义了全局变量，然后在函数中对同样名称的局部变量赋值，覆盖了全局变量。引用函数后输出变量的值,结果输出了局部变量的值。这说明,如果函数中定义了与全局变量同名的局部变量,则在该函数中且位于这个变量定义之后的程序代码使用的是局部变量,而不是全局变量。

例 9-13 全局变量的应用。

HTML 代码如下:

```
<html>
<body>
<script language="javascript">
var m="我是全局变量的值";
function show()
{
    var m;
    m="我是局部变量的值";
}
show();
alert(m);
</script>
</body>
</html>
```

图 9-14 全局变量

程序运行结果如图 9-14 所示。

比较例 9-12 和例 9-13,后者只是在函数中多了一句变量定义“var m;”,结果后者输出的是全局变量的值。这说明,例 9-13 的函数中重新定义了自己的变量 m,并没有覆盖全局变量。也就是说,全局变量的值没有被改变,所以输出的是全局变量的值。

9.4.3 JavaScript 的系统函数

JavaScript 内置了一些函数,这些函数不属于任何对象,可以直接使用。

1. eval()函数

格式:

eval(表达式);

功能:

eval() 函数可将参数字符串作为 JavaScript 表达式执行。

例 9-14 eval 函数计算字符型表达式。

HTML 代码如下:

```
<html>
<body>
<script>
  document.write(eval("2+2"))
</script>
</body>
</html>
```

其执行结果为:4。

例 9-15 eval 函数计算 Javascript 语句。

HTML 代码如下:

```
<html>
<body>
<script>
  eval("x=10;y=20;document.write(x*y)");
</script>
</body>
</html>
```

例 9-16 eval 函数给动态的变量赋值。定义变量 a1,a2,…,a10 并分别赋值 1,2,…,10。

HTML 代码如下:

```
<html>
<script language="javascript">
for(var i=1;i<=10;i++)
{
eval("var a"+i+"="+i);
document.write(eval("a"+i)+"  ");
}
</script>
</html>
```

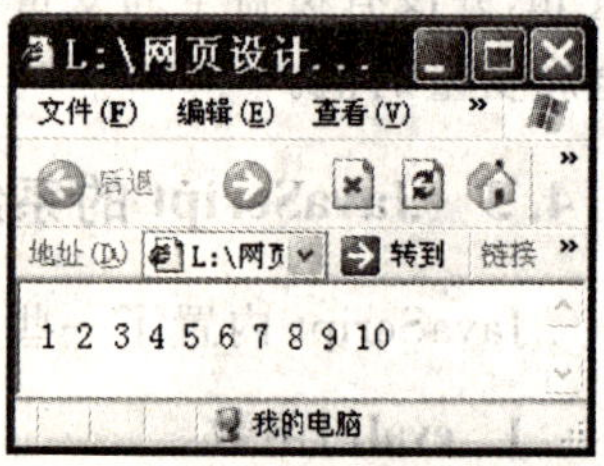

图 9-15 动态变量赋值

程序执行结果如图 9-15 所示。

用 eval 函数动态地生成变量名,可以方便地使用循环语句输出或修改数组元素的值,或数据库中字段的值,这在编程中用处很大。

2. parseInt()函数

格式：

parseInt(数字字符串)

功能：

将数字字符串转换为整型数值。若遇到非数字字符，则结束转换。若第一个字符就不能转换，则返回"NaN"(Not a Number)。

例如：parseInt(“234ans”)的返回值为整数 234；

parseInt(“ans234”)的返回值为 NaN。

3. isNaN()函数

该函数用于测试 parseInt()的返回值是否为 NaN，若是则其值为真(true)，否则为假(false)。

例如：若 var str=“2axc345”；想判断其第 2 个字符是否为数字，可以用下面表达式

```
isNaN(parseInt(str.charAt(2)))
```

即先将 str 字符串中的第 2 个字符取出来(str. ahrAt(2))，然后将其转换为数字(parseInt())，若不能转换则 isNaN()为真，否则可以转换。用这个方法可以判断身份证号中是否有字符，常用在表单验证上。

例 9 - 17 用表单验证身份证，检查是否全部是数字。

HTML 代码如下：

```
<html>
<head>
<script language="javascript">
function yz(obj)
{
var error=0;
for(i=0;i<obj.sfzh.value.length;i++)
  {  if(isNaN(parseInt(obj.sfzh.value.charAt(i))))
    error ++;}
if(error != 0)
{  document.write("身份证必须只能包含数字!");}
}
</script>
</head>
<body>
```

```
<form name="frm" method="post" action="">
 <p>身份证号:<input name="sfzh" type="text" size="20"> </p>
  <p>
    <input type="button" name="chk" value="检查" onClick=
"yz(frm)">
    <input type="reset" name="Submit2" value="重置">
</p>
</form>
</body>
</html>
```

屏幕显示如图 9-16 所示。

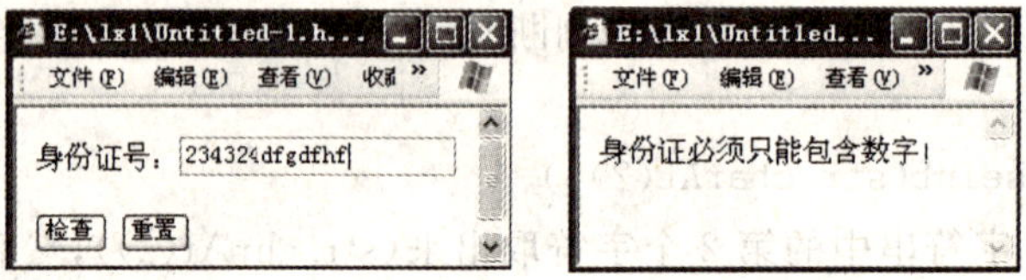

(a) (b)

图 9-16

例 9-18 制作计算器，如图 9-17 所示。

图 9-17 计算器

HTML 代码如下：

```
<html>
<head>
<title>计算器</title>
<script  language="JavaScript">
function calculate (form)
{form.biaods.value = eval (form.biaods.value)}

function bds(form, str)
{ form.biaods.value += str}

function qc(form)
{form.biaods.value = ""}
</script>
</head>
```

```
<body>
<div align="center"><center>
<table  border="4"  bgcolor="#C0C0C0">
  <tr>
    <th><tt>
      <h2 align="center"><font color="#0000A0">计算器
</font></h2>
    </tt></th>
  </tr>
  <tr align="center">
<th><form  name="myform">
  <table  border="1">
    <tr><td  colspan="4" align="center">
        <input  type="text" name="biaods"  size="20">
      </td>
    </tr>
    <tr align="center">
      <td><input type="button" value=" 7 " onClick=
"bds(this.form,'7')" size="10">
      </td>
      <td><input type="button"  value=" 8 " onClick=
"bds(this.form, '8')"></td>
      <td><input type="button"  value=" 9 " onClick=
"bds(this.form, '9')"></td>
      <td><input type="button"  value=" / " onClick=
"bds(this.form, '/')"></td>
    </tr>
  <tr align="center">
      <td><input type="button"  value=" 4 " onClick=
"bds(this.form, '4')"></td>
      <td><input type="button"  value=" 5 " onClick=
"bds(this.form, '5')"></td>
      <td><input type="button"  value=" 6 " onClick=
"bds(this.form, '6')"></td>
```

```
            <td><input type="button"  value=" * " onClick=
"bds(this.form,'*')"></td>
          </tr>
        <tr align="center">
            <td><input type="button"  value==" 1 " onClick=
"bds(this.form,'1')"></td>
            <td><input type="button" value=" 2 " onClick=
"bds(this.form,'2')"></td>
            <td><input type="button" value=" 3 " onClick=
"bds(this.form,'3')"></td>
            <td><input type="button" value=" - " onClick=
"bds(this.form,'-')"></td>
          </tr>
        <tr align="center">
            <td><input type="button" value=" 0 " onClick=
"bds(this.form,'0')"></td>
            <td><input type="button" value=" . " onClick=
"bds(this.form,'.')"></td>
            <td><input type="button" value=" + " onClick=
"bds(this.form,'+')"></td>
            <td><input type="button" value=" % " onClick-
"bds(this.form,'%')"></td>
      v</tr>
        <tr align="center">
            <td colspan="2">
                <input type="button" value=" = " onClick="calculate
(this.form)"></td>
            <td colspan="2">
                <input type="button" value="Clear" onClick=
"qc(this.form)"></td>
          </tr>
        </table>
          </form>
          </th>
```

```
  </tr>
</table>
</center></div>
</body>
</html>
```

计算器功能主要是生成表达式和计算结果。本例中输入、输出界面都使用表单元素。文本框(name="biaods")中存放表达式和输出最后结果。其他按钮都是用来输入数据或执行命令的。本例中定义了 3 个函数:calculate()、bds()和 qc(),分别负责计算表达式的结果、生成表达式和清除结果框中内容。当单击输入数值或运算符号按钮时,调用 bds 函数,该函数内容为 form.biaods.value += str,即在表单中名为 biaods 的文本框的值与新输入的字符串实现连接,生成新的字符串。当单击"="按钮时,调用 calculate 函数,计算最后结果,并将结果显示出来。

9.5 对象

对象是对某一类事物的描述,是个抽象的概念。每种对象都有自己的属性和方法。例如"人"是对象,人具有性别、年龄、长相、身高、体重等属性,又可以从事工作、休息和娱乐等活动。

JavaScript 的对象(object)是属性和方法的集合。一种方法就是一个函数,表明对象的行为;一种属性就是一个或一组变量,表明对象的状态。

JavaScript 中有两种对象:自定义对象和系统内置对象。

9.5.1 自定义对象的创建

创建自定义对象的办法是,首先创建构造函数,然后用 new 运算符调用构造函数创建对象实例。

能够创建对象实例的函数叫构造函数。构造函数有两种:自定义构造函数和系统内置构造函数 Object。本节介绍使用自定义构造函数创建对象。

对象构造函数是一种特殊的函数,具有两个特性:一是只能由 new 运算符调用;二是传递给构造函数的是一个对新创建的空对象的引用,将该引用作为关键字 this 的值,而且还要对新创建的对象进行适当的初始化。

例如,现在要定义一个通过两点确定一条直线的函数。

```
Function line(x,y)
{
this.xPoint=x;
```

```
this.yPoint=y;
}
```

构造函数中的内容称为构造函数的成员。构造函数的成员的表示方法为：this.成员名称。This 代表当前函数。这些成员就是对象的属性或方法。

当就定义好了一个名为 line 的构造函数之后，通过该函数就可以创建对象了。

```
var line1=new line(5,7);
```

line1 就是由构造函数 line()定义的一个对象的实例。

例 9-19 创建 person 对象，并分别显示以下两个人的信息：

大海 22 岁，白云 21 岁。

HTML 代码如下：

```
<html>
<script language="javascript">
function person(name,age)
{
    this.age=age;
    this.name=name;
    this.say=sayfunc;
}
function sayfunc()
{
    alert(this.name+":"+this.age);
}
var person1=new person("大海",22)
person1.say();
var person2=new person("白云",21)
person2.say();

</script>
<body>
</body>
</html>
```

程序执行结果如图 9-18 所示。

本例的构造函数中定义了两个属性 name 和 age，及一个方法 say。定义方法的格式为：this.say=sayfunc，这里调用了另一个名为 sayfunc 的函数。其实，方法就是

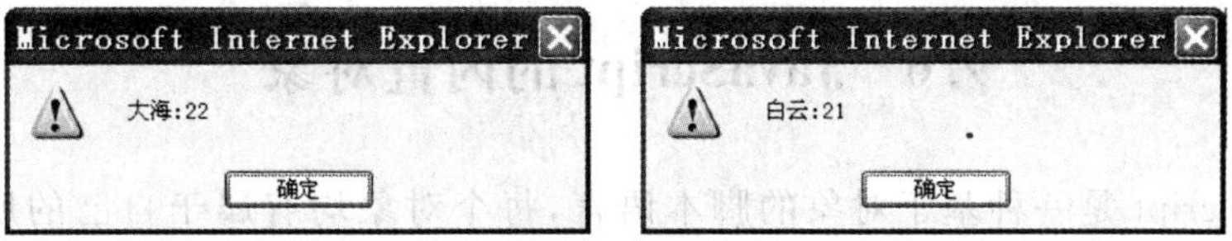

(a)　　(b)

图 9-18

执行一段小程序，实现某种行为。sayfunc 函数的内容是：alert(this.name+":"+this.age)，它实现的方法就是在对话框中显示姓名(name)和年龄(age)。

9.5.2　使用 Object 创建对象实例

Object 是系统内置的构造函数。也就是说，用 Object 直接就可以创建对象的实例，而不用再经过先创建构造函数这一步骤了。用 Object 创建对象实例的格式为

```
var 对象实例名=new Object();
```

创建了对象的实例后，可以通过赋值的方式任意为其添加属性和方法。

例 9-20　用 Object 构造函数创建对象的实例 student。给 student 增加 name、age 属性和显示 name、age 内容的方法。

HTML 代码如下：

```
<script language="javascript">
var student=new Object();
student.name="大海";
student.age=19;
show(student.name,student.age);
function show(x,y)
{
    alert(x+"  "+y);
}
</script>
```

图 9-19

程序运行结果如图 9-19 所示。

本例中，首先用 Object 构造函数创建了对象的实例 student。然后为 student 增加了 name 和 age 两个属性和一个方法 show()。Show 方法中在对话框中显示了两个属性的内容。

注意：Object 是区分大小写的，“Object”和“object”是不同的。

9.6 JavaScript的内置对象

JavaScript 是一种基于对象的脚本语言，每个对象均有属于自己的属性和方法。在 JavaScript 中，常用的内置对象主要有 String、Math、Array 和 Date，分别用于实现对字符串、数学运算、数组和时间的处理。

JavaScript 内置对象分为动态内置对象（如 String、Array、Date）和静态内置对象（如 Math）。静态内置对象可直接使用；动态内置对象使用前则必须先用 new 命令创建实例。实例创建后，则可用"对象名.属性"或"对象名.方法"的格式使用该对象的属性或方法。

9.6.1 String 对象

1. 创建 String 对象实例的方法

```
var 实例名=new string("字符串");
```

也可省略 new string，即：

```
var 实例名="字符串";
```

例如

```
Var x=new string("欢迎光临本站!");
```

或

```
Var x="欢迎光临本站!";
```

2. String 对象的属性

String 对象最常用的属性为 length，它返回实例对象所保存的字符串的长度。

例 9-21 显示实例对象 x 所保存的字符串的长度。

HTML 代码如下

```
<script language="JavaScript">
  var x="欢迎光临 5566";
  document.write(x.length);
</script>
```

图 9-20

运行结果如图 9-20 所示。

由此例可见，在 JavaScript 中，采用 UniCode 编码，一个汉字和一个数字或字符一样，都算一个字符。

3. String 对象的方法

JavaScript 的方法相当于 VF 的函数，例如 charAt()、substr()方法相当于 VF

中的 AT()、substr()函数，只是使用时格式略有不同，JavaScript 中方法的使用格式是：

对象名.方法

VF 中将字符串(相当于 JavaScript 的对象)放在函数后面的括号中，例如：

AT(字符串，子字符串，数字)

String 对象的方法：

(1) charAt()方法

格式：

对象名.charAt(n)

其中，n 为位置号。

作用：返回字符串中指定位置号上的字符。

例 9-22　若 var x="欢迎光临本站!"，显示"光"字。(注意：位置值 n 从 0 开始)。

HTML 代码如下：

```
<script language="JavaScript">
  var x="欢迎光临本站";
  Document.write (x.charAt(2));
</script>
```

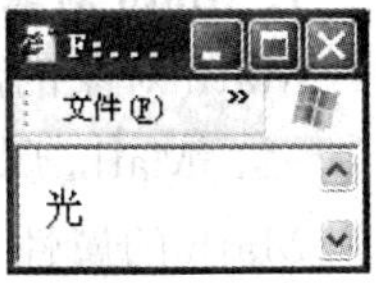

图 9-21

屏幕显示如图 9-21 所示。

(2) substr()方法

格式：

对象名.substr (n,m)

其中，n 为子串的起始位置号，m 是截取的子子串的长度。

例 9-23　取出身份证号"610104198010296131"中的月份值。

HTML 代码如下：

```
<script language="JavaScript">
  var x="610104198010296131";
  document.write (x.substr (10,2));
</script>
```

屏幕显示如图 9-22 所示。

String 对象的其余方法及用法如表 9-2 所示。

图 9-22

表 9-2 字符串对象的方法

方 法	作 用	示例 var x="this is sample"
charcodeAt(n)	返回字串中 n 处的 unicode 值	x. charcodeAt(3) 结果为"s"
indexOf(chr)	找出指定字符的位置	x. indexOf("is") 结果 2,找不到为 -1
lastIndex(chr)	从右向左找出指定字符的位置	x. lastIndex("is") 结果 5,找不到为 -1
replace(chr1,chr2)	用 chr2 字串替换 chr1 字串	x. replace("sample","apple")
toLowerCase()	变为小写字符	x. toLowerCase()
toUpperCase()	变为大写字符	x. toUpperCase()

9.6.2 Math 对象

Math 对象是一个静态对象,不需创建实例,可以直接使用。该对象的属性是一些符号常数,该对象的方法类似于其他语言的数学函数。

1. Math 对象的属性

Math 对象的属性是一些符号常量,其属性名全部用大写。属性的引用方法

Math. 属性名

Math 的属性如表 9-3 所示。

表 9-3 Math 对象的属性

属 性	数 学 意 义	值
E	自然对数的底	2.71828
LN2	2 的自然对数	0.69315
LN10	10 的自然对数	2.30259
LOG2E	2 为底的 e 的自然对数	1.4427
LOG10E	10 为底的 e 的自然对数	0.4343
PI	圆周率 π	3.14159
SQRT1_2	0.5 的平方根	0.707
SQRT2	2 的平方根	1.414

例如,如要计算半径为 3 的圆的面积,则实现的语句为

```
Var s=0;r=3;
S=Math.PI*r*r';
Document.write("半径为 3 的圆的面积为:"+s);
```

2. Math 对象的方法

Math 对象的方法其实就是一些数学函数，对于编程来说数学函数是不可少的，可见这些方法的重要性。

需要注意的是，函数的参数一般为浮点数；三角函数采用弧度值。Math 对象方法的使用格式：

Math. 方法名(参数 1，参数 2，…)

Math 的方法如表 9-4 所示。

表 9-4 Math 对象的方法

类 别	方法名	功 能	示 例
三角函数	sin(x)	返回正弦值	
	cos(x)	返回余弦值	
	tan(x)	返回正切值	
	asin(x)	返回反正弦值	
	acos(x)	返回反余弦值	
	atan(x)	返回反正切值	
指数、对数	exp(x)	返回 e 的 x 次幂	exp(2) 结果 7.389
	log(x)	返回自然对数	log(Math. E) 结果 1
乘幂	pow(n,m)	返回 n 的 m 次方	pow(2,3) 即 $2^3=8$
	sqrt(x)	返回 x 的算术平方根	sqrt(16) 结果 4
取整	ceil(x)	返回不小于 x 的最小整数	ceil(4.3) 结果 5 ceil(-4.3) 结果 -4
	floor(x)	返回不大于 x 的最大整数	floor(4.3) 结果 4 floor(-4.3) 结果 -5
	round(x)	返回四舍五入后的整数	round(4.3) 结果 4
杂类	abs(x)	返回 x 的绝对值	abs(-2) 结果 2
	random()	产生一个 0～1 间的随机数	结果如：0.39812764
	max(n,m)	返回 n、m 中的最大数	max(3,6) 结果 6
	min(n,m)	返回 n、m 中的最小数	min(3,6) 结果 3
	toFixed(x)	四舍五入，保留 x 位小数	Var n=1234.5432； n. toFixed(1) 结果 1234.5
	toPrecision(x)	保留 x 位数，最后有小数四舍五入	Var n=1234.5678； n. toPrecision(5)结果 1234.6

例 9-24 产生两位随机数。(在网上考试中,随机生成试卷,需要从上百道题中随机抽取考题,这就需要首先产生几位随机数)

HTML 代码如下:

```
<script language="javascript">
var n=Math.floor(Math.random(-1)*10);
var m=Math.ceil(Math.random(1)*90);
document.write(n+m);
</script>
```

图 9-23

屏幕显示如图 9-23 所示。

例 9-25 取出一串数字中的任意一位。例如,班级号为 531201,取出第二位数字"3"。方法有两种:直接从数字中取;先将数字转换成字符串,然后从字符串中取。

方法一,直接从数字中取。

HTML 代码如下:

```
<html>
<body>
<script language="javascript">
var x=531201;
var y=Math.floor(x/10000)-Math.floor(x/100000)*10;
document.write(y);
</script>
</body>
</html>
```

图 9-24

屏幕显示如图 9-24 所示。

方法二,先将数字转换为字符串,然后再取数。

```
<html>
<body>
<script language="javascript">
var x=531201;
var y=x+"";
var z=y.substr(1,1);
document.write(z);
</script>
</body>
```

```
</html>
```

注意，此例中将数字转换为字符串的方法是，将数字与一个空("")字符相加。(当一个字符与另一个非字符数据相加时，系统自动将非字符数据转换成字符数据然后做连接运算。)

9.6.3　Array 对象

Array 是一个动态对象，使用时必须创建实例。

创建方法

```
Var 数组名=new Array();
```

说明

(1) 数组元素编号从 0 开始。

(2) JavaScript 数组使用灵活，各元素的值可为不同类型的数据。例如

```
Var student=new Array("大海",21,ah(3));
```

例 9-26　用溶效果周期性地反复显示："忆往昔峥嵘岁月稠　指点江山　激扬文字　粪土当年万户侯"

HTML 代码如下：

```
<html>
<head>
<style>
#x{position:absolute;top:20;left:20;width:800;height:100; font-family:华文彩云;
color:red;font-size:80;font-weight:bold; filter:revealtrans(transition=12,duration=2) }
</style>
<script>
function H(L)
  {this.length=L}
y=new H( )
y[0]="忆往昔峥嵘岁月稠"
y[1]="指点江山"
y[2]="激扬文字"
y[3]="粪土当年万户侯"
var i = -1
function p() {
```

```
    if (i==3) { i=0 } else { i++ }
    x.filters[0].apply()
    x.innerText=y[i]
    x.filters[0].play()
    mytimeout=setTimeout("p()",2500)}
</script>
</head>
<body onLoad="p()">
<div id="x"> </div>
</body>
</html>
```

屏幕显示如图 9-25 所示。

(a)

(b)

图 9-25

9.6.4 Date 对象

Date 对象是一个动态对象，使用时应先创建其实例。

格式为：

```
Var 实例名=new Date();
```

在所创建的实例中，已经包含有当前日期、时间等信息。

利用 Date 对象的方法，可以很方便的获取当前的年、月、日、星期、时、分、秒等信息。Date 对象的常用方法如表 9－5 所示。

表 9－5　Date 对象的方法

方法名	功　能	方法名	功　能
getYear	得到年份	getHours	得到小时数
getMonth	得到月份（0～11，0 为 1 月）	getMinutes	得到分钟数
getDate	得到日期号（1～31）	getSeconds	得到秒数
getDay	得到星期数（0～6，0 为星期日）	getTime	得到自 1970 年 1 月 1 日 0 点 0 分 0 秒算起，到 Date 对象实例代表的时间为止的毫秒数。

例 9－27　在网页上显示时间。

HTML 代码如下：

```
<html>
<script>
function Timer()
{
  today=new Date();
  t=today.getHours()+"点"+today.
getMinutes()+"分"+today.getSeconds()
+"秒";
  document.all.mytimer.innerText="现在时间是:"+t;
}
</script>
<body onLoad="setInterval('Timer()',1000)">
    <p id="mytimer"></p>
</body>
</html>
```

图 9－26　显示时间

例 9－28　制作一个小日历，可放在网页的任意位置。如图 9－27 所示。

HTML 代码如下：

```
<script language="javascript">
```

图 9－27

```
function Year_Month()
{
    var now = new Date();
    var yy = now.getYear();
    var mm = now.getMonth()+1;
    return('<font color="#0000df">' +yy + '年' + mm + '月</font>');
}
function Date_of_Today()
{
    var now = new Date();
    return('<font color="#ff0000">' +now.getDate() + '</font>');
}
function Day_of_Today()
{
    var day = new Array();
    day[0] = "星期日";
    day[1] = "星期一";
    day[2] = "星期二";
    day[3] = "星期三";
    day[4] = "星期四";
    day[5] = "星期五";
    day[6] = "星期六";
    var now = new Date();
    return( '<font color="#0000df">' +day[now.getDay()] +
'</font>');
}
function CurentTime()
{
    var now = new Date();
    var hh = now.getHours();
    var mm = now.getMinutes();
    var ss = now.getTime() % 60000;
    ss = (ss - (ss % 1000)) / 1000;
    var clock = hh+':';
```

```
    if (mm < 10) clock += '0';
    clock += mm+':';
    if (ss < 10) clock += '0';
    clock += ss;
    return(clock);
}
function xrl()
{
    nf.innerHTML = Year_Month();
    rq.innerHTML = Date_of_Today();
    xq.innerHTML = Day_of_Today();
    sj.innerHTML = CurentTime();
}
document.write('<table border="1" width="58" bgcolor="#FEFEEF"
height="67">');
document.write('<tr><td align="center" width="100%" height=
"100%" >');
document.write('<font id="nf" style="font-size:7pt;line-height:
120%"> </font> <br>');
document.write('<font id="rq" style="color:#ff0000;font-family:
Arial; font-size:14pt;"></font><br>');
document.write('<font id="xq" style="font-size:9pt;line-height:
120%"> </font><br>');
document.write('<font id="sj" style="color:#100080;font-size:
8pt; line-height:120%" ></font>');
document.write('</td></tr></table>');
setInterval('xrl()',1000);
</script>
```

本例中用 document.write()方法，向网页中任意位置插入一个一行一格的表格，表格内放置 4 行数据的日历，分别是年月、日期号、星期和时分秒。整个程序由 window 对象的 setInterval('xrl()',1000)方法控制，每隔 1 秒(1000 毫秒)钟执行一遍 xrl()函数。

xrl()函数利用对象的 innerHTML 属性分别向 4 个<font></font>容器装入年月、日期号、星期和时分秒。如：nf.innerHTML = Year_Month()，将当前的年号和月份写入 nf 容器之中。为此,系统定义了 4 个函数:Year_Month()、Date_of_Today()、Day_of_Today()、CurentTime()。这 4 个函数大同小异,只得解释的是最后一个函数。CurentTime()的内容为:

```
function CurentTime()
{
    var now = new Date();
    var hh = now.getHours();
    var mm = now.getMinutes();
    var ss = now.getTime() % 60000;
    ss = (ss - (ss % 1000)) / 1000;
    var clock = hh+':';
    if (mm < 10) clock += '0';
    clock += mm+':';
    if (ss < 10) clock += '0';
    clock += ss;
    return(clock);
}
```

首先创建了一个日期时间对象的实例 now,从 now 的属性可得到当前的时 hh、分 mm 和秒 ss。注意,此处的 ss 的值是自 1970 年 1 月 1 日 0 点 0 分 0 秒算起,到 Date 对象实例代表的时间为止的毫秒数,除以 60000(即 1 分钟的毫秒数)的余数,即不到 1 分钟的毫秒零头数,比如 54320 毫秒。然后将该数除以 1000 取模(ss − (ss % 1000)) / 1000,即可得到整型的秒数,例如此处为 54。该秒数可能为 1 位,也可能为 2 位数。为了显示上美观起见,在一位数的前边加一个"0"。例如,在一位分钟数前加"0"的具体语句为:if (mm < 10) clock += '0'。

习题 9

一、单选题

1. 在 Javascript 脚本中,以下语句用法中,不正确的是(　)。

   A. var x=y=0　　B. sum+=3

   C. var x=13;y+=x　　D. var result=(ts>=10)? 1:0

2. 下列 JavasScript 的声明变量语句中(　)是正确的。

   A. int i=10　B. var i;j; k=10　C. int i; j; k=10　D. var i=10

3. 下列 JavaScript 的注释语句中(　)是正确的。

A. 'This is a comment line　　　　B. // This is a comment

C. <! ——This is a comment line——>

4. 下列 JavaScript 的注释语句中(　)是正确的。

A. /* This is a comment line */　　　　B. // This is a comment//

C. <! ——This is a comment line——>

5. 在 JavaScript 的判断语句中(　)是正确的。

A. if(i==0)　　B. if(i=0)　　C. if i==0 then　　D. if i=0 then

6. 下列 Javascript 的定义函数语句中(　)是正确的。

A. function=functionName()　　　　B. function functionName()

C. function:=functionName()　　　　D. functionName()

7. 下列调用 JavaScript 函数语句中(　)是正确的。

A. functionName()　　　　B. Call funcftionName()

C. call functionName　　　　D. CfunctionName

8. JavaScript 的对象主要包括(　)。

A. JavaScript 内置对象　　　　B. 浏览器内置对象

C. 自定义对象　　　　D. 以上三种都是

9. JavaScript 中自定义对象时使用的关键字是(　)。

A. Object　　B. Function　　C. Define　　D. 以上三种都是

10. 下列选项中,(　)不是网页中的事件。

A. onclick　　B. onmouseover　　C. onsubmit　　D. onpressbutton

11. 在 Javascript 中,逻辑与运算的操作符是(　)。

A. and　　B. ||　　C. &&　　D. !

12. 若 CurDate 是 Date 对象的实例,其获得年份的方法是(　)。

A. getYear()　B. getMonth()　　C. getDate()　　D. getDay

13. 如果 CurDate 是 Date 对象的实例,若 CurDate. getDay 的值为 0,则它代表(　)。

A. 星期一　　B. 星期日　　C. 星期六　　D. 星期二

14. 如果 CurDate 是 Date 对象的实例,若 CurDate. getMonth 的值为 0,则它代表(　)。

A. 一月份　　B. 三月份　　C. 十二月份　　D. 二月份

15. 在 JavaScript 用来输出数据的语句是(　)。

A. msgbox()　　　　B. document. write()

C. write()　　　　D. writeln()

16. 在 Javascript 中,能够把非字符型数据转换成字符型数据,然后在进行连接的运算符是(　)。

A. －　　B. ＋　　C. &　　D. @

17. 现有字符串变量 keyword,若要获得变量中所存储的字符串的长度,以下实现方法中,正确的是(　)。

A. len(keyword)　　B. Math. len(keyword)

C. keyword. length　　D. keyword. len

18. 若要判断 Email 变量所存储的值是否含有"@"字符,以下各方法中,正确的是(　)。

A. String. substring("@")　　B. String. indexOf("@")

C. Email. indexOf("@")　　D. Email. indexOf(@)

二、判断程序运行结果

1. 现有 Javascript 脚本块

```
<script Language="JavaScript">
  function  test1()
  {
    var x=2;
    x-=x*x+1;
    document.write(x);
  }
</script>
```

执行 test1 函数后,其输出结果为(　)。

A. －1　B. －2　C. －6　D.　　－3

2. 在以下 Javascript 脚本程序中,能正确运行,不会导致死循环的是(　)。

A.
```
function test()
{
  var x;
  for(x=1;x<10;x--);
}
```

B.
```
function test()
{
  var x;
  for(x=1;x<10;x++);
}
```

C.
```
function test()
{
    int x=1;
do{...}
while(++x<10)
}
```

D.
```
function test()
{
  var x=1;
  do{...}
  while(x++);
}
```

3. 现有 Javascript 脚本块

```
<script language="javascript">
function test2()
{
    var now = new Date();
    var ss = now.getTime() % 60000;
    ss = (ss - (ss % 1000)) / 1000;
    document.write(ss);
}
CurentTime();
</script>
```

调用 test2 函数后，其输出结果是（ ）。

A. 1～1000 之间的数　　B. 小于 60 的整数　　C. 小数　　D. 实数

实　训　9

窗口中连续滚动的图片

实现图片在窗口中连续滚动主要有两种方法：图片不动窗口动或者窗口不动图片动。

方法一：图片不动窗口动

实例

HTML 代码如下：

```
<html>
<body>
<table >
  <tr>
    <td>
    <div id=gd
```

```
        style="background: #efefef; overflow: hidden; width: 400px;
cursor:hand;heigh:100px" >
      <table height=100 cellspacing=0 cellpadding=0 align=left
border=0 cellspace="0">
      <tr>
        <td id=gd1 valign="center">
          <table id=biaozhi cellspacing=1 cellpadding=2 wdith=
835 border=0>
            <tr>
              <td><img src="1.jpg" width="100" height="75"
border=0  /></td>
              <td> <img src="2.jpg" width="100" height="75"
border=0/></td>
              <td> <img src="IMG_0402.JPG" width="100" height=
"75"  border=0 /> </td>
              <td> <img src="IMG_0403.JPG" width="100" height=
"75"  border=0 /> </td>
              <td> <img src="IMG_0404.JPG" width="100" height=
"75"  border=0/> </td>
              <td> <img src="IMG_0405.JPG" width="100" height=
"75"  border=0 /> </td>
              <td> <img src="IMG_0416.JPG" width="100" height=
"75"  border=0 /> </td>
              <td> <img src="IMG_0420.JPG" width="100" height=
"75"  border=0 /> </td>
            </tr>
          </table>
        </td>
        <td id=gd2 valign=center></td>
  <script>
  var speed=10;
    gd2.innerHTML=gd1.innerHTML;
    function Marquee()
      {
```

```
    if(gd.scrollLeft>=gdl.offsetWidth)
        { gd.scrollLeft=0; }
    else
        {gd.scrollLeft++;}
    }
    var Mygd=setInterval(Marquee,speed);
    gd.onmouseover=function()
        {clearInterval(Mygd);}
    gd.onmouseout=function()
            {Mygd=setInterval(Marquee,speed);}
    </script>
        </tr>
      </table>
    </div>
  </td>
 </tr>
</table>
</body>
</html>
```

关键词 DOM、table、div、scrollLeft、offsetWidth、innerHTML、setInterval()、clearInterval()

编程思路

将图片依次放置在表格一行的单元格中,放 2 遍。本例 8 张图片,分放在一行连续的 1 到 16 个单元格中,即 1-8 格和 9-16 各放置一遍。向右移动显示窗口滚动显示图片。当显示完 8 张图片时,将窗口再移动回最左边的起始位置开始新一轮显示。

编程技巧

(1) 显示窗口用<div>标记来实现,设置其属性超出窗口部分不可见(<div id='gd' style="overflow:hidden;width:400px;heigh:100px" >)。

(2) 逐渐增大 DIV 左边界值(gd.scrollLeft++),窗口向右移动。

当窗口左边界值大于最后一张(第 8 张)图片右边界值的时候,图片已显示完,设置窗口左边界值为零。即

```
if(gd.scrollLeft>=gdl.offsetWidth)  { gd.scrollLeft=0; }
```

(3) 本例中 table 为 1 行、2 单元格。第 1 格中再嵌套一表格,1 行 8 列放 8 张

图，第 2 格为空。使用脚本将第一个中的内容装入第 2 格（gd2. innerHTML＝gd1. innerHTML），实质等于复制了第 1 格中的 8 张图片。这样做可以少写代码。如果觉得不好理解，可以去掉此句，直接将第一格中的内容复制到底格即可。

（4）窗口 DIV 的宽度任意，但最宽不能超过 8 张图片的宽度。超过之后会有什么效果？读者自己可以试验一下。

补充知识

（1）innerHTML：容器对象的一种属性。该属性能设置或获取容器对象内的 HTML 代码。例如：gd2. innerHTML＝gd1. innerHTML，将对象 gd1 里的 内容（HTML 代码）取出，赋给对象 gd2。

（2）setInterval：window 对象的方法。其作用是每经过一定毫秒值执行一次指定操作。其用法举例

```
var Mygd=setInterval(Marquee(),100);
```

其意为：每经过 100 毫秒执行一遍 Marquee 函数，并将每次执行的结果保存到变量 Mygd 中。

注意：window 对象有两个类似方法，setTimeout 和 setInerval，二者区别就差在一个"每"字上。即 setInterval 是每经过指定毫秒值后计算一个表达式；setTimeout 是经过指定毫秒值后计算一个表达式。也就是说，前者会自动反复执行，后者只执行一遍。

要想中止 setInterval()的循环动作，只要用 clearInterval("变量名")清除其循环变量的值即可。

（3）scrollLeft：DOM 对象属性。设置或获取位于对象左边界和窗口中目前可见内容的最左端之间的距离。

如：gd. scrollLeft＋＋

（4）offsetWidth：DOM 对象属性。获取对象相对于版面或由父坐标 offsetParent 属性指定的父坐标的宽度。

如：gd1. offsetWidth

方法二：窗口不动图片运动。请自己动脑实现之。

第 10 章　文档对象模型(DOM)

本章内容:

DOM 的概念；

window 对象；

Document 对象；

history、external 对象。

10.1　DOM 的基本概念

10.1.1　DOM 的由来

WWW 浏览器能够解释 HTML 语言,实现网上信息的浏览。但是,随着人们对浏览速度的要求以及对网页交互的需要,一些大的软件公司分别对自己的浏览器作了功能上的扩充,提出了“文档对象模型”(Document Object Model 简称 DOM)的概念。如 Netscape 浏览器将部分网页元素作为对象处理,而微软 IE4.0 及以上版本的浏览器,则将每个页面元素都看成对象,并为各对象都添加了许多有用的属性和方法。

为了使浏览器对 HTML 的支持有一个统一的规范,万维网协会 W3C(World Wide Web Consortium)制定了一个与浏览器及语言无关的文档对象模型 DOM,使用 DOM 可以控制文件的内容、结构和样式。Web 开发人员借助于 DOM 可以在网页中引入动态和交互内容。

10.1.2　什么是 HTML DOM?

将浏览器本身、网页文档及网页文档中的 HTML 元素等都用相应的内置对象来表示,其中一些对象是作为另一些对象的属性而存在,于是形成了对象与对象之间的层次关系,我们把这种结构称为文档对象模型(DOM)。

DOM 对象模型中常用的各对象之间的层次关系如图 10－1 所示。

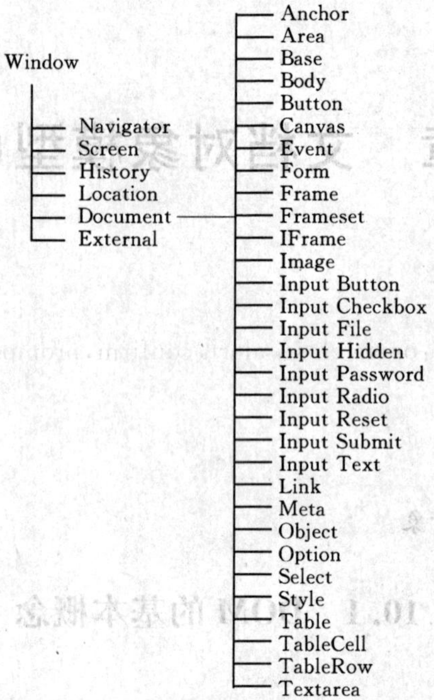

图 10－1　DOM 结构图

每一种对象都有自己的属性、方法和事件，可以用脚本语言（JavaScript 或 VBscript 等）对这些对象进行编程，从而实现各种动态的效果。

10.1.3　DOM 对象的引用方法

因为 DOM 对象具有树状的层次结构，引用的时候就要用“.”按隶属关系将对象与对象、对象与属性、对象与方法分割开来。

例如：引用网页中“body”对象，可写为

```
window .document.body
```

设置“body”对象的背景色为红色，可写为

```
window .document .body .bgcolor = "red"
```

因为 window 对象在最顶层，其他对象都是它的子对象，故书写时可省略。如上面两句可改写为：

```
document .body
document .body.bgcolor = "red"
```

10.2　常用对象简介

10.2.1　window(窗口)对象

窗口(window)对象位于层次对象的最顶层,每一个 window 对象代表一个窗口。

窗口对象的方法

窗口对象的方法有:open,close,alert,confirm,prompt,setTimeout,setInterval 等。

(1) open 方法

open 方法是在浏览器窗口中打开一个新的窗口。

格式

window.open("URL","窗口名","窗口样式")

例 10-1　打开一个新窗口。窗口内显示名为 index.htm 的网页

图 10-2　打开一个新窗口

HTML 代码如下:

```
<html>
<body>
<script language="javascript">
  window.open("index.htm")
</script>
```

```
</body>
</html>
```

在 open 方法中，还可以定制窗口的各种参数。如：

open("opacity.htm","windowName","toolbar=no,location=yes,directories=no,status=no,menubar=yes,scrollbars=yes,resizeable=yes,width=500,height=360")

上面语句是在浏览器中打开一个窗口，其中显示的网页文件为 opacity.htm、该窗口无工具栏(toolbar=no)、有地址栏(location=yes)、不显示目录按钮(directories=no)，没有状态栏(status=no)，有菜单栏(menubar=yes)、有滚动条(scrollbars=yes)、可改变大小(resizeable=yes)、宽 500px、高 360px。

(2) alert 方法

格式

window.alert(字符串)

功能：打开一个对话框，显示提示信息和“确定”按钮。

例 10-2 打开一个提示框，如图 10-3 所示。

HTML 代码如下：

```
<html>
<body>
<script language="javascript">
  window.alert("这是一个提示窗口,")
</script>
</body>
</html>
```

图 10-3 打开提示窗口

(3) setTimeout 方法

格式

window.setTimeout ("命令或过程",毫秒数)

功能：该方法设置浏览器隔多少时间执行指定的代码程序。网页中很多动态效果都是用该方法实现的。

例 10-3 利用 JavaScript 脚本周期性的改变图片的高和宽(宽度增加时高度减小，宽度减小时高度增加)，实现类似呼吸的效果。

HTML 代码如下：

```
<html>
<head>
<script language="JavaScript">
```

(a)

(b)

图 10-4

```
var b = 1;
var c = true;
function fade(){
if(document.all);
if(c == true)  {b++;}
if(c == false) {b--;}
if (b==100) {c = false}
if(b==10)  {c = true;}
u.width=150 + b;
u.height=125 - b;
setTimeout("fade()",50);
}
</script>
<body onload="fade()">
<img src="tp.gif" name="u">
</body>
</html>
```

本例中图片名称为“u”,即为“u”对象。fade()函数可以周期性地改变“u”对象的宽和高。表达式“u. width = 150 + b”使 u 的宽度增加 b;同时,表达式“u. height=125-b”使高减少 b。当 b 的值增大时,宽增大、高减小;当 b 的值减小时,宽减小、高增大。b 的值按着增大—转向—减小—转向的规律周而复始地变化,实现图片的动画效果。类似的算法已在例 9-4 中讨论过。

(4) setInterval 方法

设置每隔多少时间(毫秒)执行一次命令或函数。相当于一个无休止的循环。

格式

setInterval ("命令或过程",毫秒数)

例 10-4　水纹倒影效果

使用setInterval方法周期性改变CSS的wave滤镜的相位值,产生水纹倒影效果。如图10-5所示。其中,使用了3个CSS的滤镜:wave、alpha、flipv。flipv负责垂直翻转图像180°,alpha控制影子透明度,使影子模糊,wave产生波动。其中,CSS样式定义为:

图 10-5　水纹倒影

```
<style>
.daoying {filter: wave(strength=3,freq=3, phase=0,lightstrength=30)  blur() flipv()}
</style>
```

HTML代码如下:

```
<html>
<head>
<title>水纹倒影</title>
<script language="JavaScript">
function f1()
  {
  dy.filters.wave.phase+=10;
  }
  setInterval("f1()",100);
</script>
</head>
<body>
<img src="CIMG0084_1.jpg" width="266" height="200"><br>
<img src="cimg0084_1.jpg" width="266" height="111" id="dy" style="filter:wave(strength=3,freq=3,phase=0,lightstrength=30) flipv() alpha(opacity=50)">
</body>
</html>
```

本例中使用了window对象的setInterval()函数实现周而复始的循环。与例10-3所不同的是,维持图像周而复始地循环波动的只有setInterval()函数本身,不需要在加载页面时运行另一函数,也不需要在函数内部做递归调用。

10.2.2　Document(文档)对象

文档对象代表当前的网页。Document 对象的集合、属性和方法很多,我们只介绍最主要的几种。

1. Document 对象的集合

all 集合

格式

Document.all

功能:提供对文档中所有 HTML 元素的访问。

说明:all[] 是一个多功能的类似数组的对象,它提供了对文档中所有 HTML 元素的访问。all[] 数组源自 IE 4 并且已经被很多其他的浏览器所采用。all[] 已经被 Document 接口的标准的 getElementByid( ) 方法和 getElementsByTagName() 方法以及 Document 对象的 getElementsByName( ) 方法所取代。尽管如此,这个 all[] 数组在已有的代码中仍然使用。

可以用 length 测得 all[]数组的长度(元素总数)。

不同的网页内容不同,其所包含的子对象也不同,这些子对象就是所有的页面元素。可以用下面例子来观察页面元素。

例 10－5　编程查看一网页组成对象的名称。

HTML 代码如下:

```
<html>
<head>
<script language="vbscript">
sub souji()
text1.value=document.all.length
for i=0 to document.all.length-1
  text1.value=text1.value+" "+document.all(i).tagname
next
end sub
</script>
</head>
<body onload="souji()">
<p>本网页的所有元素如下:</p>
<input id=text1 type=text style="height:32px;width=400">
</body>
```

```
</html>
```

浏览器显示结果如图 10－6 所示。

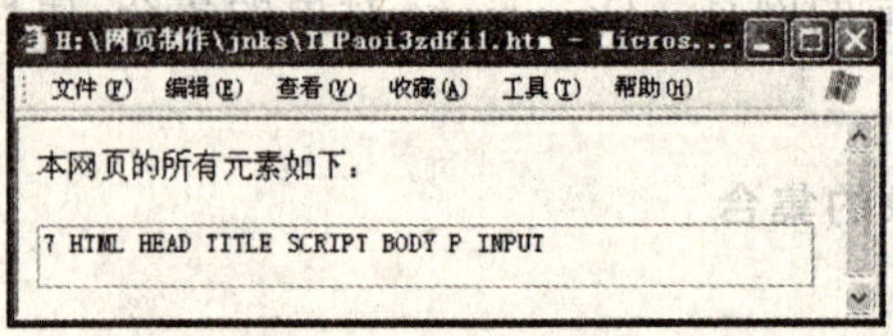

图 10－6　统计 document 中对象的数量和名称

本例中使用了 document 对象的属性 all，all 是 IE 浏览器 DOM 中 document 对象的属性，它代表了网页中所有的元素标记的集合。All 对象的属性 length 纪录该网页中 HTML 标记的个数，all 对象的属性 tagname 记载着 HTML 标记的名称。

在子程序 souji()中，首先获得网页中 HTML 标记的个数，语句为 document.all.length，然后将结果保存在 text1.value 中。本例中共有 7 个标记，故在文本框中显示"7"。接着进入循环，遍历 all 对象中的各个元素，将它们的标记名称输出，写在 text1 文本框中。如图 10－6 所示。

2. document 对象的方法

document 对象的方法有：write、writeln、open、close 等。最常用的方法是 write。

格式

```
document.write(字符串)
```

例 10－6　输出 1—7 号字"江山如此多娇"。

HTML 代码如下：

```
<html>
<body>
<script laguage="javascript">
for(var i=1;i<=7;i++)
{
  document.write("<font size="+i+">江山如此多娇</font>
<br>");
}
</script>
</body>
</html>
```

浏览器显示结果如图 10－7 所示。

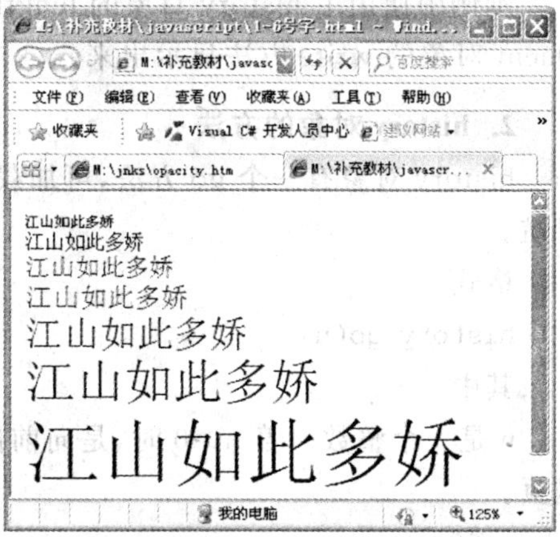

图 10－7　动态输出

正确地书写字符串是件比较困难的事情，特别是对于初学者。本例中，关键在于学会字符串的书写方法。由 document 对象的 write 方法构成的输出语句：document.write("<font size＝"＋i＋">江山如此多娇</font>
")，输出的字符串为常量＋变量＋常量。第一个常量为"<font size＝"，第二个常量为">江山如此多娇</font>
"，变量为循环变量 i。"＋"的作用是将数字型变量 i 的值转换为字符型，然后与字符型常量连接成一个完整的字符串。这个字符串中包含了 HTML 的<font>标记，输出时浏览器会识别并自动执行。

10.2.3　history (历史)对象

历史(history)对象包含了最近访问过的 10 个网页的 URL 地址。

1. history 属性

history 对象有一个 length 属性，可以返回有多少 URL 存储在 history 对象中。

格式

history.length

例 10－7　用 history 的 length 属性，显示当前浏览器访问过的网页数。

HTML 代码如下：

```
<html>
<body>
<script language="javascript">
  var n=history.length;
  document.write("此浏览器已访问过"+n+"个网页");
</script>
<a href="fade.htm">访问网页</a>
</body>
</html>
```

屏幕显示结果如图 10－8 所示。

图 10－8　访问过的网页数

本例中使用了 history 对象的 length 属性，获得浏览过的网页的个数，由 document 对象的 write 方法显示出来。

2. history 对象的方法

history 对象有一个 go 方法，可加载历史列表中的某个具体的页面，实现网页导航。

格式

history.go(n)

其中

n 是一个整数。若 n>0 时，是向前翻找 n 个网页；n<0 时，是向后翻找 n 个网页。

n<0

例 10-8 用 history 对象的 go 方法，前后翻找网页。

HTML 代码如下：

```
<html>
<body>
<form name="form1" action="qhz.htm">
<input type="button" value="向前"  name="back" onClick="history.go(-1)">
<input type="button" value="向后"  name="forword" onClick="history.go(1)">
</form>
<p><a href="访问过 n.htm">统计访问次数</a></p>
</body>
</html>
```

浏览器显示效果如图 10-9 所示。

本例中单击“向前”按钮时，使用 history 对象的 go 方法，执行 "history.go(-1)"语句，向前显示一页；单击“向后”按钮时，执行"history.go(1)"语句，向后显示一页。

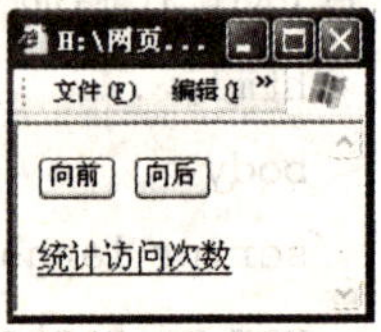

图 10-9 前后翻按钮

10.2.4 external(外部)对象

该对象有一个很常用的方法，addFavorite。利用该方法，可实现将指定网站(网址)添加到收藏夹。

例 10-9 在网页上加一句：“收藏本站”。要求当单击该文字时，把自己的网站加入对方浏览器的收藏夹中。若自己网站的网址为:http://www.mySite.com.cn,在收藏夹中的提示名称为:"蓝天网站"。如图 10-12 所示。

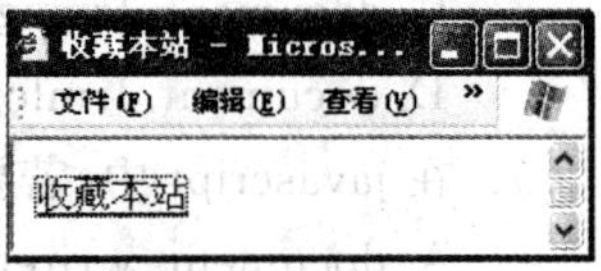

图 10-10　收藏本站

HTML 代码如下:

```
<html>
<body>
<a href="#" onClick="javascript:window.external.addFavorite
('http://www.Music.com','音乐网站')">
收藏本站
</a>
</body>
</html>
```

本例中使用 external 对象的 addFavorite()方法,将网站的 URL 地址添加到浏览器的收藏夹中。

习　题　10

一、单选题

1. 以下对象中,不属于浏览器对象的是(　)。

A. Date　　B. window　　C. location　　D. history

2. 以下方法中,不属于 Window 对象的方法的是(　)。

A. alert　　B. confirm　　C. prompt　　D. lastIndexOf()

3. 若要选中文本框中的内容,可使用文本框对象的(　)方法来实现。

A. getSelection()　　B. select　　C. focus　　D. change()

4. 当一个对象失去焦点时,将在该对象上发生(　)事件。

A. lostFocus　　B. Change　　C. Focus　　D. Blur

5. 在 keypress 时间处理函数中,若要获得用户按键的 ASCII 值,以下方法中正确的是(　)。

A. Event.which　　B. event.modifiers

C. event.keycode　　D. window.event.which

6. 若要让 frmlog 表单中名为 logname 的文本框获得输入焦点,则以下方法中正确有效的是(　)。

A. frmlog.logname.setfocus

B. document.frmlog.logname.focus()

C. document. frmog. logname. setfocus()

D. document. frmlog. logname. blur()

7. 在 javascript 中，若要获得当前屏幕的分辨率，以下方法中正确的是(　　)。

A. document. write("screen. width * screen. height")

B. document. write("Screen. width"+" * "+"Screen. height")

C. document. write(""+screen. width+'*'+screen. height)

D. document. write(Sreen. Width"+" * "Screen. Height)

实　训　10

打字效果

像打字机一样一个一个打出一行文字。

实例

JavaScript_

HTML 代码如下：

```
<html>
<span id="rq"></span>
<script language=javascript defer >
var text="JavaScript 实现的打字效果"
var delay=200
var i=0
function dz(){
rq.innerText=text.slice(0,i++)+"_"
if(i>text.length){
    i=0
    setTimeout("dz()",delay*10)
    }
else
    setTimeout("dz()",delay)
}
dz()
</script>
</html>
```

关键词　DOM、容器、innerText、string.slice()、setTimeout()、script defer

编程思路

把字符串中的字符从左向右，第 1 次取出 1 个，第 2 次取出 2 个，以此类推。每取一次，放入容器中显示一次。这样，看上去就像打字机效果了。

编程技巧

(1) 创建容器并命名(<span id="rq"></span>)。

(2) 在脚本中创建文本(var text="JavaScript 实现的打字效果")。

(3) 定义打字函数 dz()：

将文本中从左侧开始的第 1 个字符(编号 0)到第 i 个字符放入容器(rq.innerText=text.slice(0,i++)+"_")，字符串后跟一个"_"。

(4) i 的值每次加 1。如果 i 的值大于字符串的总长度时，令 i 为零。从头开始。

if(i>text.length)　{ i=0 }

(5) 循环操作用 window 对象的 setTimeout()方法实现(setTimeout("dz()",delay))。

补充知识

(1) String.slice(start,end):JavaScript 字符串切片方法。即从指定的字符串对象中提取一个切片(或子字符串)，然后，将它作为新字符串返回，而且不修改原始字符串对象。返回的字符串包括从 start 字符直到 end 字符(但不包括该字符)之间的所有字符。

例 1　提取从位置 6 开始的所有字符。

```
<script type="text/javascript">
    var str="Hello happy world!"
    document.write(str.slice(6))
</script>
```

输出：

happy world!

例 2　提取从位置 6 到位置 11 的所有字符：

```
<script type="text/javascript">
    var str="Hello happy world!"
    document.write(str.slice(6,11))
</script>
```

输出：

happy

例 3

```
text.slice(0,i++)
```

从文本 text 字符串左端(0 号字符)开始截取到第 i 个字符。此处 i++是 i 变量加 1 表达式。

(2) 注意：<script language=javascript defer >中的 defer 不可少。

<script>标记的 defer 属性，其作用是告诉浏览器在加载过程中不要去执行由<script></script>包括起来的代码，等到下载完整个 HTML 文档的内容后再去执行这些代码。可通过实例理解它的作用。

例 1

```
aaa
<script language="javascript">
    Document.write("bbb")
</script>
ccc
```

执行结果

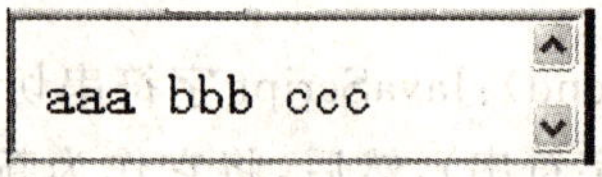

例 2

```
aaa
<script language="javascript" defer>
    Document.write("bbb")
</script>
ccc
```

执行结果

浏览器中只显示脚本中写入的 bbb。这是因为浏览器处理完网页文档中的其他内容后才执行脚本的。执行时，脚本写入的文本覆盖了最初的文档内容(即 aaa ccc)。

第 11 章　XML 基础

本章内容：

XML 简介；

XML 文档结构；

CSS 样式表显示 XML 文档；

XSL 样式表显示 XML 文档；

数据岛显示 XML 文档。

11.1　XML 简介

可扩展标记语言(XML)是一种可以自行创建标记的置标语言，是一种用于描述和构造独立于应用程序逻辑的通用标准，利用这个标准，可以根据实际需要，定义新的置标语言，并为这个置标语言规定一套特有的标记，因此，XML 是一种元置标语言，程序开发人员可以根据它所提供的规则为特定行业和应用程序制定所需要的置标语言。本章只是简单介绍一下什么是 XML，在浏览器中如何显示 XML 数据，为后续课程的学习和 Web 开发打下基础。

11.1.1　XML 的由来

与 HTML 一样，XML 也是从标准通用标记语言(SGML)衍生而来。XML 系列的“家族”关系如图 11-1 所示。

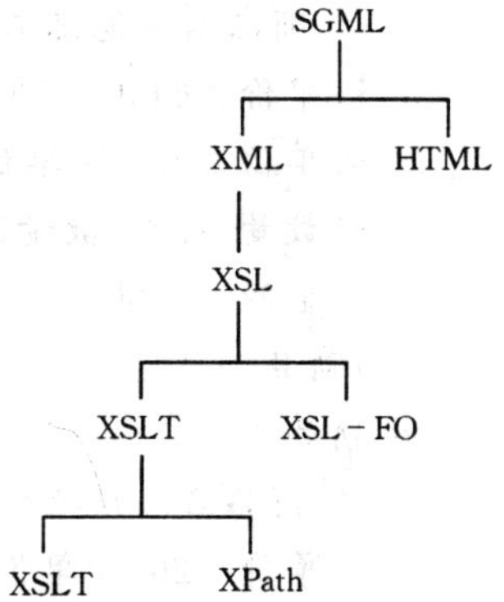

图 11-1　标记语言家谱

1986 年国际标准化组织(ISO)发布了 SGML 标准的正式版本，它是一种用标记来描述文档资料的通用语言。SGML 十分庞大，既不容易学，又不容易使用，在计算机上实现也十分困难。

1989 年产生了 HTML 语言。HTML 只使用 SGML 中很小一部分标记。为了便于在计算机上实现,HTML 规定的标记是固定的。正是由于 HTML 的简单性,使 Web 技术从计算机界走向全社会,走向千家万户,Web 的发展如日中天。

近年来,随着 Web 的应用越来越广泛和深入,人们渐渐觉得 HTML 不够用了,无法用这些固定的标记来表现复杂的形式。另一方面,随着计算技术的迅速发展,迫切需要一种能够以树状结构存储数据、处理数据的 Web 上的语言。于是,XML 应运而生了。

XML 也是 SGML 的子集,它的核心是传递信息。为了实现复杂形式数据的表现,它使用了可扩展样式语言(XSL)。

XSL 在转换 XML 文档时分为两个过程,XSLT 转换文档的结构,XSL-FO 将文档格式化输出。而 XSLT 既能转换文档,又能查询,当然后者是由路径查询语言 Xpath 来实现的。

11.1.2 一个 XML 实例

要想知道什么是 XML,XML 有什么用?我们先看两个最简单的实例。

例 11-1 用 XML 传送下面票据

商品名	单价(元)	单位	数量	金额(元)
笔记本电脑	6400	台	2	12800
打印纸	26	箱	4	104

用 XML 语言描述的文件内容如下:

```
<? XML version="1.0" encoding="GB2312"? >
<商品信息>
  <商品>
    < 商品名>笔记本电脑< /商品名>
    <单价>6400</单价>
    <单位>台 </单位>
    <数量>2</数量>
    <金额>12800</金额>
  </商品>
  <商品>
    < 商品名>打印纸< /商品名>
    <单价>26</单价>
    <单位>箱</单位>
    <数量>4</数量>
```

```
    <金额>104</金额>
  </商品>
</商品信息>
```

将该文件命名为 1.xml，这样，就可以方便地把信息传送给对方了。对方收到后，再还原显示成表格形式。

例 11-2 一个描述学生信息的 XML 文档内容如下：

```
<? XML version="1.0" encoding="GB2312"? >
  <信工院>
    <学生>
      <姓名>大海</姓名>
      <性别>男</性别>
    </学生>
    <学生>
      <姓名>白云</姓名>
      <性别>女</性别>
    </学生>
</信工院>
```

在浏览器里观察，效果如图 11-2 所示。

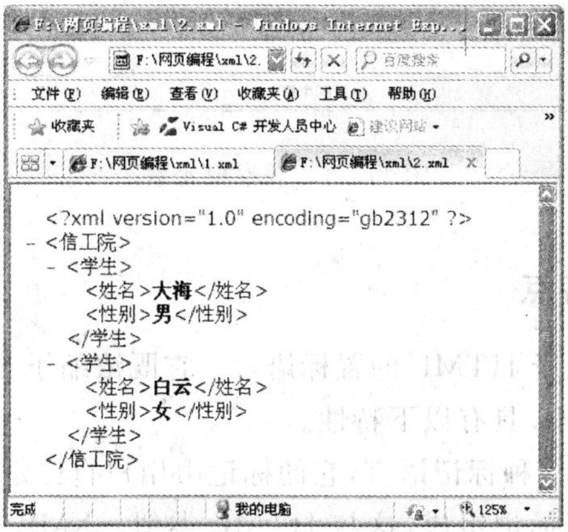

图 11-2 浏览器中显示 XML 文件

浏览器中不仅显示出 xml 文档的内容，同时显示出文档的树状结构。文本行左侧“—”号表示该节点已打开，它包含有下级节点。如果单击减号，该节点就会收拢起来，变为“+”号，如图 11-2 所示。

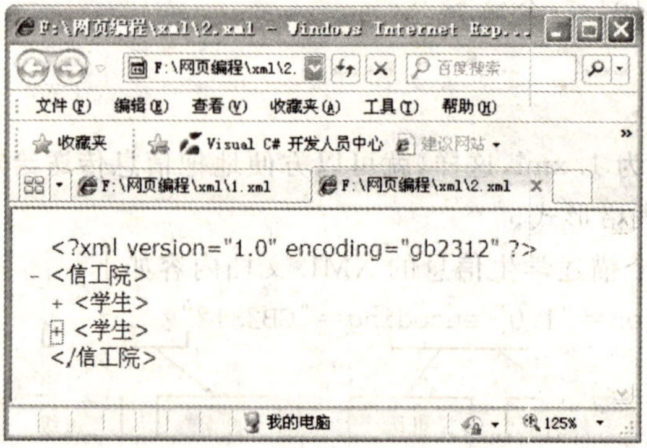

图 11-3 点击学生节点,"-"变"+"

单击根元素<信工院>前的"-"号,整个节点树将收缩成如图 11-4 所示。

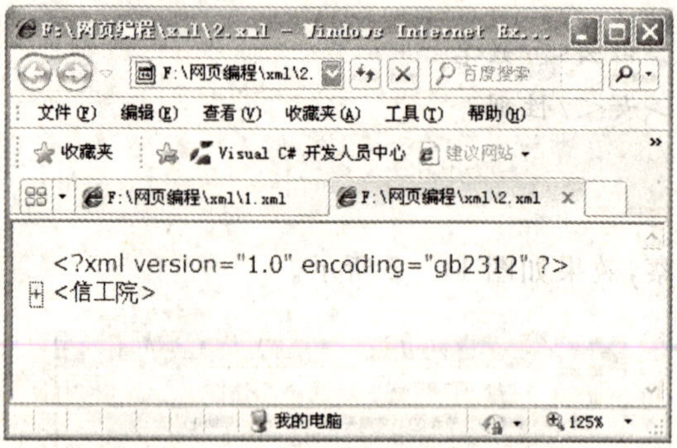

图 11-4 观察根元素

11.1.3 XML 的特点

XML 是一种类似于 HTML 的置标语言。它既浓缩了 SGML 的精华,又继承了 HTML 的优势,XML 具有以下特性。

(1) XML 文档是一种标记语言,它的标记由用户自己定义。每条语句都是由开始标记、数据与结束标记组成,这与 HTML 类似。XML 标记对和他们中间的数据统称为元素,如<姓名>张良</姓名>,该元素名称为"姓名"。

与 HTML 不同,在 XML 中,标记是由用户自己任意定义的。标记可以用英文,也可以用汉字定义,但开始标记与结束标记必须成对使用。

(2) XML 是分层的,其节点是按树状结构分布的。在 XML 中,这些关系可通过分层包容来表示,如图 11-5 所示。

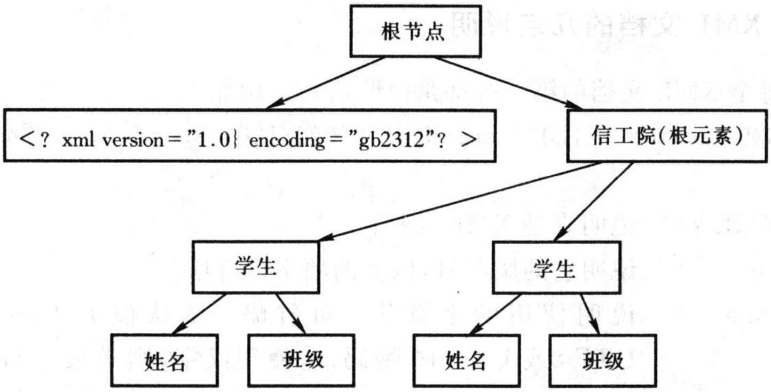

图 11 - 5　XML 结构树

上图中，最外层元素称为“根元素”或“文档元素”，如＜信工院＞，每一个 XML 文档都只有一个根元素。其余元素根据其嵌套层次的相对位置，相互之间形成父子关系、兄弟关系。如：＜学生＞元素是＜姓名＞元素的父，＜姓名＞是＜学生＞的子。＜姓名＞与＜班级＞元素之间就是兄弟关系。

(3) XML 能够以更自然的方式来表示结构化、半结构化数据。

数据库能存放结构化的数据。XML 文档也能存放和表示结构化、半结构化数据。它的标记具有层次结构，最外层元素(＜信工系＞)像数据库表的名称，第二层元素(＜学生＞)像表的纪录，最里层标记(例如：＜姓名＞)就像记录中的字段。当然，实际的 XML 文件中树状结构的标记不止 3 层，可能会是多层，例如在“学生”节点中再加入“家长”,“家长姓名”、“联系电话”等节点，这时就不能简单的用一张 2 维的数据表来套用了。

(4) XML 是独立于平台的。因为 XML 数据是文本字符，因此可由各种应用程序来处理，可运行于各种操作系统，因而是与平台无关的，XML 文件是可以长期保存而永不过时的。

(5) 数据显示的多样性。XML 的数据是通过 XSL、CSS 等显示的，同样一组数据可以显示成不同格式，例如普通文本、列表、表格等，从而能够适应业务多样化的要求。

(6) 与数据库交换。XML 中的数据很容易与数据库交换，二者之间可以进行写入、读出等各种可逆操作。

当数据比较复杂且无规律时用 XML 数据比用数据库合适；其次，如果打算将数据在不同的操作系统上读、写时，那就是 XML 大显身手的时候了。

11.1.4 XML 文档的几点说明

(1) 每个 XML 文档的第一行都是声明语句。例如

＜? XML version="1.0" encoding="GB2312" standalone="no"? ＞

其中

＜? XML ? ＞ 说明它是 XML 文档。

version 说明它的版本号,以上两项不可省略。

Encoding 说明使用的字符集。可省略。默认值为 Unicode,即以 UTF-8或 UTF-16 编码;若使用汉字,则必须是 GB-2312 或 big5。

Standalone 文档属性,说明文档的独立性。其值为:yes 或 no。可省略。

＜? ? ＞表示该行是处理指令,一个 XML 文档中可以有多条处理指令。

(2) XML 文档标记中英文大小写敏感。即＜Table＞与＜table＞是两个不同的标记。

(3) XML 的标记也可以有属性,且属性由用户自己定义。一般将元素的附加信息定义为属性。属性附加在开始标记中,其格式:属性名="属性值"。

例如

```
<? Xml  version="1.0"  encoding="GB2312"? >
<电影 语言="汉语"时间="1.4 小时">
  <插曲 曲名="拯救"/>
</电影>
<电影 语言="英语"时间="1.5 小时">
  <插曲 曲名="only love"/>
</电影>
```

(4) 当一个元素为空元素,即只有开始标记、结束标记,而无数据时,可使用简便写法＜标记/＞。

例如:＜aa＞＜/aa＞ 可写成 ＜aa/＞

XML 文档发送到对方,如何按要求的格式显示呢?

11.1.5 XML 的应用

作为因特网的新技术,XML 的应用非常广泛,可以说 XML 已经渗透到了Internet的各个角落。这里只对 XML 应用的部分领域做简单的介绍。

(1) 设计置标语言

XML 是元置标语言,程序开发人员可以根据 XML 所提供的规则为特定行业

和应用程序制定所需要的置标语言。比如数学领域的 MathML，移动通信领域的 WML 等。

（2）作为各种异构系统间的数据移植的中间格式

在 Web 的后端连接关系数据是相对常见的。但是，现在的关系数据库系统提供厂商非常多，它们虽然都是用 SQL 语言来对数据库模型技术及数据进行操作，但是在数据的存储方式及管理方面还是有很大的甚至本质的区别，甚至是使用的 SQL 语言都有很多不同的地方，这使得系统需要转换数据库系统时，数据的移植变得非常麻烦。而 XML 的数据存储是一种流行的与平台无关的存储方式，于是就可以用 XML 作为各种数据库系统间数据移植的中间格式。

（3）作为各种应用系统间的通用数据交换格式

XML 被广泛地认为是解决应用程序之间的数据交换问题的优选方案。在 XML 出现之前，商业组织之间的交易采用的是电子数据交换（EDI），但是 EDI 有很多的缺陷，实现起来太复杂，不灵活，成本太高。XML 的出现，使得数据交换变得更为廉价和方便。

（4）不同数据源的集成

XML 提供了将不同来源的结构化数据集成的强大功能，也能实现不兼容数据库的搜索。

（5）本地计算和处理

XML 格式的数据发送给客户后，允许客户使用 XML 文档对象 DOM 用脚本语言或其他编程语言来处理，数据不需返回服务器在本地就能进行计算，解放了一些只能在服务器上运行的高端软件。

（6）数据的多功能显示

XML 支持的显示模式可以使数据与内容分开，可以根据客户的配置而有所不同，即个性化显示。

（7）文件保值

XML 作为一种文件格式，可以用于保存一些需要保存的文件，如政府文件、科学院报告等。

11.2 XML 文档显示

XML 文档只是结构化的数据，没有任何显示格式，这也是设计 XML 语言的的初衷之一。要在浏览器上按一定格式显示 XML 的数据，就得借用外部文件的帮助了。显示 XML 文档内容常用三种方式：使用 CSS 样式表文件、使用 XSL 样式文件和使用 XML 数据岛技术。下面分别介绍这 3 中方法。

11.2.1 用 CSS 样式表显示 XML 文档

CSS 样式表文件不仅可以表现 HTML 文档的样式，而且还可以表现 XML 的样式。

例 11-3 CSS 样式表文件 s3.css 内容如下。

```
dj{
    color: #FF0000;
    font-weight:bold;
    font-size: 3cm;
}
```

调用 s3.css 的 XML 文件 ch11-3.xml，其内容为

```
<? xml version="1.0" encoding="gb2312"? >
<? xml-stylesheet type="text/css" href="s3.css"? >
<dj>
    江山如此多娇
</dj>
```

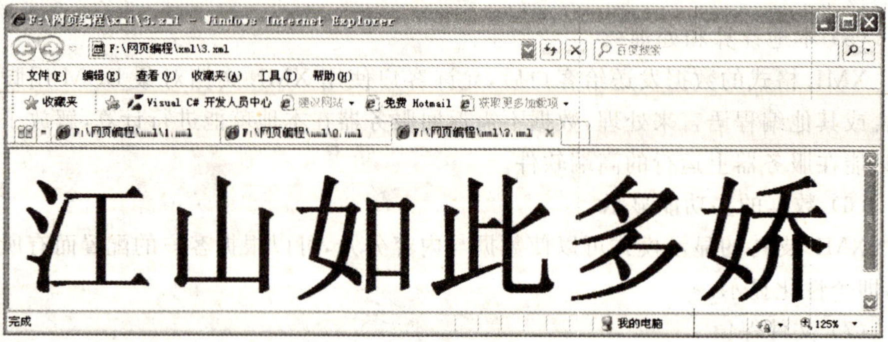

图 11-6 CSS 显示 XML

本例中，第一句：＜? xml version="1.0" encoding="gb2312"? ＞，声明自己是 XML 文件，版本号为“1.0”；使用的编码为“gb2312”，这种编码可以使用汉字。第 2 句：＜? xml-stylesheet type="text/css" href="s1.css"? ＞为指令，表明使用名为 s1.css 的样式表来格式化 XML 文档。而在 s1.css 中定义了文字为加粗的 3cm 红色样式。

还可以用 CSS 显示出更加复杂的样式

例 11-4 XML 文件 ch11-4.xml 内容如下。

```
<? xml version="1.0" encoding="gb2312"? >
<? xml:stylesheet type="text/css" href="ch11-4.css"? >
<students>
  <bj class="c1">
    <bj_mc>06 计信管 1 班</bj_mc>
    <xs>063125001,大海,男,1987-2-23</xs>
    <xs>063125014,白云,女,1988-10-12</xs>
  </bj>
  <bj class="c2">
    <bj_mc>06 网络 1 班</bj_mc>
    <xs>063222001,大山,男,1987-4-22</xs>
    <xs>063222045,春兰,女,1988-12-12</xs>
  </bj>
  <bj class="c3">
    <bj_mc>06 软件 1 班</bj_mc>
    <xs>063643023,雄鹰,男,1988-6-1</xs>
    <xs>063643100,秋菊,女,1987-1-26</xs>
  </bj>
</students>
```

该 XML 文件调用 CSS 样式表文件 ch11-4.css 来其显示内容。

CSS 代码如下

```
students{font-family:"宋体", Arial, Courier;font-size:medium;}
bj{display:block;
  margin:0.5cm;
  background-image:url(bk1.jpg);
  background-repeat:repeat;
  border-style:solid;
  border-width:thin;
}
bj_mc{
  display:block;
  border-bottom-style:solid;
  border-bottom-width:thin;
  font-Size:200%;
```

```
  text-indent:0.25cm;
  color:blue;
}
xs {display:list-item;list-style:none inside url(P1.gif)}
bj.c2 {background-image:url(back.jpg);}
```

其运行结果如图 11－7 所示。

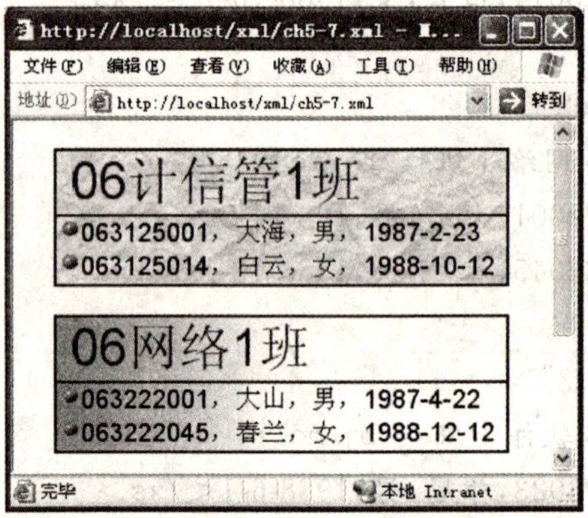

图 11－7

11.2.2 用 XSL 样式表显示 XML 文档

XSL(Extensible Style Language)可扩展样式语言是一种描述样式表的语言，它本身也是结构完整的 XML 文档，XSL 是决定 XML 显示样式的最常用的工具。

XSL 以单独的文件形式(扩展名.xsl)存放。在 XML 文件中调用 XSL 样式文件以决定其数据的显示格式。调用指令的格式为

```
<? xml=stylesheet  type="text/xsl"  href="URL"? >
```

其中，xml:stylesheet 是引用样式单处理指令；URL 是 XSL 样式表文件的位置信息。

使用 XSL 样式表来格式化 XML 文件数据的办法，其实就是用一个一个的模板，去规定不同层次节点元素的样式。具体办法是设置匹配条件，由匹配条件决定哪个模板运用在那个节点上。模板使用 HTML 代码写的，把 XML 数据绑定在 HTML 代码所表示的容器之中。

例 11－5 调用 XSL 样式表显示 XML 文件。

XML 文件 ch11-5 .xml 内容如下

```
<? xml version="1.0" encoding="gb2312"? >
```

```
<? xml-stylesheet type="text/xsl" href="ch11-5.xsl"? >
<shangpin>
  <dingdan>
    <id>JD2005-123</id>
    <spm>电冰箱</spm>
    <danj>2200 元</danj>
    <shul>30</shul>
  </dingdan>
  <dingdan>
    <id>JD2005-345</id>
    <spm>电视机</spm>
    <danj>1500 元</danj>
    <shul>120</shul>
  </dingdan>
  <dingdan>
    <id>JD2005-678</id>
    <spm>微波炉</spm>
    <danj>1200 元</danj>
    <shul>80</shul>
  </dingdan>
</shangpin>
```

该 xml 文档第 2 句"<? xml-stylesheet type="text/xsl" href="yangshi1.xsl"? >",说明自己是调用样式表的指令,样式表的类型是 type="text/xsl"。其中 href="yangshi1.xsl"是调用 yangshi1.xsl 样式表来格式化数据。

XSL 文件 ch11-5.xsl 内容如下

```
<? xml version="1.0" encoding="gb2312"? >
<xsl:stylesheet version="1.0" xmlns:xsl="http://www.w3.org/1999/XSL/Transform">
<xsl:template match="/">
  <html>
    <head>
        <title> 订单</title>
    </head>
    <body>
```

```
        <xsl:apply-templates select="shangpin"/>
      </body>
    </html>
  </xsl:template>
  <xsl:template match="shangpin">
    <table width="500" border="1" align="center" >
      <tr bgcolor="#FFCC99" align="center">
        <td>订单号</td>
        <td>商品名</td>
        <td>单价</td>
        <td>数量</td>
      </tr>
      <xsl:apply-templates select="dingdan"/>
    </table>
  </xsl:template>
  <xsl:template match="dingdan">
    <tr align="center" bgcolor="#eeeeee">
      <td >
        <xsl:value-of select="id"/>
      </td>
      <td >
        <xsl:value-of select="spm"/>
      </td>
      <td align="left">
        <xsl:value-of select="danj"/>
      </td>
      <td align="left">
        <xsl:value-of select="shul"/>
      </td>
    </tr>
  </xsl:template>
  </xsl:stylesheet>
```

将上面两个文件存放到同一文件夹，在浏览器中打开 XML 文件 ch11-5. xml，浏览器中显示结果如图 11 - 8 所示。

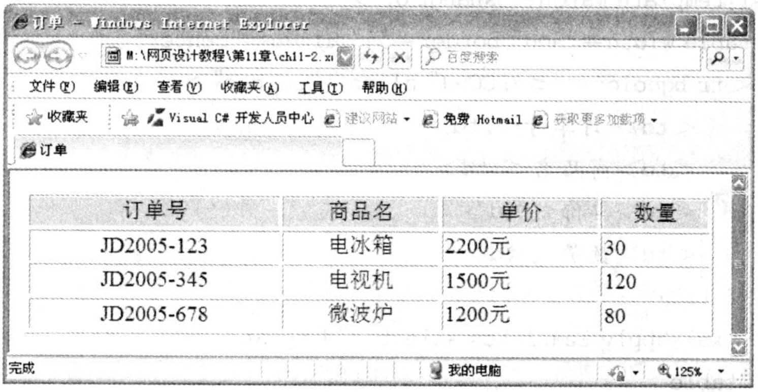

图 11－8

本例样式表文件 ch11-5. xsl 中定义了 3 个模板(template)，每个模板都是用 HTML 写的。第一个模板为：

```
<xsl:template match="/">
  <html>
    <head>
        <title> 订单</title>
    </head>
    <body>
        <xsl:apply-templates select="shangpin"/>
    </body>
  </html>
</xsl:template>
```

第一行<xsl:template match="/">表示定义一个模板。其中 match="/" 表示该模板与根节点("/")匹配。可以看出，该模板的内容就是让 XML 文档按 HTML 的格式输出。

HTML 文档分为头(head)和主体(body)两个部分。头部的内容为 HTML 文档标题(title)；而主体部分则用标记<xsl:apply-templates select="shangpin"/>，即应用了另一个与"shangpin"节点匹配的模板。

注意，定义模板时用<xsl:template>，应用一个模板时用的标记是<xsl:apply-templates>，templates 表示模板的集合。就是说，在模板的集合中选择一个能与节点"shangpin"相匹配的模板。

第二个模板与"shangpin"节点相匹配。其代码为：

```
<xsl:template match="shangpin">
  <table width="500" border="1" align="center" >
    <tr bgcolor="#FFCC99" align="center">
        <td> 订单号</td>
        <td>商品名</td>
        <td>单价</td>
        <td>数量</td>
    </tr>
    <xsl:apply-templates select="dingdan"/>
  </table>
</xsl:template>
```

可以看出，该模板是用 HTML 的 table 标记定义了一个表格。表格的第一行，是表格的 4 个栏目名称："订单号"、"商品名"、"单价"和"数量"。表格其余行的具体内容，使用另一个与"单价"节点相匹配的模板来实现。

第三个模板与"shangpin"节点相匹配。其代码为：

```
<xsl:template match="dingdan">
<tr align="center" bgcolor="#eeeeee">
    <td >
        <xsl:value-of select="id"/>
    </td>
    <td >
        <xsl:value-of select="spm"/>
    </td>
    <td align="left">
        <xsl:value-of select="danj"/>
    </td>
    <td align="left">
        <xsl:value-of select="shul"/>
    </td>
  </tr>
</xsl:template>
```

该模板的内容就是表格中的一行，其 4 个单元格分别显示 XML 文档中"id"、"spm"、"ddanj"和"shul"节点的值。显示节点值的时候，使用了标记<xsl:value-of >。只要用 select 指定要输出数据的节点名称，就可以把该节点的值输出了。

使用 XSL 模板输出数据时，是从外到里、自顶向下一层层地用模板描述输出数据的格式的。而这些模板都是用 HTML 语言写的。

需要特别说明的是，在 XSL 样式表文档中第 2 行指令

<xsl:stylesheet version="1.0" xmlns:xsl="http://www.w3.org/1999/XSL/Transform">

这里包含了重要的概念，xml 的命名空间(name space)。

11.2.3　XML 的命名空间

把功能相关的一组代码组织到一起，给这个代码的集合起一个名字，这就是命名空间。使用命名空间内代码的功能时，只要声明命名空间的名称即可。例如中国人说汉语，使用的是“汉语”命名空间；美国人说英语，使用的是“英语”命名空间。“汉语”和“英语”代表了两个大的语言范围或语言环境。如果既要说“汉语”又要说“英语”，就要同时使用两种命名空间。命名空间还提供了一种避免元素命名冲突的方法。当两个功能不同而名称相同的代码模块放在不同的命名空间时，它们是不会混淆的。正如两位同名的同学不在同一个班级里，称呼时不会出错一样。反过来，如果把这两位同学放在同一个班，结果就不同了。这就是命名空间的作用之一。

在 XSL 中，命名空间是在指令中定义的。其格式是

<xsl:stylesheet version="1.0" xmlns:xsl="http://www.w3.org/1999/XSL/Transform">

其中

xsl:stylesheet　　表示该指令元素是样式表；

version="1.0"　　说明它的版本号；

xmlns:　　表示 xml 命名空间，ns 即 name space 两个单词的字头；

xsl= "http://www.w3.org/1999/XSL/Transform"

最后的这个表达式是最关键的，我们要特别注意。等号右边的部分是命名空间的名称，这个名称在全球范围内是不能重复的。由于网址是唯一的，所以一般将命名空间的名称用网址表示。这个网址仅仅是表示唯一的名称，不需要上网验证。对于 xsl，有两个命名空间可用：

"http://www.w3.org/1999/XSL/Transform"

"http://www.w3.org/TR/WD-xsl。

前者是 W3C 在 1999 年 11 月 16 日发布的 XSL 转换语言的标准；后者是 IE 5.0支持的命名空间。

注意，在命名空间中是严格区分大小写的。例如："http://www.w3.org/TR/WD-xsl 和"http://www.w3.org/tr/WD-xsl 就是两个不同的命名空间，这一点是初学者最容易犯错误的地方。

上面表达式左边的"xsl"只是命名空间的别名罢了。既然是别名，就可以随便起名字，例如叫"abc"。

下面，通过一个具体的实例，以便让我们更清楚地认识命名空间的含义。

例 11－6 将 ch11-5.xsl 文件中的命名空间的别名"xsl"随意地改为"abc"，并且将该文件的扩展名".xsl"也随意地改为".xy"，再运行 ch11-5.xml，观察效果。

将 ch11-5.xml 代码的第 2 句略作修改，改为链接 ch11-6.xy 样式表，其余不变，代码如下。

```
<? xml version="1.0" encoding="gb2312"? >
<? xml-stylesheet type="text/xsl" href="ch11-7.xy"? >
<shangpin>
    <dingdan>
        <id>JD2005-123</id>
        <spm>电冰箱</spm>
        <danj>2200 元</danj>
        <shul>30</shul>
    </dingdan>
<dingdan>
        <id>JD2005-345</id>
        <spm>电视机</spm>
        <danj>1500 元</danj>
        <shul>120</shul>
    </dingdan>
    <dingdan>
        <id>JD2005-678</id>
        <spm>微波炉</spm>
        <danj>1200 元</danj>
        <shul>80</shul>
    </dingdan>
</shangpin>
```

将 ch11-5.xsl 文件名改为 ch11-6.xy，将文件中的所有"xsl"全部改成"abc"，文件命名为 ch11-7.xy。

ch11-7. xy 内容如下

```
<? xml version="1.0" encoding="gb2312"? >
<abc:stylesheet version="1.0" xmlns:abc="http://www.w3.org/1999/
XSL/Transform">
<abc:template match="/">
    <html>
        <head>
            <title> 订单</title>
        </head>
        <body>
            <abc:apply-templates select="shangpin"/>
        </body>
    </html>
</abc:template>
<abc:template match="shangpin">
    <table width="500" border="1" align="center" >
        <tr bgcolor="#FFCC99" align="center">
            <td>订单号</td>
            <td>商品名</td>
            <td>单价</td>
            <td>数量</td>
        </tr>
        <abc:apply-templates select="dingdan"/>
    </table>
</abc:template>
<abc:template match="dingdan">
    <tr align="center" bgcolor="#eeeeee">
        <td >
            <abc:value-of select="id"/>
        </td>
        <td >
            <abc:value-of select="spm"/>
        </td>
        <td align="left">
```

```
            <abc:value-of select="danj"/>
        </td>
        <td align="left">
            <abc:value-of select="shul"/>
        </td>
    </tr>
</abc:template>
</abc:stylesheet>
```

在浏览器中打开 ch11-7.xml，则屏幕显示结果如图 11－9 所示。

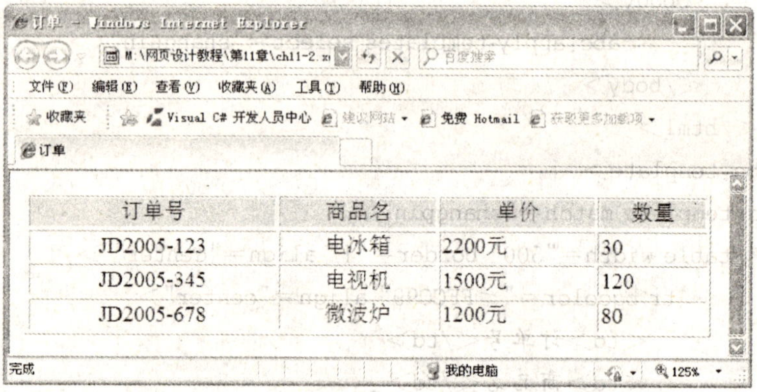

图 11－9

图 11－9 和图 11－8 一模一样，这说明，命名空间关键在于由网址表示的名称，而不是别名“xsl”。

11.2.4 用 XML 数据岛(DataIslands)显示 XML 文档

在 HTML 文档中插入一块 XML 文本内容，就像大海中出现一个小岛一样，故称 XML 数据岛。

XML 数据岛是由 DOM 标记<xml>来定义的。<xml></xml>标记在 HTML 页面上定义一个 XML 数据岛，XML 中的数据可以绑定到 HTML 元素上，从而有效地实现显示与数据的分离。每个数据岛定义一个 ID 号，作为数据源标识。在 HTML 文件中，用 DATASRC 指向 XML 数据源，而用 DATAFLD 属性将 XML 元素的值绑定到相应的 HTML 元素上。

例 11－8 在图 10－1 中将表格数据变为 XML 传送。传送到对方后如何还原为表格形式？下面使用数据岛方式完成此项任务。

外部数据源是例 11－1 中形成的 XML 文件 ch11-1.xml。现在命名数据岛文件 ch11-7.html。其代码如下

```
<HTML>
<BODY>
<xml id="xmldata" src="1.xml"></xml>
<h2 align="center">订单明细</h2>
 <table datasrc="#xmldata" border="1" cellpadding="5" align="center">
   <thead>
   <th>商品名</th>
   <th>单价</th>
   <th>单位</th>
   <th>数量</th>
   <th>金额</th>
</thead>
<tr>
   <td><span datafld="商品名"></span></td>
   <td><span datafld="单价"></span></td>
   <td><span datafld="单位"></span></td>
   <td><span datafld="数量"></span></td>
   <td><span datafld="金额"></span></td>
</tr>
</table>
</BODY>
</HTML>
```

程序运行结果如图 11－10 所示。

本例中用<xml id="xmldata" src="ch11-1.xml"></xml>语句引用外部文件 ch11-1.xml，并命名为“xmldata”。然后在表格中指定使用的数据源是“xmldata”，语句为 <table datasrc="#xmldata">。再用 thead 显示表格标题

```
<thead>
  <th>商品名</th>
```

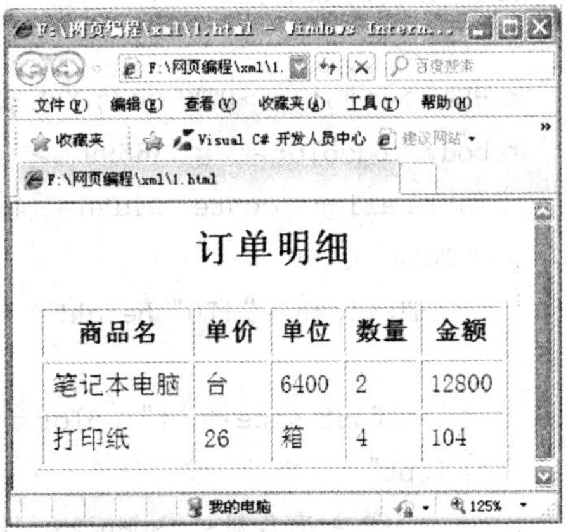

图 11－10 还原 XML 数据为表格形式

```
    <th>单价</th>
    <th>单位</th>
    <th>数量</th>
    <th>金额</th>
  </thead>
```

最后，将每个数据绑定在单元格上，例如：<td><span datafld="商品名"></span></td>。

例 11-9 用 XML 数据岛技术实现下图界面功能：在学生花名册中，可以前后查找并可以添加学生记录。

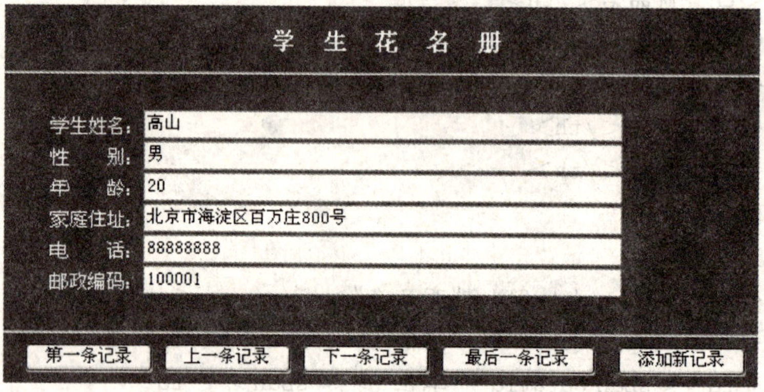

图 11-11 前后查找记录

HTML 代码如下：

```
  <html>
  <HEAD><Title>HTML 中的 XML 数据岛</Title></HEAD>
  <body  bgcolor="#336699">
  <Table align=center width="433">
    <TR>
      <TD width="470" height="18" align="center" valign="top">
<b>
        <font size="4" color="#FFFFBB"><span style="letter-
spacing: 15pt">
          学生花名册</span></font></b>
        </TD>
      </TR>
```

```
    </Table>
    <HR>
    <pre style="font-size:14px;color:#ffffff ">
          学生姓名:<input type=text datasrc=#SJD DataFLD=
Name size="50">
          性    别:<input type=text datasrc=#SJD DataFLD=
sex size="50">
          年    龄:<input type=text datasrc=#SJD DataFLD=
age size="50">
          家庭住址:<input type=text datasrc=#SJD DataFLD=
address size="50">
          电    话:<input type=text datasrc=#SJD DataFLD=
TelePhone size="50">
          邮政编码:<input type=text datasrc=#SJD DataFLD=
postcd size="50"></pre>
        <HR>
        <center>
    <input id="first" TYPE=button value="第一条记录" onclick=
"SJD.recordset.moveFirst()">
    <input id="prev" TYPE=button value="上一条记录" onclick=
"SJD.recordset.movePrevious()">
    <input id="next" TYPE=button value="下一条记录" onclick=
"SJD.recordset.moveNext()">
    <input id="last" TYPE=button value="最后一条记录" onclick=
"SJD.recordset.moveLast()">
    <input id="Add" TYPE=button value="添加新记录" onclick=
"SJD.recordset.addNew()">
        </center>
        <XML ID="SJD">
        <students>
          <student>
            <Name>高山</Name>
            <sex>男</sex>
            <age>20</age>
```

```
    <address>北京市海淀区百万庄800号</address>
    <TelePhone>88888888</TelePhone>
    <postcd>100001</postcd>
  </student>
  <student>
    <Name>大海</Name>
    <sex>男</sex>
    <age>22</age>
    <address>陕西省西安市莲湖区3333号</address>
    <TelePhone>66666666</TelePhone>
    <postcd>710000</postcd>
  </student>
  <student>
    <Name>白云</Name>
    <sex>女</sex>
    <age>20</age>
    <address>吉林省长春市斯大林大街123号</address>
    <TelePhone>99999999</TelePhone>
    <postcd>900021</postcd>
  </student>
  <student>
    <Name>蓝天</Name>
    <sex>男</sex>
    <age>21</age>
    <address>内蒙古自治区海拉尔市鲁宾大街666号</address>
    <TelePhone>68686688</TelePhone>
    <postcd>300200</postcd>
  </student>
  <student>
    <Name>春兰</Name>
    <sex>女</sex>
    <age>20</age>
    <address>河南省开封市</address>
    <TelePhone>99996666</TelePhone>
```

```
        <postcd>800200</postcd>
      </student>
      <student>
        <Name>秋菊</Name>
        <sex>女</sex>
        <age>21</age>
        <address>广西壮族自治区南宁市 100 号</address>
        <TelePhone>89898989</TelePhone>
        <postcd>901010</postcd>
      </student>
  </students>
  </XML>
  </body>
  </HTML>
```

本例中使用了记录集(Recordset)对象来管理 XML 文档数据，记录集对象有很多方法，此处用到的方法有：

MoveFirst：移指针到首纪录；

MovePrevious：移指针到前一条记录；

MoveNext：移指针到下一条记录；

MoveLast：移指针到最后一条记录。

习　题　11

一、选择题

1. 处理指令<? xml:stylesheet>的 type 属性用于指定样式单文件的格式，CSS 样式使用(　　)，XSL 样式使用(　　)。

A. text/css　　B. css/text　　C. text/xsl　　D. xsl/text

2. XML 文档的根节点在 XSL 中使用(　　)来代表。

A. " * "　　B. "/"　　C. "@"　　D. "?"

3. 在 XSL 样式表中，定义模板用(　)，应用模板用(　　)。

A. xsl:template　　B. xsl:apply-template

C. xsl:templates　　B. xsl:apply-templates

4. 在 xsl 文档中，定义节点和应用节点时用于匹配节点的关键字不同。定义节点时用(　　)。

A. include　　B. match　　C. select　　D. inport

5. 在 xsl 文档中,命名空间定义语句正确的是(　)。

A. <xsl:stylesheet version="1.0" xmlns:xsl="http://www.w3.org/1999/sxl/Transform">

B. <xsl-stylesheet version="1.0" xmlns:xsl="http://www.w3.org/1999/XSL/Transform">

C. <xsl:stylesheet version="1.0" xml:xsl="http://www.w3.org/1999/XSL/Transform">

D. <xsl:stylesheet version="1.0" xmlns:xsl="http://www.w3.org/1999/XSL/Transform">

6. 在 HTML 文档中使用数据岛链接外部的 XML 文档时,正确的方法是(　)。

A. <xml id=xmldata src="URL"/ >

B. <? xml id=xmldata src="URL"? >

C. <xml id=xmldata href="URL">

D. <xml href="URL" >

7. 在数据岛文档中所使用记录集对象管理数据时,向前移动记录指针的方法是(　)。

A. MoveFirst　　B. MovePrevious　　C. MoveNext　　D. MoveLast

8. (　)置标语言可以创建其他的置标语言。

A. XML　　B. SGML　　C. HTML　　D. GML

二、填空题

1. XSL 样式表中用到了许多具有一定功能的 XSL 元素和指令,________元素可以定义模板规则,________指令可以应用匹配的模板规则,________指令可以得到特定节点或表达式的值。

A. <xsl:value-of>　　B. <xsl:template>

C. <xsl:apply-template>　　D. <xsl:sort>

2. 在 HTML 中使用数据岛链接 XML 文档有两种方式:链接________的 XML 文档和使用________ XML 文档。

三、简答题

1. 在 XML 中为什么要使用命名空间?

2. 在 XML 中怎样声明命名空间?

参考文献

[1] 赵丰年. 网页制作教程.3 版.北京:人民邮电出版社,2006.

[2] 腾飞科技,何秀琴,周进,张淑菊. HTML XHTML CSS 网页制作从入门到精通. 北京:人民邮电出版社,2008.

[3] 温谦,赵伟,胡静,李占波. 网页制作综合技术教程. 北京:人民邮电出版社,2009.

[4] 张孝祥,张红梅. JavaScript 网页开发——体验式学习教程. 北京:清华大学出版社,2004。

[5] 冯昊. ASP 动态网页设计与上机指导. 北京:清华大学出版社,2002.

[6] 姜科,罗晓梅. 中文版 Photoshop CS4 图像处理. 北京:清华大学出版社,2010.

[7] 温谦. CSS 网页设计标准教程. 北京:人民邮电出版社,2009.